普通高等教育“十四五”规划教材
（风景园林/园林）

U0965004

园林建筑设计

第 2 版

温　泉　董莉莉　主编

中国农业大学出版社
·北京·

内 容 简 介

本教材分为 6 章:第 1 章梳理了园林建筑的概念、特征、作用及分类和发展史;第 2 章总结了园林建筑的设计方法与技巧;第 3 章至第 6 章分别根据标志性园林建筑、休憩类园林建筑、服务类园林建筑、园林建筑小品,介绍了不同类型园林建筑的特点和设计方法。本教材既可以作为风景园林、园林、环境设计等相关专业的教学用书,又可作为相关专业设计与管理人员的参考用书。

图书在版编目（CIP）数据

园林建筑设计 / 温泉，董莉莉主编. -- 2 版.
北京 : 中国农业大学出版社，2025. 6. -- ISBN 978-7
-5655-3474-4

Ⅰ. TU986.4

中国国家版本馆 CIP 数据核字第 2025W3N635 号

书　　名　园林建筑设计　第 2 版
Yuanlin Jianzhu Sheji

作　　者　温　泉　董莉莉　主编

策划编辑　梁爱荣　　**责任编辑**　石　华
封面设计　郑　川　李尘工作室
出版发行　中国农业大学出版社
社　　址　北京市海淀区圆明园西路 2 号　　**邮政编码**　100193
电　　话　发行部 010-62733489,1190　　读者服务部 010-62732336
编辑部 010-62732617,2618　　出　版　部 010-62733440
网　　址　http://www.caupress.cn　　**E-mail**　cbsszs@cau.edu.cn
经　　销　新华书店
印　　刷　涿州市星河印刷有限公司
版　　次　2025 年 6 月第 2 版　　2025 年 6 月第 1 次印刷
规　　格　210 mm×260 mm　　16 开本　　10.5 印张　　298 千字
定　　价　45.00 元

普通高等教育风景园林/园林系列
“十四五”规划建设教材编写指导委员会

（按姓氏拼音排序）

第 2 版编委会

主　编

温　泉（重庆交通大学）
董莉莉（重庆交通大学）

副主编

魏　晓（重庆交通大学）
张　雁（贵州大学）
母俊景（新疆农业大学）
周旭丹（吉林农业大学）

参　编

（按姓氏拼音排序）

陈新建（云南农业大学）
陈紫晗（仲恺农业工程学院）
冯　昊（西华师范大学）
刘文兰（甘肃农业大学）
齐一聪（西南民族大学）
乔　琼（山西农业大学）
杨　姣（西南林业大学）
杨龙龙（重庆城市科技学院）
张淑娟（内蒙古民族大学）

第 1 版编委会

主　编

温　泉(重庆交通大学)
董莉莉(重庆交通大学)
王志泰(贵州大学)

副主编

魏　晓(重庆交通大学)
张　雁(贵州大学)

参　编

(按照姓氏拼音排序)

常　青(重庆交通大学)
陈新建(云南农业大学)
冯　昊(西华师范大学)
刘冰影(重庆交通大学)
母俊景(新疆农业大学)
徐　立(重庆交通大学)
杨　姣(西南林业大学)
张淑娟(内蒙古民族大学)

出版说明

风景园林学科是规划、设计、保护、建设和管理户外自然和人工环境的学科，是人居环境学科的三大支柱之一，涉及气候、地理、水文等自然要素，同时包含了人工建筑物、历史文化、传统风俗及地方色彩等人文元素，是一门涉及多学科、多知识体系、相对复杂的综合应用型学科，协调好人与自然之间的关系是其最重要的基本要求。

在生态文明建设大背景下，基于“四新”融合的新工科建设要求，面对新一轮科技革命和产业变革，风景园林教育应进一步强化与新兴的科技、工程和设计领域深度结合。“工农艺”多元融合是风景园林学科的基本特征，融合了风景园林学、林学、生态学、建筑学、艺术学等多学科知识体系。系统性是多学科融合的基本要求。规划与设计、植物与生态、人文与社会三大模块是课程设置的基础，围绕风景园林学科的核心内涵，相关课程应在统一的大系统上形成整体，内核突出，外延有度。围绕“概念成形—风景园林设计—工程设计—施工图绘制—材料选购—项目概预算—植物种植—施工组织与管理”的流程主线，既注重学科内容的系统性，又注重各个环节的独立性和应用性，将知识传授、能力培养与价值观塑造融为一体，在注重培养学生的发现问题能力、分析问题能力和解决问题能力的同时，更加注重培养学生的创新意识和实践能力，强调跨学科专业合作能力和可持续发展能力。

2022 年 9 月，风景园林学被正式取消一级学科资格。然而，同时，相应地新增了风景园林专业学位，研究生培养以专业硕士和专业博士为主，更注重对综合实践能力的培养。这一措施的落地对风景园林学科包括本科教育在内人才培养体系产生了一定的影响。风景园林学科有关专业组织、高等院校等竞相开展积极的研讨活动，为在新的形势下实现风景园林学科健康和可持续发展，为在高质量要求下更好培养符合新时代要求的新型风景园林专业人才开展新的探索和实践活动。“自信自强守初心，创新致远启新程”彰显了风景园林人追求新形势下学科发展的决心和信心。

中国农业大学出版社于 2023 年 9 月在四川农业大学召集近 20 位来自全国不同高校的专家召开了新形势下本科人才培养及系列教材建设研讨会，2023 年 12 月又在北京召开了“风景园林/园林专业‘十四五’规划系列教材建设研讨会”。专家代表们对 2017 年前后已面向西南地区高等院校风景园林专业人才培养的系列教材做了全面回顾和分析总结，立足新的形势和要求；在人才培养目标和定位上，在知识结构调整上、在课程体系建设上、在学生综合能力培养上，特别是针对教材建设更好服务学科发展，保障人才培养质量方面展开了深入研讨和论证。会议对新时期、新形势、新要求下的课程教学和教材建设做出如下判断并提出相应要求。

1. 课程教学应立足新的发展要求，更加注重生态文明建设大背景下学科内容新的发展要求，更加注重新时期新形势下本科人才培养新的目标定位，更加注重新的人才培养目标下课程体系与教学内容建设，更加注重人才培养方式与教学方式方法的创新性和适应性。

2.系列教材应努力处理好夯实专业基础与彰显优势特色之间的关系，在教材内容上特别是案例资源上努力做到品种丰富、特色鲜明、质量优质、适用性强。注重发挥人工智能等新技术在提高教学质量和效率上的积极作用。

3.系列教材建设应系统谋划、整体运行、立体化建设，统筹好教材内容间的知识衔接，教材内容形成分工明确、边界交叉、结构相连、彼此呼应的格局，构建与课程建设相互关联、联动发展的教材内容以及与能力、素质培养的关系。

4. 教材体系构建从教材内容、课程、科研、实践与教学手段等方面综合形成动态、复合、多元的网络化特征。教材编写同精品课程、数字平台进行建设联动，鼓励各门课程教材编写人员将科研课题的研究内容、方法、结论融入教材，通过实际案例启发学生深入思考，提高发现问题、分析问题和解决问题的能力。

5.鼓励参编人员主动开展各类、各级教学研究，总结教学中的问题及经验，申报教学成果，并将其转化为教学理论，丰富和指导教材内容组织构架。

6.系列教材建设要遵循整体要求，保证系列教材体例与形式的合理性和统一性，注重形式与内容的有机融合。注重案例素材的典型性、适用性和高质量，全方位满足高质量教材建设要求。

7.教材出版形式努力满足风景园林/园林学科的审美要求，在封面、版式以及案例素材等细微之处体现学科特色和对风景园林人心灵深处润物细无声的慰藉。

8. 坚持“大思政课”的理念，站在风景园林/园林专业整体教学与特色的高度整体设计课程思政教学内容，努力构建风景园林/园林专业应有的课程思政教育内容体系。

9.坚持理论与实践相结合，满足产教融合、科教融汇要求。教材品种和内容与科研、教学、生产及人民生活(行业发展)密切联系。吸收企业人员或用人单位人员加入教材编写队伍。

编写指导委员会
2024 年 7 月

第 2 版前言

园林建筑作为园林景观的核心构成要素，在空间构图、游览体验以及生活服务等多个维度发挥着不可替代的作用。它宛如点睛之笔，为园林增添绚丽的美学色彩，大幅度提升园林的艺术格调。园林建筑既融合建筑的一般性特征，又彰显园林艺术的独特个性，形成拥有学科特色的设计方法与技术体系。

园林建筑设计是一门综合性与实践性高度融合的专业课程。学习者不仅要扎实掌握建筑设计的基础理论知识与相关技术，还需熟练掌握深入分析研究基地环境的方法，进而精准探寻园林建筑设计的切入点。这既要求对园林环境的地貌地形、空间形态、围合尺度、植被、气候等硬件要素进行全面剖析，又不能忽视对历史、文化、语言、社会学、民俗学、行为心理等软环境要素的深入研究。党的二十大报告强调，推进文化自信自强，铸就社会主义文化新辉煌。本教材秉持理论与实践相融合、继承与创新相统一的原则，强化实践教学环节，着重培养学生的实际动手能力，重点开展园林建筑设计方法的专项训练，力求实现举一反三、触类旁通的学习成效。本教材立足学科前沿，在园林建筑设计领域凸显三大特色。

第一大特色：时代性。本教材全面且系统地梳理了园林建筑的理论框架与体系构成，紧密贴合近十年园林建设的发展潮流，让读者能够深入获取园林建筑设计的相关概念知识，同时精准把握园林建筑设计的前沿科技动态。

第二大特色：本土性。在系统整合国际、国内最新园林建筑设计理念与方式的基础上，践行党的二十大精神把“马克思主义基本原理同中国具体实际相结合、同中华优秀传统文化相结合”。本教材着重介绍中西部地区典型园林建筑设计的地域特色，便于风景园林专业学生结合身边的园林景观案例进行亲身体验与学习。

第三大特色：实用性。本教材将理论阐释与案例分析有机结合，在案例中巧妙穿插技术分析与观点讲解，同时针对不同类型，对园林建筑设计的技巧方法进行归纳总结，助力读者构建有效的多维思考视角，提升综合判断能力，树立先进的保护理念。

本教材由温泉、董莉莉主编，具体编写分工为：第 1 章董莉莉（重庆交通大学）、张雁（贵州大学）；第 2 章魏晓（重庆交通大学）、周旭丹（吉林农业大学）；第 3 章冯昊（西华师范大学）、齐一聪（西南民族大学）；第 4 章温泉（重庆交通大学）、杨姣（西南林业大学）、陈紫晗（仲恺农业工程学院）；第 5 章刘文兰（甘肃农业大学）、陈新建（云南农业大学）；第 6 章张淑娟（内蒙古民族大学）、毋俊景（新疆农业大学）、乔琼（山西农业大学）和杨龙龙（重庆城市科技学院）。

编　者

2025 年 3 月

第1版前言

园林建筑是园林的重要组成部分，是风景造园的主要要素之一，在景观构图、游览娱乐及生活服务等方面都起着积极的作用。它能为园林增添美的色彩，提高园林的艺术品位。园林建筑既有建筑的普遍特点，又有鲜明的园林个性。因此，园林建筑具有特殊的设计方法和技巧。

园林建筑设计作为一门综合性、实践性很强的专业课程，不仅要学习建筑设计的基础知识、相关技术等内容，而且要学会熟练地分析研究基地环境的方法，从中寻求园林建筑设计的契机。既要充分研究园林环境的地貌地形、空间形态、围合尺度、植被、气候等硬件要素，又要对软环境要素加以充分的研究，如历史、文化、语言、社会学、民俗学、行为心理等。学习园林建筑设计这门课程，应理论与实践相结合，继承与创新相结合；强化实践教学，注重培养学生的动手能力，侧重园林建筑设计方法的训练，达到举一反三、触类旁通的学习效果。本教材针对园林建筑设计突出了三个特色。

(1)时代性　本教材全面系统地梳理了园林建筑理论框架及体系构成，紧扣近十年园林建筑设计的发展趋势，使读者获得园林建筑设计的相关概念知识，并掌握园林建筑设计的前沿科技动态。

(2)本土性　本教材在系统梳理国际国内最新园林建筑设计的理念和方式基础上，着重介绍中西部地区典型园林建筑设计的地域特色，使风景园林专业学生能够结合身边的园林景观案例亲身体验。

(3)实用性　本教材将理论阐述与案例分析相结合，并在案例中穿插技术分析和观点讲解，同时将园林建筑设计的技巧方法结合不同类型进行归纳，使读者建立有效的多维思考角度、综合判断能力与历史文化保护理念。

本教材由温泉、董莉莉、王志泰主编，具体编写分工为：第1章，董莉莉(重庆交通大学)、常青(重庆交通大学；第2章，王志泰(贵州大学)、张雁(贵州大学)；第3章，冯昊(西华师范大学)、徐立(重庆交通大学)；第4章，温泉(重庆交通大学)、杨姣(西南林业大学)、母俊景(新疆农业大学)；第5章，魏晓(重庆交通大学)、陈新建(云南农业大学)；第6章，张淑娟(内蒙古民族大学)、刘冰影(重庆交通大学)。

由于编者水平有限，编写内容难免存在不足之处，敬请读者批评指正，以便今后修订完善。

编　者

2019年5月

目　录

第1章 绪论

【学习目标】

1. 了解园林、园林建筑的主要概念；
2. 掌握园林建筑的主要类型。

【学习重点】

1. 园林建筑的主要作用；
2. 我国园林建筑的发展历史。

1.1 园林与园林建筑

1.1.1 园林

园林是指在一定的地域运用工程技术和艺术手段，通过改造地形（或进一步筑山、叠石、理水）、种植树木花草、营造建筑和布置园路等途径创作而成的自然环境和游憩境域。虽然园林的规模有大有小，内容有繁有简，但均包含了四种基本的要素，即土地、水体、植物和建筑。其中，土地和水体是园林的地貌基础，土地包括平地、坡地、山地，水体包括河、湖、溪、涧、池、沼、瀑、泉等。植物栽培最先以生产和实用为目的，随着园艺科技的发展才有了大量供观赏之用的树木和花草。上述三种要素都是自然要素，具有典型的自然特征。在造园中，必须遵循自然规律，这三种要素才能充分发挥其应有的作用，如山水、植物与建筑相融合的苏州园林(图 1-1)。园林中的建筑作为上述基本要素中人工设计程度最深、服务人们休憩程度最高的类型。

1.1.2 建筑

建筑作为建筑物与构筑物的总称，是人们为了满足社会生活需要，利用所掌握的物质技术手段，并运用一定的科学规律、风水理念和美学法则创造的人工环境。

从构成建筑的结构类型来说，中国的传统建筑以木结构建筑为主，西方的传统建筑以砖石结构为主。现代建筑则以钢筋混凝土为主。中式建筑重艺术装饰，在主要部位进行重点装饰，如窗檐、门楣、屋脊等，其多为均衡式布局。佛教传入后，楼阁佛塔的出现推动了中国高层建筑的发展。建筑的一切艺术加工也都是对结构体系和构件的加工，如色彩、装饰与构件的结合，构成了丰富绚丽的艺术意境。雕梁画栋，形体优美而色彩斑斓；楹联匾额，激发意趣而遐想无穷。西方建筑是运用泥土、砖、瓦、石材、木材（近代用钢筋砼、型材）等建筑材料，按照西方人的构成理念建筑的一种供西方人居住和使用的空间，如住宅、桥梁、体育馆、窑洞、水塔、教堂和寺庙等。西方哲学和建筑理论有云："建筑是凝固的音乐，建筑是一部石头史书。"古罗马建筑家维特鲁威的经典著作《建筑十书》提出了建筑的三个标准：坚固、实用和美观。这三个标准一直影响着后世建筑学的发展。

1.1.3 园林建筑

园林建筑是指在园林中具有造景功能，同时又能供人游览、观赏、休息的各类建筑物及构筑物。无论是古代园林，还是现代园林，通常都把建筑作为园林风景区或风景点的"眉目"来对待，建筑在园林中起到了画龙点睛的重要作用。在关键之处，常把建筑视为点缀景点的精华。在中国古代的皇家园林、私家园林和寺观园林中，建筑物占有很大比例，类别很多，变化丰富，

图 1-1　山水、植物与建筑相融合的苏州园林

构建了我国建筑的传统艺术及地方风格。在现代园林中，虽然建筑物所占的比例有所减少，但对各类建筑的单体仍要仔细观察和研究，如功能、艺术效果的安排、比例关系以及与四周的环境协调统一等。园林建筑是园林诸要素中唯一既经人工提炼，又与自然相结合的产物，能够充分表现人的创造和智慧，体现园林意境，并使景物更为典型和突出。建筑是人工创造的表现，适宜的建筑不仅为园林增色，更使园林富有诗意。通过水体、植物、地形来衬托，园林建筑的人工味道更浓，受自然条件的约束更少。建筑的数量、大小、式样、色彩等处理方式均对园林风格产生了很大影响。一个园林的创作是幽静、淡雅的山水田园风格，还是艳丽、豪华的趣味，很大程度上取决于建筑淡妆与浓抹的不同处理。

园林建筑因园林的存在而存在。中国的园林既作为一种物质财富满足人们的生活要求，又作为一种艺术的综合体满足人们的审美需求。它把建筑、山水、植物融合在有限范围内，利用自然条件，模拟大自然中的美景，经过人为的加工、提炼和创造，除满足游客遮阴避雨、驻足休息、临泉起居等多方面的实用需求外，还与山池、花木密切结合，组成风景画面，起着园林景象构图中心的作用。经过长期的探索与创作，中国园林建筑在单体设计、群体组合、总体布局、建筑类型及与园林环境的结合等方面有了一套相当完整的成熟经验。在世界园林中，中国园林作为一个独立的园林体系享有盛名，其中园林建筑散发着独特的光彩。

园林建筑是中国园林的一个重要的组成要素，它与自然美景共同构成了一幅可以身临其境的立体山水画面，如《千里江山图》所描绘的建筑与景物（图 1-2）。因此，中国的园林和园林建筑以师法自然为主流理念，但部分园林也在特定历史背景下融合人工技艺或外来文化。中国的园林与园林建筑虽以本土文化为核心，但在历史演进中也吸收了外来文化的养分，形成了独特的艺术体系。美好的自然陶冶了人们美的心灵，人们又把美学理想贯穿在文学、艺术的创作之中。中国的文学和艺术与其他国家的文学、艺术一样，从诞生的那天起，就与美丽的大自然结下了“不解之缘”。中国的园林艺术作为表达人与自然的最直接、最紧密的一种物质和精神载体。从公元前 11 世纪周文王筑灵台、灵沼、灵囿起，它就是从选择、截取自然界中一个特定、典型的环境范围开始的；中国的寺观园林曾遍及中国的名山大川，寺观园林不仅是自然与建筑的融合，更是宗教活动、文化传承和精神修行的载体；中国的皇家园林与私家园林在空间范围上相差很大，但都是在原有自然条件环境下，经过人工改造加工过的园林。小范围内的私家园林常通过“写意”式的再现手法，把大自然中的美景模拟、缩小在有限的空间范围中，且有真山真水、小中见大的感受。不同地域的私家园林风格各异，江南园林以写意见长，北方园林多融合皇家气韵。漫游在这样的园林中，感受到的是一幅描写自然的山水画卷。源于自然，高于自然，把自然美与人工美在新

图 1-2 北宋王希孟的《千里江山图》所描绘的建筑与景物

（图片来源：田玉彬，2023）

的基础上相统一，形成赏心悦目、丰富变幻、“可望、可行、可游、可居”的环境。

园林与园林建筑的创作是人们追求自然美与生活美的具体映射。通过“物化”的空间形态，生动展现了不同时代人们的生活方式与审美理想。中国园林与园林建筑的创作如同中国的各种文艺形式，经历了从敬畏自然到融入人文的演进过程。如对五岳四渎等名山大川的赞美，在园林的湖面中以象征手法营造海上三仙山的意境；引入具有宗教文化特色的建筑物等，如建章宫一池三山布局（图 1-3）。从整体上说，中国的园林与园林建筑始终秉持“人是主人，景为人用”的基本特点。在园林中，没有给人压迫感的建筑空间和建筑体量，建筑尺度接近于人体需求，总是力求与使用者在生理需要、心理观赏需求相吻合。这种设计理念使中国的园林建筑既能很好地与自然环境相协调，又能与人的使用需求相统一，且具备很大的实用性、灵活性和通用性。

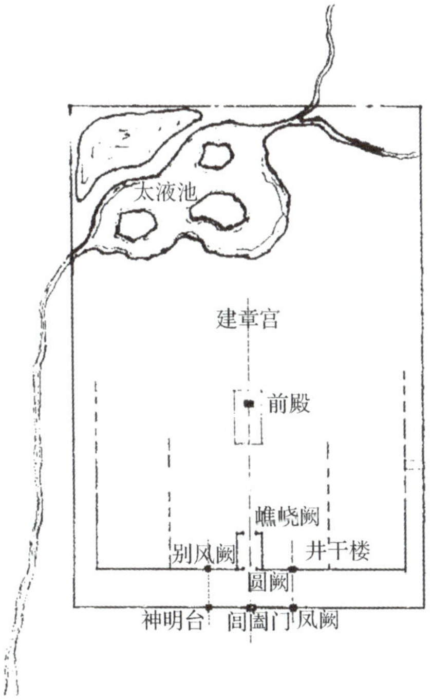

图 1-3 建章宫一池三山布局

1.1.4 园林建筑的特征

与其他建筑类型相比，园林建筑具有其明显的特征，主要表现在以下几个方面。

①园林建筑十分重视总体布局，既主次分明、轴线明确，又高低错落；既要满足使用功能，又要契合景观创造的要求。以佛香阁建筑群（图 1-4）为例，颐和园的主体建筑群，它建在万寿山前山高 20 m 的方形台基上，南对昆明湖，背靠智慧海，以其为中心，各建筑群严整而对

图 1-4 颐和园中的佛香阁建筑群总体布局

称地向两翼展开，形成众星捧月之势，气势相当宏伟。

②园林建筑是与园林环境及自然景观充分结合的建筑。在基址选择上，既要因地制宜，巧于利用自然，又要融入自然，将建筑空间与自然空间和谐统一，优秀的园林建筑是空间组织和利用的经典范例。如在扬州瘦西湖景区，身处钓鱼台中，三面临水，一道长堤与小金山相接。站在钓鱼台中，游客可以看到五亭桥、小金山和白塔，在春风徐至的下午，人景合一，景致和谐自然(图 1-5)。

图 1-5　扬州瘦西湖钓鱼台月洞门组织系列景观

③强调造型美观是园林建筑的重要特色。在建筑的双重性中，有时园林建筑美观和艺术性甚至要重于使用功能。在重视造型美观的同时，要深度追求意境的表达，既要继承传统园林建筑中寓意深邃的意境，又要探索、创新现代园林建筑中空间与环境的新意。

④小型园林建筑因小巧灵活、富于变化，常不受模式制约，为设计者提供了更多的艺术发挥空间，真可谓“无规可循，构园无格”。“小中见大”“循环往复，以至无穷”的独特效果是其他造园因素无法与之相比的。

⑤园林建筑色彩明朗，装饰精巧。在我国古典园林中，建筑有着鲜明的色彩：北京古典园林建筑色彩鲜艳，南方私家园林建筑色彩淡雅。现代园林建筑的色彩多以轻快、明朗为主，力求表现出园林建筑轻巧、活泼、简洁、明快的性格。在装饰方面，古今园林建筑均以精巧的装饰取胜，建筑善用各种门洞、漏窗、花格、隔断和空廊等，构成精巧的装饰，还会将山石、植物等引入建筑，让装饰更为生动，展现出一幅幅建筑与自然相映成景的画面。因此，通过建筑的装饰不仅能提升园林建筑本身之美，更重要的是，可运用装饰手段密切联系建筑与景致，营造出相得益彰的景观画面。

1.2　园林建筑的作用与分类

1.2.1　园林建筑的作用

园林的创作以自然山水园为基本形式，通过山、水、植物、建筑四种基本要素有机结合，构成“源于自然，高于自然”的美妙环境空间。其重要作用：一是改善和美化人的生活环境，提升生活质量；二是为人们提供休憩、游览、文化娱乐的场所。园林建筑是园林的重要组成部分，既有使用功能，又有造景、观景功能。在城市园林中，亭、台、楼、阁、门、窗、路及小品等建筑均对构成园林意境具有重要意义和作用。其审美价值并非局限于这些建筑物和构筑物本身，更多的是通过这些建筑物，人们能领略无限空间中的自然景观，突破有限，通向无限，感悟园林蕴含的人生、历史、社会，乃至宇宙万物的哲理，引导人们抵达园林艺术新追求的最高境界。

一般来说，园林建筑大多具有使用和景观创造两个方面的作用。就使用方面而言，它们可作为有特定使用功能的展览馆、影剧院、观赏温室、动物兽舍等，也可以是具备一般使用功能的休息类建筑，如花架、亭、榭、厅、轩等，还可以是供交通之用的桥、廊、道路等，此外，还有一些特殊的工程设施，如水坝、水闸等。通常园林建筑的外观形象与平面布局除满足和反映特殊的功能性质外，还要受园林选景的制约。在某些情况下，甚至要优先服从园林景观设计需求。在做具体设计时，园林建筑的功能应与对园林景观的作用恰当结合。园林建筑的功能主要表现在对园林景观创造的积极作用。这种作用可以概括为下列 4 个方面。

1. 点景

点景即点缀风景。园林建筑与山水、景物等要素相结合，构成了园林中的许多风景，有适宜就近观赏的，也有适合远眺的。在一般情况下，园林建筑常是这些风景的重点和主景。没有这些建筑，也就无法成为

"景",更谈不上园林的美景。重要的建筑物往往会成为园林在一定范围内,甚至整座园林的构景中心,例如,北京北海公园中的白塔、颐和园中的佛香阁等都是园林的构景中心(图1-6)。而整个园林的风格在一定程度上也取决于建筑的风格。

图1-6 颐和园中的佛香阁作为构景中心统领全景

2. 观景

观景即观赏风景,是以一幢建筑或一组建筑群作为观赏园内景观的场所,它的位置、朝向、封闭或开敞的处理方式取决于观赏者能否在视野范围内摄取到最佳风景。在这种情况下,大到建筑群的组合布局,小到门窗、洞口或由细部所构成的"框景",都可加以利用,将其作为剪裁风景的载体。

3. 界定空间

界定空间即利用建筑物围合成一系列的庭园,或者以建筑为主,辅以山石、植物,将园林划分为若干空间层次,如苏州的沧浪亭(图1-7)。在园林中,常将山石和植物围篱当作院墙的处理方法,依山建筑的园林可部分采用建筑围墙的方法,部分借助较为陡峭的山坡或峭壁共同围合庭园空间。即使无天然地形可利用,也可用人工堆砌的墙、山石作为界面,与建筑相配合,共同形成庭园空间。

图1-7 沧浪亭中用建筑及植物要素围合的庭园空间

4. 组织游览路线

组织游览路线以园林中的道路为主,结合建筑物的穿插、"对景"和障碍,创造步移景异,具有导向性的游动观赏效果。对景不仅可运用于室外景观,还能运用于建筑布局及室内布局,尤其适用于观赏角度受限,无景可借、无景可寻的情况,如走廊的尽头、出门对的照壁等都是最常见的例子。对景一般讲究轴线对称,让对的景物恰好在观赏者所处轴线的正中央;在运用于大场景时,对的景物可与总体布局的轴线不在一条主轴上,如自然山水中的亭榭与远处瀑布形成对景关联。通过这些方法的运用,游客能在观赏过程中获得整体的印象体验。

1.2.2 园林建筑的分类

园林建筑按时间可分为传统园林建筑和现代园林建筑两大类。

1. 传统园林建筑

传统园林建筑是指建造在园林和城市绿化地段内,供人们游憩或观赏用的具有传统风貌的建筑物。常见的传统园林建筑有亭、榭、廊、阁、轩、楼、台、舫和厅堂等。这些建筑物主要起着为园林造景,为游客提供观景视点、场所、休憩和活动空间等作用。

(1)亭 游客休停处,造型精巧别致,多为面向观景的点状小品建筑,外形多为几何图形。"亭者,停也。人所停集也。"亭在中国园林中被广泛应用,不论山坡水际[如月到风来亭(图1-8)]、路边桥顶[如五亭桥(图1-9)],还是林中水心都可设亭。亭有半亭、独亭、组亭之分。在园林中,还有钟亭、鼓亭、井亭、旗亭、桥亭、廊亭和碑亭等类型。若按亭的平面形式分类,常见的亭有三角亭、扇亭、梅花亭和海棠亭;按屋顶层数分类,亭可分为单檐亭和重檐亭;按屋顶的形式分类,亭又可分为攒尖亭、盝顶亭和歇山亭等。亭以其灵活多变的特性,任凭造园家不断创新,为园景增色。

(2)廊 廊是有顶的过道或房前避雨遮阴之附属建筑,属于多面观景的长条形建筑。廊在园林中是联系建筑的纽带,又是导游路线。在功能上,尤其在江南园林中,廊还可起到遮风避雨的作用。廊最大的特点在于可塑性高与灵活性强。无论高低曲折、山坡水边,

图 1-8　网师园中临于水池的月到风来亭

图 1-9　扬州瘦西湖中的五亭桥

廊都可以连通自如，依势而曲，蜿蜒逶迤，富有变化，且可以划分空间，增加园景的景深。廊的形式可分为直廊、曲廊、波形廊和复廊等。按所处的位置，廊又可分为走廊、回廊、楼廊、爬山廊（图 1-10）和水廊等。廊的重要作用是将全园的亭、台、楼、阁、轩、榭、厅连成整体，进而对园林中的景观开展和观景序列的层次起到重要的组织作用。颐和园万寿山的长廊共 273 间，长 728 m，中间点缀留佳亭、寄澜亭、秋水亭、清遥亭，四座八角重檐的亭子。颐和园中的长廊（图 1-11）把万寿山前山的景色连贯起来，让原来比较错落不齐的景色统一为以佛香阁为主景的万寿山全景图。

(3)榭　榭者藉也或依借环境而建榭，临水建榭，并设有平台伸向水面，体型扁平，如拙政园中的芙蓉榭（图 1-12）。建于水边，或者花畔，借景成景，平面常为长方形，一般多开敞或设窗扇，供人们游憩、眺望。在中国古典园林中，水榭的传统做法是在水边架起平台，一半平台深入水中，另一半平台架于岸边，平台四周用低平的栏杆围绕，然后在平台上建起木构的单体建筑物。建筑的平面形式通常为长方形，临水一侧特别开敞，有时建筑物的四周都设落地门窗，空透、畅达，屋顶常用卷棚歇山式样，檐角低平轻巧；檐下玲珑的挂落、柱间微曲的鹅颈靠椅和各式门窗栏杆等。这些工艺常为精美的木作，既朴实自然，又简洁大方。

(4)舫　运用联想手法的是建于水中的船形建筑，犹如置身舟楫之中，从整体轮廓到门窗栏杆均以水平线条为主，平面分为前、中、尾三段，一般前舱较高，中舱较低，后舱则多为二层楼，方便登高眺望颐和园中的香洲（图 1-13）。舫像船而不能动，所以又名“不系舟”。在中国江南水乡，有一种专供游客在水面荡漾游乐的画舫。江南修造园林多以水为中心，造园家们创造了一种类似画舫的建筑形象，游客身处其中，能取得仿佛置身舟楫的效果。

图 1-10　颐和园中的爬山廊

图 1-11　颐和园中的长廊

图 1-12 拙政园中的芙蓉榭

图 1-13 颐和园中的香洲

(5)厅 高大宽爽、向阳之屋，面阔多为 3～5 间，常采用硬山顶或歇山顶。其基本形式包括两面开放的单一空间的厅；两面开放，两个空间的厅；四面开放的厅。两个空间的厅多以室内隔扇、花罩或屏风，分隔出前后两个空间，天花顶盖也处理为两种以上的形式，这种顶盖式的天花也称为“轩”，如网师园中的竹外一枝香轩(图 1-14)。在平面布局上，用屏风、圆光罩、落地罩将其划分为前后厅，同时在结构装修上做互不相同的搭配，这类厅又被称为“鸳鸯厅”(图 1-15)。而四面开放的厅主要是指空间的开放，四面开敞、周边设廊，面阔多为 3～5 间，覆以歇山顶，在江南园林中，被称为轩、馆、房、室、庐舍之类者以及诗轩、画馆、书房、翠室等，名目繁多。就形式而言，其实际上就是厅，也可统称为“花厅”。

(6)楼 多为二层，正面为长窗或地坪窗，两侧是砌山墙或开洞门，楼梯可置于室内，也可借室外倚假山通往二楼，造型多姿。楼梯可设在楼的内部，也可由楼的外部云梯直达二楼。在皇家建筑中，楼常作为构图中心，崇楼高阁，多重檐屋，造型丰富，金碧辉煌。南方园林中的楼体量小巧，朝向园内的一侧装栏杆、长窗，墙面多施白粉或辟洞门或设砖框漏花窗，虚实相映，轻快活泼，色彩较淡雅，以突出周围植物造景的丰富色彩。此外，楼由古代园林中的“台”发展而来，如拙政园中的见山楼(图 1-16)，多建于园林周边，登楼可远眺园内外景色，也常依山傍水而建，成为风景点的主体。

(7)阁 与楼神似，造型较轻盈灵巧。重檐四面开窗，构造与亭相似，但阁只有一层，一般建于山上或水池、水台之上，如网师园中的濯缨水阁(图 1-17)。阁上通常盖瓦，周边砌墙，墙上设窗，窗的大小、形状多有变

图 1-14 网师园中的竹外一枝香轩

图 1-15 留园中的鸳鸯厅

图 1-16　拙政园中的见山楼

图 1-17　网师园中的濯缨水阁

化。除具有供游客憩息赏景之功效外，阁还根据布局之变化，衍生出多种使用功能。

(8)轩　厅、堂伸出的廊檐部分，顶上一般做卷棚的称为轩。从构造上说，轩也与屋、厅堂类似，有时轩可布置在地势宽敞的地方，供游宴之用。轩的本义是指向上翘起的曲木。在中国传统建筑中，轩特指南方高敞栱曲的房间，附属于主体的卷棚式屋顶，类似北方建筑的廊，可分为内轩和廊轩。常见的轩有抬头轩、船篷轩、鹤颈轩、菱角轩、海棠轩和一枝香轩等。

(9)斋　学舍书屋。专心攻读、静修的幽静之处，自成院子，与风景区分隔为一种封闭式景点。斋是园林中比较重要的建筑类型。相对于轩、榭的开敞来说，斋的空间要封闭一些。但这种封闭并不是幽暗，而是在讲求明净的基础上不过于开敞。此外，斋的建筑位置多偏于退避，而不像轩、榭那样临水。斋周围往往还常搭配一些其他建筑，形成大面积建筑景观。

2)现代园林建筑

现代园林既保留了古典园林的精华，又顺应时代发展，把现代人居环境建设推向新高度。现代园林把过去孤立、内向的园林模式转变为开敞、外向的整体城市环境，从城市中的花园转变为花园城市。由此，现代园林建筑成为园林的重要组成部分，承担着提供公共休闲、娱乐场所，平衡城市发展，调节土地使用密度、防灾、美化环境、净化污染等多项功能，在现代园林建筑中，实现了人与人、人与社会、人与自然的沟通。

现代园林建筑被赋予新内涵，体现了人类对人与环境关系的重新认识，是自然保护与经济发展的辩证统一，也是对空间资源及其他资源保护与利用的平衡。相对于传统园林建筑而言，现代园林建筑有以下几个特色。

①城市环境已成为现代园林建筑构思的重要源泉之一。建筑采用流线形体，结合现代材料，强调通透的视觉效果，与环境融为一体。随着现代城市功能日趋复杂，现代园林建筑业需要解决好相关的建设及技术问题，如消防、节能、防汛、地下室防水和建筑设备等。

②地域差异塑造了世界各地灿烂丰富、各具特色的建筑文化，为现代园林建筑提供了广阔的创作空间，也赋予其传承和传播地域文化的历史责任。在这方面，现代园林建筑设计具有几种趋势：A.尽量采用当地特有的建筑材料。不同地域有着不同的气候特点和自然环境特征，因此，在建筑材料的选择上也有所不同。中国幅员辽阔，不同地域的建筑材料更是千差万别。如湘西一带环境潮湿，盛产竹子，其最典型的民间建筑便是以竹为材料的吊脚楼；陕西位于黄土高原，气候干燥，当地居民以黄土为建筑材料，挖窑洞而居。现代园林建筑借鉴当地民居的材料特点，并加以改进，形成独特的风格。B.借鉴当地传统的建筑符号。善于挖掘当地传统的建筑符号，如花纹等装饰图案。通过当地物质材料艺术加工而成的装饰，具有一定的语言性和符号性，是一定信息的载体和功能标识。人们从建筑或室内的装饰就可以辨别其属于东方风格还是西方风格，甚至可以判断其所属的时间段、地区和民族。如清代建筑装饰大量运用吉祥图案，它们取材广泛，人物神仙、动物植物、自然景物都可作为元素，利用其谐音和形象，具有特定的寓意和象征。又如，“洛可可”风格

式样，采用贝壳的曲线、皱褶和曲线构图风格，装饰极尽烦琐华丽，色彩绚丽夺目。在欧洲，该风格多用于皇室贵族宅邸。C. 模拟当地的建筑色彩。生活在不同地域的人们会根据自身对色彩的感知去理解色彩的象征和意义。相同的色彩在不同地域文化里所暗示的意义也不尽相同，甚至截然相反，如白色在西方文化里象征着圣洁，在某些东方文化里则象征着死亡。可见，色彩所具有的文化意义远远超出它的自然属性。象征地域文化的色彩在建筑上的运用使设计具有更强的归属感和识别性。例如，以红色为主调的皇城北京情思，以灰白为主调的江南水乡情结等。

在苏州博物馆的现代中庭区域中，建筑连续的菱形屋顶与结构浑然一体，粉墙袅袅伸进深灰色屋面的端头，覆盖着现代化建筑的通透空间，层层叠叠、纵横交错，延续着古典园林的肌理。近人体身高尺度的粉墙将建筑各部分空间连成整体，或藏或露或深或浅或浓或淡，飘飘袅袅，现代化的建筑风貌被融入千年古韵，水池边的玻璃亭既传达了江南古典园林水畔建亭的范式，又通过现代材料表达了现代意蕴，如苏州博物馆中的景观亭(图 1-18)。

图 1-18 苏州博物馆中的景观亭

③建筑结构、机电设备、建筑材料与构造等技术日新月异的进步为创新创造了条件。在当今环境污染和能源危机成为全球化问题的背景下，我们不得不进一步思考：如何尽可能地节省自然资源？如何保护人们赖以生存的环境？建筑能耗占全部能耗的 30%，温室气体排放占比近半。如何通过生态技术这把“双刃剑”来实现人、建筑与自然三者的生态平衡及可持续发展？一种全新的生态设计理念逐渐成为建筑师探索的方向，即在建筑的全寿命周期内，最大限度地节约资源(节能、节地、节水、节材)、保护环境和减少污染，为人们打造健康、适用和高效的使用空间，促进人与自然和谐共生。

④注重表现与构成的现代园林建筑，成为建筑师表达个人理念与情感的主要途径。其主要特征有“仿生”和“构成”两个方面。“仿生”设计理念在当今大空间建筑形态设计中占有重要地位。建筑的生态仿生形式自古就有。在设计实践中，人们更多的是对形式和结构的仿生。其中仿生的形式是通过研究生物或生态的形态规律，探讨其在建筑上应用的可能性。它不仅是功能、结构与形式的有机融合，还是超越模仿并升华为创造的一种过程。在结构仿生方面，建筑师通过对生态物体生成规律的研究，创造新的仿生结构。如图 1-19 所示是福建长乐的“海之梦”观景塔，位于福建省福州市长乐区下沙度假村海滨乐园。它取自海螺和海蚌的外部造型，洁白的塔身由混凝土浇筑，内部是螺旋楼梯。该建筑与自然环境融为一体。

图 1-19 福建长乐的“海之梦”观景塔

“构成”从形态的本质入手，将形态提炼为最基本的元素，即点、线、面、体和空间，研究其属性及各种组合关系。这些最基本元素的分解与组合为建筑形态的来源提供了更加简便和有效的途径。同时，每一个特定的元素都具有特定的表情，会对人的视觉心理产生影响。有效地运用这些元素的特性对展现建筑的性格具有重大意义。构成以几何形态作为母体，大幅度提升了形态设计效率。几何形态是形态的原型，是各种形态的基础，构成手法便于加工几何形体，具有简洁、逻辑和规律的特性。几何形态与现代建筑形态之间存在着某种共性。勒·柯布西耶曾说过:“光影效果下的立方体、圆锥体、圆球体或金字塔形乃是伟大的基本形,它们不但是美丽的形,而且是最美的形象。”由于减少了大量的装饰,现代建筑更强调几何形态的组合,几何形态对现代建筑的形象具有直接应用的意义。如法国巴黎著名的拉维莱特公园,园内由 120 m×120 m 的网格相交,每个交点设立一个 10.8 m×10.8 m 的红色构筑物,被建筑师屈米称为 folly。这二十六个现代构筑物构成园内的点系统,它们除作为标志点和具有某些特殊功能外,里面还安排了许多活动场所,可作为信息中心、餐饮室、咖啡吧、手工艺室、医务室之用。这些构筑物都表现出强烈的构成主义特征,如拉维莱特公园(图 1-20)、拉维莱特公园中的红色构筑物(图 1-21)。

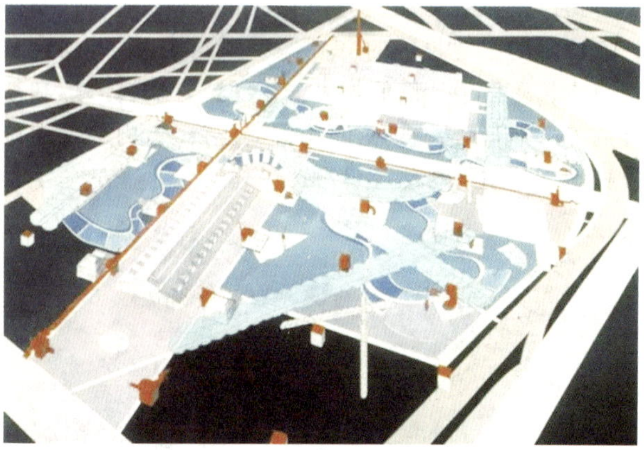

图 1-20 拉维莱特公园

(图片来源:张祖刚,2013)

图 1-21 拉维莱特公园中的红色构筑物

(图片来源:屈米,2022)

1.3 园林建筑发展史

1.3.1 世界园林发展历史

古典园林是人类文化遗产的重要组成部分。文化发达的民族和地区必然有其独特的造园风格。世界范围内的几个主要文化体系也必然会产生相应的园林体系。作为文明古国,中国在几千年持续发展的过程中孕育了源远流长的园林体系。早在奴隶社会时期就已出现造园活动,汉代后期就诞生了由官僚、贵族、富商经营的私家园林。公元 3—6 世纪的两晋南北朝是中国园林发展史上一个转折点,南北朝的园林中已经出现比较精致且结构复杂的假山。公元 6 世纪至公元 10 世纪初的隋唐王朝是中国封建社会鼎盛时期,国富民强与文学艺术繁荣推动了园林发展进入全盛时期。长安的兴庆宫、曲江池等皇家园林成为典范。明清时期,江南的文化比较发达,园林受诗文绘画的直接影响也更多,不少文人画家也是造园家,而造园师也多能诗善画。因此,江南园林达到的艺术境界也最能表现当代文人对“诗情画意”的艺术追求。

日本园林虽深受中国园林的影响,在运用风景的造园手法上与中国园林一致,但在日本的地理条件和文化传统的融合中,也发展了它的独特体系。

西方园林的起源可以上溯到古埃及和古希腊。古埃及人把几何的概念用于园林设计。水池和水渠的形状方正规则,房屋和树木也按几何的规矩加以安排,这是最早的规则式园林。公元前 5 世纪的古希腊,以雅典城邦为代表的自由民主政治推动了文化、科学、艺术的繁荣,园林的建设也同步兴盛。波斯气候干旱,重视水的利用。波斯庭园的布局多以位于十字形道路交叉点上的水池为中心,这种模式被阿拉伯人继承,成为伊斯兰园林的典型特征,传播至北非、西班牙及印度。其传入意大利后演变为各种水景技术,成为欧洲园林的重要元素。

欧洲中世纪时期,封建领主的城堡和教会的修道院中建有庭园。修道院中的园地与建筑功能相结合,如在教士住宅的柱廊环绕的方庭中种植花卉,在医院前辟设药圃,在食堂或厨房前辟设菜圃。此外,还有果园、鱼池和游憩的园地等。文艺复兴时期,意大利的佛罗伦萨、罗马、威尼斯等地建造了许多别墅园林。以别墅为主体，利用意大利的丘陵地形，开辟成整齐的台地，逐层配置灌木，并把修剪成图案形的植坛，顺山势，运用各种水景技术，如流泉、瀑布和喷泉等，外围是树木茂密的林园。这种园林通称为意大利台地园。

法国继承和发展了意大利的造园艺术。法国园林设计师 J. B. 德拉巴罗德里编写了《论造园艺术》，1638 年首次出版，是西方最早的园林艺术专著之一。17 世纪下半叶，法国造园家勒诺特尔提出要“强迫自然接受匀称的法则”。他主持设计凡尔赛宫苑，根据法国这个地区地势平坦的特点，开辟大片草坪、花坛、河渠，创造了宏伟华丽的园林风格，被称为勒诺特尔风格，各国竞相仿效。

18 世纪，欧洲文学艺术领域中兴起浪漫主义运动。在这种思潮影响下，英国开始欣赏纯自然之美，重新恢复传统的草地、树丛，于是产生了自然风景园。英国申斯通的《造园艺术断想》首次使用“风景造园学”一词，倡导营建自然风景园。在初期的自然风景园创作者中，较著名的创作者有布里奇曼、肯特和布朗等，但当时对自然美的特点还缺乏完整的认识。

18 世纪中叶，钱伯斯从中国回英国后撰文介绍中国园林，他主张引入中国的建筑小品。他的著作在欧洲，尤其在法国颇有影响。18 世纪末英国造园家雷普顿认为自然风景园不应任其自然，而要加工，以充分显示自然的美而隐藏它的缺陷。他并不完全排斥规则布局形式，在建筑与庭园相接地带也使用行列栽植的树木，并利用从美洲、东亚等地引进的花卉来丰富园林色彩，推动了英国自然风景园造园技艺的发展。

从 17 世纪开始，英国把贵族的私园开放为公园。18 世纪以后，欧洲其他国家也纷纷仿效。自此，西方园林学开始了对公园的研究。美国风景建筑师奥姆斯特德与卡尔弗特·沃克斯于 1858 年共同设计纽约中央公园时，创造了“风景建筑师”一词，开创了“风景建筑学”。奥姆斯特德扩大了传统园林学的范围，从庭园设计扩大到城市公园系统的设计，乃至区域范围的景物规划。他认为城市户外空间系统、国家公园和自然保护区是人类生存的需要，而不是奢侈品。1900 年美国哈佛大学创立风景建筑学系，第一次有了较完备的专业培训课程表，其他一些国家也相继开办这一专业。1948 年成立国际风景园林师联合会，世界园林至此已成为一个多元开放的体系蓬勃发展。

1.3.2 中国古典园林与园林建筑

中国古典园林建筑的演变与发展按其历史进程可分为以下几个主要阶段。

1. 黄帝时期至周朝

我国造园的历史极其久远。作为游憩生活领域的园林建造，其需要付出相当的人力与物力。只有在社会的生产力发展到一定的水平，才有可能兴建以游憩生活为内容的园林。商是我国形成国家政权机构最早的一个朝代，那时的象形文字甲骨文中已有宫、室、宅、囿、圃等字(图 1-22)。其中囿是指从天然地域中截取的一块田地，在其内挖池筑台、狩猎游乐，是最古老朴素的园林形态。早期的园林多为种植果木菜蔬之地或是豢养禽兽之所，且为帝王所有，其教化的目的远大于舒畅身心的目的。此时的园林建筑量少，以实用功能的棚为主，重使用功能而轻观赏效果，结构简单，材料来源单一，体量也较小，不是园林的主要构成要素。

图 1-22 甲骨文中“囿”与“圃”

2. 春秋战国至秦朝

春秋战国是思想史的黄金时期，以孔孟为两大主流，其中宇宙人生的基本课题受到重视，人对自然的认识由敬畏而逐渐转为敬爱，诸侯造园也逐渐普遍。公元前 221 年，秦始皇灭六国完成了统一中国的大业，建都咸阳。他集全国物力、财力、人力将各诸侯国的建筑式样建于咸阳北坂之上，形成规模宏大的宫苑建筑群。建筑风格与建筑技术的交流极大地提高了当时的建筑艺术水平。在渭河南岸建上林苑，苑中以阿房宫为中心，加上许多离宫别馆，还在咸阳“作长池、引渭水……筑土为蓬莱山”，把人工堆山引入园林。此时的园林建筑多为“高台榭、美宫室”，成为宣扬帝王威严与国力的象征。

3. 汉朝

公元前 139 年，汉武帝开始修复和扩建秦时的上林苑(图 1-23)，“周袤三百里”是规模极为宏大的皇家园林。苑中有苑、有宫、有观。其中，还挖了许多池沼、河流，种植了各种奇花异木，圈养了珍禽奇兽，供帝王观赏与狩猎。殿、堂、楼、阁、亭、廊、台和榭等各种类型园林建筑分布于园林中。建章宫在汉长安西郊，是兼具苑囿性质的离宫，除各式楼台建筑外，还有河流、山岗和宽阔的太液池，池中筑有蓬莱、方丈、瀛洲三岛，模拟海上神仙境界，这种在池中置岛的方法逐渐成为中国园林理水的基本模式之一。

图 1-23　西汉上林苑场景复原图

（图片来源：冯广平，2012）

西汉后期，私人造园逐渐兴起，人与自然的关系愈发紧密，私园模拟自然成为风尚，尤以袁广汉之袁广汉园为代表，是该时期私人园林的典范。在这一时期的园林中，园林建筑为取得更好的游憩观赏效果，布局不拘泥于均齐对称的格局，而是错落变化，依势随形而筑。在建筑造型上，汉代木构架体系形成，屋顶已有悬山顶、硬山顶、庑殿顶、歇山顶和攒尖顶五种基本形式及一些衍生形式（图 1-24）。

4. 魏晋南北朝

魏晋南北朝时期（公元 220—589 年），社会动荡，许多文人雅士为逃避纷繁复杂的现实，前往名山大川求超脱、找寄托，日益陶醉在自然美好的世界中。当时盛行的玄言文学淡乎寡味，人们的兴趣转向自然景物，山水游记作为一种文学样式逐渐兴起，中国写意山水诗、山水画也开始出现。创作实践的繁荣促进了文艺理论的发展，如“心师造化”“迁想妙得”“形似与神似”“以形写神”以及以“气韵生动”为首的“六法”等理论都超越了绘画的范围，对园林艺术的创造产生了深刻、长远的影响。文学艺术对自然山水的探求促使了园林艺术的转变。官僚士大夫们的审美趣味和美的理想开始转向自然风景中的山、水、花、鸟的世界，自然山水成为

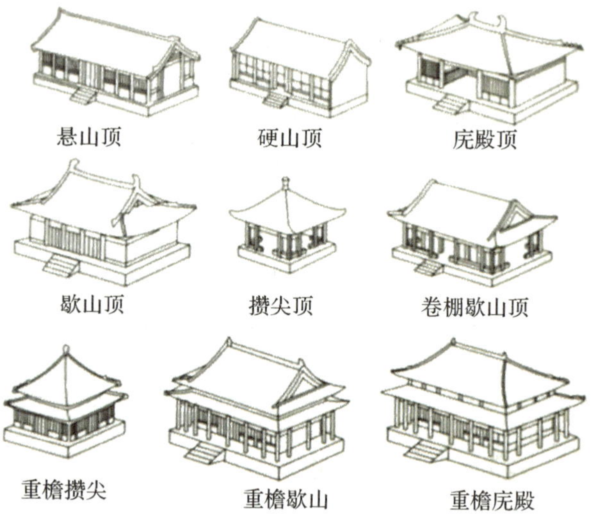

图 1-24　汉代园林建筑的屋顶形式

（图片来源：潘谷西，2001）

他们在现实生活中居住、休息、游玩、观赏的亲切依存的环境。他们渴求保持、固定既得利益，把自己的庄园理想化、牧歌化，私人园林开始兴盛。

寺观园林作为园林的一种独立类型于这一时期出现，其原因主要是政治动荡、战争频繁、人民生活痛苦。自东汉初，佛教经西域传入中国，至魏晋南北朝得以广泛流传，佛寺广为修建，诗云“南朝四百八十寺，多少楼台烟雨中”。中国土生土长的道教形成于东汉晚期，南北朝时期达到早期高潮。东晋末年，盛行文人与佛教徒交游，出没深山幽林、寺庙榭台，加以祖国的锦绣山河壮丽如画，游踪所至，目有所见，情有所动，神有所思。在深山幽谷中，建梵刹，与佛教超尘脱俗、恬静空寂的宗旨也相符。与此同时，贵族士大夫为求超度入“西天”，也往往“舍身入寺”或“合宅为寺”，原本附属于住宅中的山水风景园林被移植到佛寺。

佛教传入中国，很快被中国文化汲取、改造，实现“中国化”。最初的佛寺按中国官署的建筑布局与结构方式建造。虽然佛寺是宗教建筑，但不具有印度佛教的崇拜象征——窣堵波（即佛塔）的瓶状塔体及中世纪哥特教堂的神秘感，而成为中国人的传统审美观念所能接受的、与人们的正常生活失联的世俗化建筑物。中国佛寺的布局在公元 4—5 世纪就已基本定型。佛寺的布局多采用中国传统世俗建筑的院落式布局方法。自北魏起，许多著名的寺庙、寺塔都选择在风景优美的名山兴建。高耸的佛塔（图 1-25）不仅可登高远

望，而且点缀了城市及风景区的景观，成为城市及风景区视线的焦点和标志。原本优美的风景区因这些寺塔人文景观的点染，更显秀美、典雅。

图 1-25 北魏时期的佛塔嵩岳塔

魏晋南北朝是中国古代社会发展历史上的一个重大转折点，也是中国园林艺术发展史上的关键转型期。私人园林的发展、寺观园林的兴起在园林规划上由粗放走向精致，从单纯截取自然片段，到于有限空间抽象再现自然山水的美景，标志着园林创作思想的转变。

5. 隋唐时期

隋朝统一乱局，官家的离宫苑囿规模大，隋炀帝在洛阳兴建的西苑更是极尽奢靡华丽。《资治通鉴·卷一八〇·隋纪四》记载："筑西苑，周二百里，其内为海，周十余里，为方丈、蓬莱、瀛洲诸山，高百余尺，台、观、殿阁，罗络山上"。《大业杂记》也说："苑内造山为海，周十余里，水深数丈……，上有通真观、习灵台、总仙宫，分在诸山。风亭月观，皆以机成，或起或灭，若有神变。海北有龙鳞渠，屈曲周绕十六院入海"。可见，西苑以大湖面为中心，湖中仍沿袭汉代的海上神山布局，北岸以曲折的水渠环绕并分设各有特色的十六小院，形成苑中之园。"逍遥亭，八面合成，结构之丽，冠于古今"，组团之间以绿化及水系分割，按景区形成组群，这种把园中园分成景区、建筑空间的设计手段已具中国大型皇家园林布局基本构造的雏形。

唐朝继汉后，开创了一个伟大的朝代，揭开了我国古代历史上最为灿烂夺目的篇章。百余年的政治安定和社会经济繁荣，呈现"太平盛世"的景象。经济的昌盛促进了文学艺术的繁荣，中外文化和艺术的大交流、大融合，突破传统，汲取各家之长，产生了文艺上所谓的"盛唐之音"。唐代的园林汲取了前代的营养，根植于现实的土壤，茁壮成长，呈现蓬勃发展的态势。

唐代官僚士大夫多在宅第、府署、别业中筑园，如白居易建于洛阳的履道坊宅第为"十亩之宅，五亩之园，有水一池，有竹千竿"，是清净幽雅的私家园林。唐代的皇家园林也有巨大的发展，如著名的离宫型皇家园林——华清宫，位于临潼区骊山北麓，距今西安约 20 km，以骊山脚下涌出的温泉为建园的有利条件。史料记载，秦始皇曾在此建离宫，取名"骊山汤"，唐贞观十八年（公元 644 年）又扩建为"温泉宫"，天宝六载（公元 747 年）定名"华清宫"。其布局以温泉之水为池，环山列宫室，形成一个宫城，建筑随山势之高低错落而修筑，山水结合、宫苑结合。此外，唐代的自然山水园也有所发展，如王维在陕西蓝田筑的"辋川别业"（图 1-26）、白居易在庐山建的草堂均就自然风景区中相地而筑，借四周景色略加人工建筑而成。随着写意山水画的发展，诗情画意被写入园林，标志着中国古典园林创作进入更高境界。

6. 宋朝

唐朝活泼充满生机的风气传至宋朝。随着山水画的成熟，许多文人、画师不仅沉浸于山水画中，更将诗情画意融于园中，形成三维空间的写意山水园。北宋的大型皇家园林——艮岳，为自然山水园的代表作（图 1-27）。艮岳位于宫城外，内城的东北隅，其造园特点鲜明。首先，把主观感情、对自然美的认识及追求自觉地移入园林创作。其次，在创造以山水为主体的自然山水园景观效果方面，手法十分灵活多样。艮岳原地势低洼，通过筑山，模拟余杭凤凰山与万岁山，依山势主从配列，"增筑岗阜"形成幽深的峪壑，用大量从南方运来的太湖石，"引江水""凿池沼"，再形成"沼中有洲"，洲上置亭，又把水"流注山间"造成曲折的水网、洄溪。艮岳在缀山理水上所创造的成就是中国园林发展到一个新高度的重要标志，对后来的园林产生了深刻的影响。

在园林建筑布局上，艮岳从风景环境的整体着眼，因景而设。在主峰的顶端置"介亭"作为观景与控制园林的风景点；在山涧、水畔各具特色的环境中，分别按使用需要布置了不同类型的园林建筑；依靠山岩而筑的有倚翠楼；在水边筑有胜云庵、蹑云台、消闲馆；在池沼的洲上花间安置有雍雍亭等。该类设计都彰显了北宋山水宫苑的独特风格，为后世自然山水式皇家园林

图 1-26　辋川别业局部图

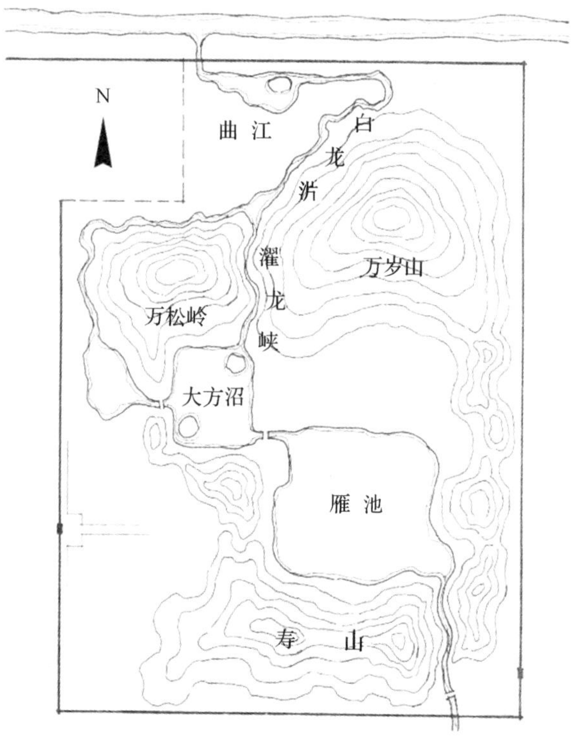

图 1-27　艮岳平面图

奠定了坚实的基础。

南宋时期，江南园林蓬勃发展。“安史之乱”后全国政治经济重心逐渐移向江南，以及江浙优越的地理条件，推动了江南园林的空前发展。例如，南宋时期，杭州西湖及其周边分布着几十座皇家的御花园以及王公大臣们的私园，“一色楼台三十里，不知何处觅孤山”，园林之盛空前，就像《西湖胜迹图册》（图 1-28）展现的那般。

宋代园林建筑摒弃宏伟刚健的风格，转为秀丽精巧，富于变化。建筑类型更加多样，如宫、殿、楼、阁、馆、轩、斋、室、台、榭、亭和廊等，按功能与造型需要合理选择。建筑布局更讲究因景而设，融合人工美与自然美，编织富有诗情画意、层次丰富的环境空间。江南园林建筑更密切地与当地的秀丽山水环境相结合，创造了许多因地制宜的设计手法。《木经》《营造法式》这两部建筑文献的问世更推动了建筑技术与构件的标准化。宋代对古代文化传统起到了承前启后的作用，也是中国园林与园林建筑在理论与实践上走向更高水平发展的重要时期。

7. 元朝

元朝时期，众多士人将精神境界的追寻视为心灵栖居之所，庭园成为其表现人格、抒发胸怀的场所。如倪瓒所筑之清闲阁、云林堂和其参与设计的狮子林均为代表作。

元朝在进行都城的大规模建设中把壮丽的宫殿与幽静的园林交织，人工的神巧和自然景色交相辉映，形成了元大都的独特风格。在建筑形式上，先后在元大都内建起伊斯兰教礼拜寺和藏传佛寺，为城市及风景区增加了多元文化元素。不过，由于连年战乱，经济停滞、矛盾深重，除皇家禁苑的兴建外，这个时期的其他园林建筑活动很少。

图 1-28 宋懋晋的《西湖胜迹图册》之龙井、六和塔、烟霞洞

（图片来源：宋懋晋，2020）

8. 明清时期

明清时期，由于经济的恢复与发展，园林与园林建筑重新得到发展。北方与南方，都市、风景区中的园林在继承唐宋传统基础上多有创新，造园技术水平也大幅度提升，并出现了系统总结造园经验的理论著作。清代的文化、建筑、园林基本沿袭了明朝的传统，把中国园林与中国建筑的创作又推向一个高峰。在全国范围，园林数量之多、形式之丰富、风格之多样，历代难及，造园艺术与技术达到了十分纯熟的程度。中国园林与园林建筑作为独立、完整的体系在这个时期确立了它应有的世界地位。多数中国的古典园林、自然风景区、寺观园林都是明清时期创建的。这个时期，仅北京西北郊就形成了以三山五园（图 1-29）为主体的庞大的皇家园林群。

明清园林的数量和质量远超以往任何时期。中国的园林与园林建筑在民族风格基础上依据地区的特点逐步形成，地方特色日益鲜明，汇集了中国园林色彩斑斓、丰富多彩的面貌。明清时期，中国园林的四大基本类型——皇家园林、私家园林、寺观园林、风景名胜园林，均已发展到相当完备的程度。其中具有代表性的是，以北京为中心的皇家园林，以长江中下游的苏州、扬州、杭州为中心的私家园林。风景名胜园林与风景区的寺观园林遍布大江南北。四川、云南等西南地区因地理气候及穿斗架建筑技术等方面具有共性，园林建筑凸显出日益鲜活的地方特色。

明清时期还出现了一批造园理论著作。我国有关古代园林的文献在明清以前多散见于各种文史、史论、名园记、地方志等史料中。其中，宋代的《洛阳名园记》

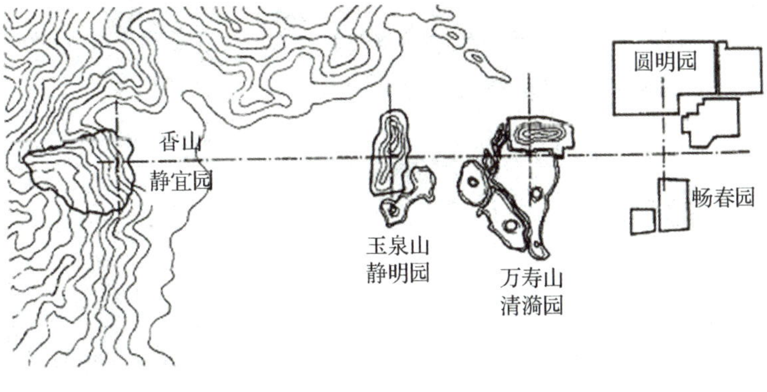

图 1-29 明清时期的三山五园布局

《吴兴园林记》是评述名园的专文。明清以后，在广泛总结实践经验的基础上，把造园作为专门学科论述的理论著作相继问世，重要的著作有明代计成的《园冶》、文震亨的《长物志》等。《园冶》对造园做了全面的阐述，全书分为兴造论、园说、相地、立基、屋宇、装拆、栏杆、门窗、墙垣、铺地、掇山、选石、借景 13 个专题，阐明了园林设计的指导思想，并提出了造园要"巧于因借，精在体宜""虽由人作，宛自天开"等精辟独到的见解。

1.3.3 国外园林与园林建筑

1. 日本园林与园林建筑

日本园林初期大多受中国园林影响，尤其在平安时代(约我国唐中期至南宋早期)。日本园林的发展大致经历了以下几个主要时期，各时期园林都具有鲜明的特点。

(1)平安时代 日本自上古飞鸟至奈良时代基本无造园活动。自桓武天皇奠都平安后，由于三面环山，山城水源、岩石、植物材料丰富，日本在造园方面颇有建树。平安时代中期，受佛教，特别是受禅宗影响，多以娴静为主题。平安时代末期，明治维新以后，受欧洲致力于公园建造的影响，成为日本有史以来造园的黄金时期。当时宫殿楼宇和庭园建筑多仿照我国唐朝风格，如日本平安时代的水榭(图 1-30)。

(2)镰仓时代 源赖朝幕府建都镰仓，武权当道，这一时期人们重质朴、尚武功，造园事业随之衰落。然而，当时正值佛教兴盛，颇受禅宗影响，造园风格多以文雅幽邃的僧式庭园为主。造园大师梦窗疏石的作品——西芳寺庭园、天龙寺庭园是朴素风尚的枯山水式庭园的典型代表，其中的西芳寺庭园以"黄金池"为中心，池岸为滨洲型，在艺术手法上效仿北宋山水法的意境和匠心，表现优雅舒展的美。环池有殿堂、亭、桥，僧居以廊连结为赏景通道。山坡上的枯瀑石组(最早出现的枯山水)为回游式庭园中枯山水的运用。

(3)室町时代 受我国明朝文化影响，生活安定，渐趋奢侈，文学、美术的进步促使民众造园艺术广泛普及，进入日本造园的黄金时期。这一时期的日本园林自然风景呈现高度概括、精炼的意境。这一时期出现的写意风格的"枯山水"平庭(图 1-31)具有一种极端的"写意"和富于哲理的倾向。枯山水讲究置石，用单块石头造型组合，象征奇松、岩石堆或叠山，务求稳重，底广顶削，不做飞梁、悬挑等奇构，也很少堆叠成山。枯山水庭园内一般栽植不太高大的观赏树木，十分注意修剪树形姿势，又不失其自然形态。京都西郊龙安寺庭园是日本"枯山水"的代表作，庭园布置在禅室方丈前 330 m^2 矩形封闭空间，长、宽比为 3：1，白沙象征大海，15 块石头象征 5 个群岛。白色反光强调浩荡的宇宙空间，启发无限的永恒与有限生命的对比，石为短暂生命及无限时空的中介物。

图 1-30 日本平安时代的水榭

(图片来源：堀内正树，2023)

图1-31 日本"枯山水"平庭

(图片来源:米拉·洛克,2023)

(4)安土桃山时代 丰臣秀吉对建筑、绘画、雕刻及工艺、茶道等极为注重,一改抄袭中国造园之旧风,提倡发挥日本造园个性。当时民心娴雅幽静,茶道乘隙以兴,致使茶庭、书院等庭园兴盛,庭园内均有庭石组合,栽培棕榈及苏铁,富有异国情调,茶庭的面积比池泉园、筑山庭小,环境安静,便于沉思冥想,造园设计比较偏重写意。人们要在庭园内活动,就用草地代替白沙。草地上铺设石径,散置几块山石并配以石凳和几棵姿态虬曲的小树。茶室门前设石水钵,供客人净手之用。这些设计均成为日本庭园中必不可少的小品点缀。

(5)江户时代 江户时代的造园活动非常发达。回游式庭园以步行方式循着园路观赏庭园之美,面积较大,典型形式是以池为中心,四周配以茶亭,并有园路连接。园内以大面积的水池为中心,水中央设一个岛或半个岛,外环设井路,人在其中,能将庭园内风景点以序列式风景画呈现,每个风景点各有主题,由步径小路连接成序列。这座园林以大水池为中心,池中布列着一个大岛,与两个小岛的周围水道萦回,间以起伏的土山。湖的西岸是全园最大的一组建筑群"御殿"和"月波楼",其他较小的建筑物则布列在大岛上、土山上和沿湖的岸边。它们的形象各不相同,分别以春、秋、冬的景题与地形、绿化相结合成为园景的点缀。桂离宫是日本回游式庭园的代表作品,整体是对自然风景的写实模拟,对近代日本园林的发展影响深远(图1-32)。

这一时期的园林不仅集中在几个政治和经济中心的大城市,也遍及日本。在造园的广泛实践基础上,日本造园师总结出三种典型样式,即"真之筑""行之筑"和"草之筑"。"真之筑"是对自然山水的模拟,"草之筑"纯属写意手法,"行之筑"介于两者之间,犹如书法的楷、草、行三体。这三种样式主要针对筑山、置石和理水而言,从总体到局部形成一整套规范化的处理模式。

图1-32 桂离宫的茶亭

(图片来源:斋藤英俊,2021)

(6)明治时代 明治维新后,日本受欧洲文化影响致力于公园的建造,日本迎来了有史以来的造园黄金时期。明治中叶,现代庭园形式脱颖而出,庭园用大片草地、岩石、水流进行配置。大正时代,为纪念明治天皇和昭宪皇太后所建的明治神宫是东京最雄伟壮观的神社,为该时期庭园的代表作,也是日本园林建筑的典型代表。

2.欧美园林与园林建筑

欧美园林的起源可以追溯到古埃及和古希腊。欧洲最早受古埃及造园思想影响的是古希腊。古希腊将精美的雕塑艺术及地中海区盛产的植物融入庭园,让过去实用性的造园加强了观赏功能。几何式造园传入罗马,再传入意大利,人们加强了水在造园中的重要性,许多美妙的喷泉出现在园景中,并在山坡上建造了许多台地式庭园。传到法国后,台地式庭园成为平坦辽阔形式,且加入更多的草花栽植成人工化图案,确定了几何式庭园的特征。法国几何式造园在欧洲大陆风行时,英国一部分造园家不喜欢这种违背自然的庭园形式,于是提倡自然庭园。英国式与法国式的极端相反的造园形式,后来融合产生了混合式庭园,成为美国及其他各国造园的主流,并融入科学技术及新潮艺术的内容,使造园确立了游憩及商业上的地位。欧美园林建筑的发展与园林的发展一脉相承,主要经历了下列几个时期。

(1)上古时代

①古埃及。约公元前 3 100 年,古埃及和北非其他一些奴隶制国家由尼罗河冲积而成的肥沃平原适宜农业耕作,但国土的其余部分多为沙漠地带。对于沙漠居民而言,在炎热荒漠的环境里,有水和遮阳树木的"绿洲"就是最珍贵的地方。因此,古埃及人的园林以"绿洲"为模拟对象。尼罗河每年泛滥,洪水之后需要丈量耕地,因而发展了几何学。于是,古埃及人也把几何的概念用于园林设计。水池和水渠的形状方整规则,房屋和树木按几何规矩安排,成为世界上最早的规则式园林。古埃及庭园(图 1-33)形式多为方形,平面呈对称的几何形,体现直线美与线条美。庭园中心常设置一个水池,水池可供行舟。庭园四周有围墙或栅栏,园路以椰子类热带植物为行道树。庭园及水池里养殖鸟、鱼及水生植物。园内布置简单的凉亭,盆栽花木则置于住宅附近的园路旁。

图 1-33　古埃及园林庭园壁画

(图片来源:郦芷若 等,2009)

②古巴比伦。底格里斯河一带,地形复杂,多丘陵,土地潮湿,故庭园多呈台阶状,每一阶均为宫殿。从远处看,树木好像悬在半空中,故称为悬园。古巴比伦空中花园就是其典型代表。古巴比伦空中花园(图 1-34)建于公元前 6 世纪,是新巴比伦国王尼布甲尼撒二世为他的妃子建造的花园。据考证,该园是由不同高度的越上越小的台层组合而成的剧场式建筑物,每个台层以石拱廊支撑,拱廊架在石墙上,拱下布置成精致的房间,台层上面覆土,种植各种花木,顶部有提水装置,用于浇灌植物。这种逐渐收缩的台层上布满植物,如同覆盖着森林的人造山,远看宛如悬挂在空中。

图 1-34　古巴比伦空中花园

(图片来源:龚琛,2022)

③波斯。波斯土地高燥,多丘陵地,地势倾斜,故造园皆利用山坡,建成阶台式立体建筑,然后筑山引水,利用水的落差与喷水,并栽植点缀植物,其中有名者的"乐园"是王侯、贵族之狩猎苑。

(2)中古时代

①古希腊。古希腊是欧洲文明的发源地,公元前 10 世纪时,已有贵族花园。公元前 5 世纪,贵族住宅往往以柱廊环绕形成中庭,庭中有喷泉、雕塑、瓶饰等,栽培蔷薇、罂粟、百合、风信子、水仙等以及芳香植物,最终发展为柱廊园形式。当时已出现公共游乐地,神庙附近的圣林是群众聚集和休息的场所。在圣林中,竞技场周围有大片绿地,布置了浓荫覆被的行道树和散步小径,还有柱廊、凉亭和座椅。这种配置方式对后世欧洲公园颇有影响。

②古罗马。古代罗马受希腊文化影响,很早就开始建造宫苑和贵族庄园。由于气候条件和地势,古罗马庄园(图 1-35)多建在城郊外依山临海的坡地上,将坡地辟成不同高程的台地,各层台地分别布置建筑、雕塑、喷泉、水池和树木,用栏杆、台阶、挡土墙把各层台地连接起来,使建筑与园林、雕塑、建筑小品融为一体,园林成为建筑的户外延续部分。园林中的地形处理、水景、植物都呈规则式布置。树木被修剪成绿丛植坛、绿篱、各种几何形体和绿色雕塑。园林建筑有亭、柱廊等,多建在上层台地,可居高临下俯瞰全景。全盛时期,造园规模大为进步,更多利用山、海之美于郊外风景胜地,也大面积规划为别墅园,奠定了后世文艺复兴时期意大利造园的基础。

(3)中世纪时代　公元 5 世纪,西罗马帝国没落瓦解后,欧洲在 9—12 世纪形成典型的封建割据与自然

图 1-35 古罗马庄园遗址

（图片来源：针之谷钟吉，2004）

经济体系。当时，除城堡园林和寺院园林外，园林建筑几乎完全停滞。寺院园林依附于基督教堂或修道院的一侧，包括果树园、菜畦、养鱼池和水渠、花坛、药圃等，布局随意且无定式。造园的主要目的在于生产果蔬副食和药材，观赏的意义尚属其次。城堡园林由深沟高墙包围着，园内建置藤萝架、花架和凉亭，沿城墙设坐凳。有的园在中央堆叠一座土山，山上建亭、阁之类的建筑物，便于观赏城堡外面的田野景色。

（4）文艺复兴时代

①意大利园林。西方园林在更高水平上的发展始于意大利的文艺复兴时期。在文艺复兴时代，意大利园林由于田园自由扩展，风景绘画融入造园以及建筑雕塑在造园上的利用，成为近代造园的渊源，直接影响了欧美各国的造园形式。意大利园林一般附属于郊外别墅，与别墅一起由建筑师设计，布局统一，但别墅不起统领作用。它继承了古罗马花园的特点，采用规则式布局但不突出轴线。意大利园林分两部分，紧挨着主要建筑物的部分是花园，花园之外是林园。意大利境内多丘陵，花园别墅建在斜坡上，花园顺地形分成几层台地。在台地上按中轴线对称布置几何形的水池和用黄杨或柏树组成花纹图案的绿丛植坛，很少用花卉。意大利园林重视水的处理，借地形修渠道将山泉水引下，层层下跌，叮咚作响或用管道引水到平台上，因水压形成喷泉。跃水和喷泉是花园里很活跃的景观。外围的林园是天然景色，林木茂密。别墅的主要建筑物通常在较高或最高层的台地上。16—17 世纪是意大利台地园林的黄金时期，在这一时期建造了许多著名的台地园林。例如，著名的埃斯特别墅（图 1-36），始建于 1550 年，该别墅坐落在罗马东郊的蒂沃利。主体建筑物位于场地边缘，后面的园林建筑在陡坡上，分成八层台地，上下相差 50 m，由台阶、雕像和喷泉的主轴线贯穿。在各层台地上种满高大茂密的常绿树木。一条“臣泉路”横贯全园，林间布满小溪流和各种喷泉。花园最低处布置水池和植坛。17 世纪后，意大利园林则趋向于装饰趣味的巴洛克式。其特征表现为园林中大量应用矩形和曲线，带有浓厚的装饰色彩，利用各种机关变化来处理喷水的形式以及对有强烈人工痕迹的树型进行修剪。

图 1-36 埃斯特别墅里壮观的水景

（图片来源：陈文捷，2020）

②法国园林。17 世纪，意大利文艺复兴式园林传入法国。法国多平原，有大片天然植被和大量的河流湖泊。法国人并没有完全接受台地园的形式，而是把中轴线对称均齐的规整式园林布局手法运用于平地造园，从而形成了法国特有的园林形式——勒诺特尔式园林。它在气势上比意大利园林更强、更人工化。勒诺特尔是法国古典园林集大成的代表人物。他继承和发展了整体设计的布局原则，借鉴意大利园林艺术，并为适应当时王朝专制下的宫廷需要而有所创新，眼界更开阔，构思更宏伟，手法更复杂多样。他使法国造园艺术摆脱了对意大利园林的模仿，成为独立的流派。

勒诺特尔设计的园林布局是把宫殿或府邸放在高地上，居于统领地位。从建筑的前面伸出笔直的林荫道，在其后是一片花园，花园的外围是林园。府邸的中轴线，前面穿过林荫道指向城市，后面穿过花园和林园指向荒郊。他所经营的宫廷园林规模都很大。花园的布局、图案、尺度都与宫殿府邸的建筑构图相适应。花园里的次要轴线,外加几条横向轴线,便构成花园的基本骨架。孚·勒·维贡府邸花园便是这种古典主义园林的代表。这座花园展开在几层台地上,每层的构图都不相同。花园最大的特点是把中轴线装点成全园最华丽、最丰富、最有艺术表现力的部分。中轴线全长约为 1 km,宽约为 200 m,在各层台地上有不同的处理方法。最重要的有两段:靠近府邸的台地上的一段两侧是顺向长条绣花式花坛,图案丰满生动、色彩艳丽;一个台地上的一段两侧草地边上密排着喷泉,水柱垂直向上,称为“水晶栏栅”。再往前行,最低处是由一条水渠形成的横轴。水渠的两岸形成美妙的“水剧场”。过了水剧场,登上大台阶。前面高地顶上耸立着大力神海格立斯的巨像,其后围着半圆形的树墙,有三条路向后放射出去,成为中轴线的终点。中轴线两侧有草地、水池等,再外侧便是林园。

勒诺特尔的另一个伟大作品便是闻名世界的凡尔赛宫苑(图 1-37)。该园有一条自宫殿中央往西延伸长达 2 km 的中轴线,两侧大片的树林把中轴线衬托成为一条极宽阔的林荫大道,自东向西一直消逝在无垠的天际。林荫大道的设计分为东、西两段,西段以水景为主,包括十字形大运河和阿波罗水池,饰以大理石雕像和喷泉。十字形大运河横臂的北端为别墅园“大特阿农”,南端为动物饲养园。东段的开阔平地上则是左右对称布置的几组大型的“绣花式植坛”。林荫道两侧的树林里隐蔽地分布着一些洞府、水景剧场、迷宫、小型别墅等,是比较安静的就近观赏场所。树林里还开辟了许多笔直交叉的小林荫路,它们的尽端都有对景,形成一系列的视景线。这种园林被称为“小林园”。中央大林荫道上的水池、喷泉、台阶、雕塑等建筑小品以及植坛、绿篱均严格按均匀对称的几何格式布置,是规则式园林的典范(图 1-38),比意大利文艺复兴园林更能体现有组织、有秩序的古典主义原则。它所显示的恢宏的气度和雍容华贵的景观也远非前者所能比拟的。法国古典主义文化当时领导着欧洲文化潮流,勒诺特尔式园林艺术流传到欧洲各国,许多国家的君主甚至直接模仿凡尔赛宫苑。

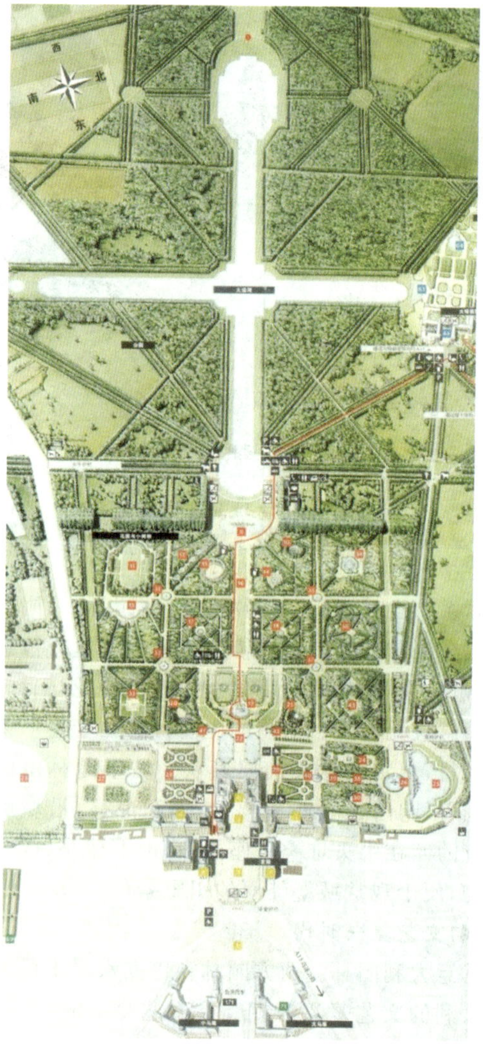

图 1-37　凡尔赛宫苑平面图

(图片来源:雅克·马丁,2024)

图 1-38　凡尔赛宫苑中的建筑、喷泉、雕塑组合

(图片来源:纪尧姆·皮康 等,2024)

(5)18 世纪英国自然风景园与园林建筑　17—18 世纪,如茵的草地、森林、树丛与丘陵地相融合,构成英国天然的特殊景观。这种优美的景观促进了风景画和田园诗的兴盛，而风景画和浪漫派诗人对大自然的纵情讴歌又让英国人对天然之美产生了深厚的情感。这股思潮当然会波及园林艺术。于是，人们逐渐厌倦了流行于英国的封闭式“城堡园林”和规则严谨的“勒诺特尔式园林”，这种状况促使他们去探索另一种近乎自然、返璞归真的新的园林风格，即自然风景园。这种园林既与园外环境融为一体，又便于利用原始地形和乡土植物，所以被各国广泛运用于城市公园，也影响着现代城市规划理论的发展。自然风景园摒弃所有几何形状和对称整齐的布局，代之以弯曲的道路、自然式的树丛和草地、蜿蜒的河流，讲究借景和与园外的自然环境相融合。为彻底消除园内外景色的界限，把园墙修筑在深沟中，即所谓的“沉墙”。当这种造园风格盛行时，许多出色的勒诺特尔式园林都被摧毁而改造为自然风景园。

与规则式园林相比，自然风景园突出了自然景观的特征，多为模仿和抄袭自然风景和风景画。但经营园林耗费大量的人力和财力，所得到的效果却难及原始的天然风景，且园工造作未必高于自然，逐渐引起人们的反感。造园家勒普敦主张在建筑周围用花坛、棚架、栅栏、台阶等装饰物过渡，把自然风景当作建筑的华丽背景。由此，在他的设计中，园林又开始使用台地、绿篱、人工理水、植物整形修剪以及日晷、鸟舍、雕像等建筑小品，注重树的外形与建筑形象的配合衬托，追求虚实、色彩、明暗的比例关系。在英国自然风景园的发展过程中，除受欧洲资本主义思潮的影响外，也受中国园林艺术的启发。英国建筑师和园林设计师钱伯斯两度游历中国，归国后著文盛谈中国园林，并在他所设计的丘园中首次运用“中国式”手法。在该园中，建有中国传统形式的亭、廊、塔等园林建筑小品(图 1-39)。

图 1-39　丘园中的中国塔

(图片来源：王蔚，2011)

(6)美国现代园林与园林建筑　西方现代园林以美国为代表。美国园林的发展着重于城市公园及个人住宅花园，倾向于自然式，还将建设乡土风景区的目的扩大至教育、保健和休养。1858 年纽约市建立了美国历史上第一座公园——美国纽约中央公园(图 1-40、图 1-41)，由近代园林学先驱者奥姆斯特德设计。他强调公园建设要保护原有的优美自然景观，避免采用规则布局；在公园的中心地段保留开朗的草地或草坪；强调运用乡土树种，在公园边界栽植浓密的树丛或树林；利用徐缓曲线的园路和小道形成公园环路，主要园路可以环绕整个公园，借此，美国城市公园建设的基本准则被确立。美国城市公园有平缓起伏的地形和自然式水体；有大面积的草坪和稀疏草地、树丛、树林，并有花丛、花台、花坛，还有供人们散步的园路和少量建筑、雕塑和喷泉等。城市公园中的园林建筑和园林小品涵盖仿古典式及现代各流派的作品。最引人注目的是，大多数公园内都布置了北美印第安人的图腾柱，这也成为美国城市公园的一个重要标志。

图 1-40　美国纽约中央公园中的混合式风格建筑

(图片来源：迪迪埃・科尔尼耶，2022)

图 1-41　美国纽约中央公园

（图片来源：Morrison H.，2008）

第2章 园林建筑的设计方法与技巧

【学习目标】

1. 理解园林建筑的功能类型；
2. 了解园林建筑的空间概念；
3. 掌握园林建筑的立意和布局方法。

【学习重点】

1. 园林建筑的选址布局；
2. 园林建筑的结构装饰；
3. 园林建筑设计方法与技巧。

2.1 园林建筑空间形态

2.1.1 园林建筑的功能类型

不同的功能要求催生出不同类型的园林建筑。从功能角度进行分类，园林建筑可分为以下几种类型。

1. 标志性园林建筑

标志性园林建筑不仅可作为景观环境的界定与引导，还能成为景观环境的特征，包括地标性园林建筑、入口建筑等。其特点是视觉形象个性鲜明，能够营造特色化的景观环境与场所感，增强景观的可识别性。

2. 休憩类园林建筑

休憩类园林建筑是指为游客提供游览、休息、赏景的场所，也是风景点或成为景观构图中心的建筑。其包括科普展览建筑、文化娱乐建筑、游览观光建筑，如亭、廊、花架、榭、泊船码头、露天剧场和各类展览厅等。其特点是形体小巧、功能简单、形式丰富，具有点景、观景、休憩之功用。

3. 服务类园林建筑

服务类园林建筑是指在园林建筑中，专门为人们提供各种服务的建筑，包括接待室、展陈建筑、餐饮建筑、泊船码头、售卖亭和园厕等。其特点是注重路径通达，功能合理，并具有一定的标志性。此外，该类建筑还包括公园、风景区的管理设施，如公园大门、办公室、食堂、实验室、温室荫棚、仓库、变电室和垃圾污水处理场等。

4. 园林建筑小品

园林建筑小品是指园林中供休息、装饰、照明、展示以及为园林管理和方便游客所用的小型建筑设施。其包括景墙与花窗、景观雕塑、园桥与汀步、种植池、蹬道与梯级、园灯、园桌、园凳和栏杆等。其特点是体量小巧、功能简明、造型别致、富有情趣、选址恰当、内容丰富，在园林中起点缀环境、活跃景色、烘托气氛、加深意境等作用。

2.1.2 园林建筑的空间形态

1. 园林建筑空间的概念

园林建筑空间是指园林建筑实体所围起来的“空”的部分，是人们活动的空间，能为人们带来园林建筑最直接、最经常、最重要的影响和感受。

2. 园林建筑空间的形态

无论空间形态差异多大，本质也不过是或旷（敞）或奥（闭），如此而已。园林建筑空间在这两大基本类型基础上，根据各自功能不同、具体环境不同和景观审美特征不同转化演变出许多不同的形态，具体概括为以下三种。

(1)内向空间 这种空间最典型的方式就是院落。它以建筑、走廊、围墙等形式四面环绕，中间为庭园，常以山水、小品、植物等素材加以点缀，形成一种内向、静雅的空间形态。这种内向空间将多个单体功能建筑联系在一起，是室内功能的延伸，起到室外共享的起居室和组织交通的作用。像中国私家园林与住宅相连、皇家园林与宫殿相连，它们在布局上均以园林建筑等素材围合成功能特征不同的庭园，通常以“井”“庭”“院”“园”等基本形式来表现。

(2)外向空间 这种类型最为典型的是建于山顶、山脊、岛屿、堤桥等地的园林建筑所形成的开敞性空间。居高点且吸纳周围景观，常用亭、楼、阁、塔等建筑形式，既是观景的需求，又是造景的要素。开敞性的外向园林建筑空间最常出现的是自然风景园林和结合真山真水的大型园林，而在一些范围较小的私家园林中较少应用。

(3)内外空间 中国园林建筑创造出的空间形态运用最多的是内外空间。它或围或透，内外相宜，既利于对内静赏庭园美景，取得恬静幽雅的效果，又能对外观览周围四时之景。这种空间透视出中国园林建筑在结合环境、兼顾功能的情况下，创造出丰富多彩、极具特色的空间艺术风格。如北京颐和园画中游的园林建筑群建于万寿山阳坡，借爬山廊结合地形，将画中游与东西两侧借秋楼、爱山楼以及后部澄晖阁紧紧地联系起来。爬山廊内侧设柱、外侧设墙，让庭园空间内聚，极便于观赏假山、石牌坊及花木等景物，而楼阁建筑外部通透，空间外向，利于观赏湖光山色，成为颐和园西部的主要观景点。

3. 园林建筑空间形态的营造手法

园林建筑空间的形态构成手法与技巧的核心是对虚与实、明与暗、内与外、静与动、开与合、旷与奥等关系的处理，具体概括为以下三个方面。

(1)空间对比，以小衬大 从概念上说，这种手法就是将两个以上的不同空间放在相毗邻的位置上，由其构成的相互关系称为空间对比。要巧妙运用这一手法。从空间形式来看，空间对比可分为空间大小的对比、空间虚实的对比、空间形体不同的对比、闭锁与开敞空间的对比以及内聚与外向空间对比等。如苏州拙政园小沧浪水院（图 2-1），初进其入口的空间，狭长、曲折、闭锁性极强，光线较暗，甚感压抑；穿过之后，中部主景区豁然开朗，有山、有水，亭、廊、桥、榭点缀其间，视线通透，景致丰富，令人目不暇接，前面的一串小空间的过渡营造出“柳暗花明”之感，苏州拙政园小沧浪水院不愧为空间上“以小衬大”的典范之作。在用地有限的私家园林中，这种空间对比手法常被运用，只是表现形式不同。

(2)相互渗透，增添层次 处理好空间渗透与层次可以突破有限空间的局限，取得“大中见小”或“小中见

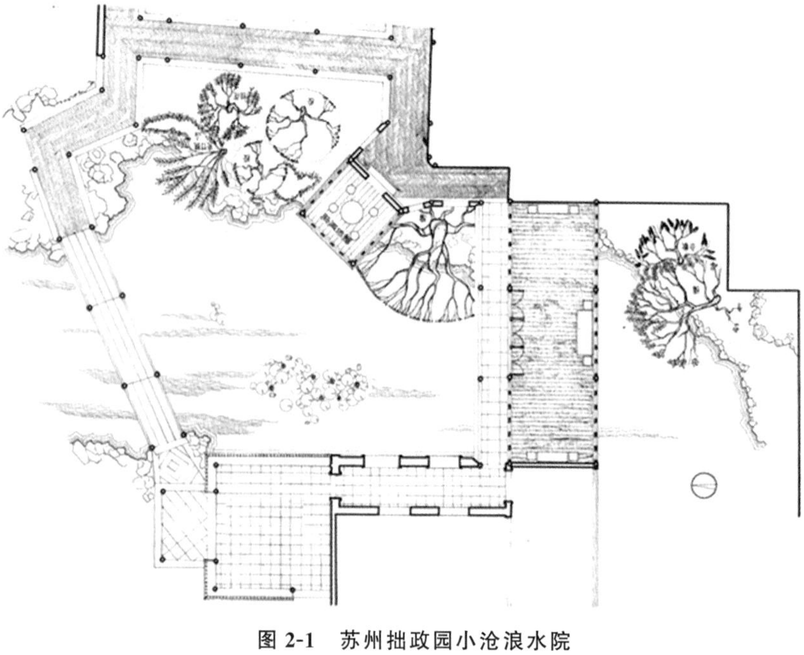

图 2-1 苏州拙政园小沧浪水院

大”的变化效果，进而得以增强艺术的感染力。处理空间的渗透与层次的具体方法为两种：①相邻空间的渗透与层次。主要利用门、窗、洞口、空廊等作为相邻空间的联系媒介，使空间彼此渗透，增添空间层次。运用对景、流动框景，利用空间互相渗透和利用曲折、错落变化增添空间层次。②室内外空间的渗透与层次。所有的园林建筑空间都是采用一定的手段围合起来的有限空间。室内、室外是相对而言的，在处理空间渗透时，可以把“室外”引入“室内”，或者拓展“室内”至“室外”。

(3)时空结合，形成序列　园林建筑空间序列的实质是在三维空间基础上引入时间因素，由四维空间塑造。空间序列的组织归根结底是游览路线，根据游览路线组织形式，空间序列组织可分为以下几种形式。

①串联的规整式。传统的宫殿、寺院及民居建筑空间常按这种序列组织，但园林建筑空间序列则不能组织得如此对称，只有在规整中求变化，才能富有自然趣味。例如，北京北海公园将桥、牌坊、白塔串联为统一的空间序列，让整个区域主题鲜明又变化丰富(图 2-2)。

图 2-2　北京北海公园的园林建筑空间序列

②闭合的环绕形式。这种形式被广泛地运用于私家园林和皇家园林中的园中园。例如，苏州的网师园、畅园等以及颐和园中的谐趣园、画中游等。这类空间序列有共同特征，多沿周边布局，中部围合一个面积较大的中心空间，中心空间多用水面布置，既能隔离，又能通透，达到扩大空间，丰富园景的目的；出入口偏于角落，以山石等景物遮住视线，游廊设曲折路线，经转折后到园中部，顿觉豁然开朗，形成高潮，再进入尾部小空间收尾。

③中心辐射形式。这种形式的特点是以某个集中内向的院落空间为中心，向四周辐射，衍生许多小建筑庭园空间，形成众星捧月之势。借中心空间连通各个小空间，使中心空间成为空间枢纽。如承德避暑山庄(图 2-3)正是这种空间序列的代表，它结合地形、因势而构，以中间岛的烟雨亭等建筑为中心，周围以水面环绕，由此辐射四个小型空间。在对称布局的同时，每个空间景致不同、各具特色。北京北海公园的画舫斋以中部的水庭园为中心，四周分布着特色不同的园林小院，对比强烈。苏州留园石林小院由中心空间进入各个小院，形态、大小各不相同，再分别植以不同花木，自然情趣盎然，或竹影斑驳，或蕉声切切，或藤姿婀娜，或绣球烂漫，四时之景有别，十分巧妙。在设计空间序列时，需仔细分析人流活动的规律，以此决定空间围合方式和观赏路线，在一定的人流路线上预设最佳画面和角度，贯彻布局的意图。在处理建筑空间时，除考虑观赏价值外，还应兼顾各种性质不同的功能要求。园林建筑空间序列只有把艺术意境和功能巧妙融为一体，才能真正取得良好效果。

图 2-3　承德避暑山庄中心辐射式布局

(图片来源：傅清远，2015)

2.1.3　园林建筑的结构装饰

园林建筑空间的结构形式是一种装饰形式，建筑空间的结构秩序也是一种装饰秩序。在园林建筑的空间结构中，这种装饰手法是一项必不可缺的重要内容。恰当的结构选型不仅可以满足一定的功能要求，而且能够最大限度地表现建筑的形式美。虽然园林建筑一般体量不大，但其特殊的功能要求导致对形式本体的追求而成为园林建筑设计的重点。因此，合理的结构选型是进行科学化设计的基础。

建筑结构既是建筑的骨架，又是建筑物的轮廓。

在中国古典建筑中，斗拱、额枋、雀替等从不同角度映衬出古典建筑的结构美。随着现代科学技术的进步，当代建筑结构形式越来越丰富，如框架结构、薄壳结构和悬索结构等。当建筑结构与建筑的功能要求、建筑造型实现统一时，建筑结构便彰显出一种独特的美。建筑技术的变革既造就了不同的艺术表现形式，又改变了人们的审美价值观。技术进步与审美观念的更新推动了建筑创作理念的转变，现在的建筑技术已发展为一种艺术表现手段，是建筑师获取建筑造型创意的源泉和抒发建筑师情感的媒介。结构形态的多样性为建筑形象创作提供了机遇和挑战。现在常见的园林建筑结构选型一般有以下几种。

1. 框架结构

在园林建筑中，常用的框架结构分为钢筋混凝土框架结构和钢框架结构两类(图 2-4)。

(1)钢筋混凝土框架结构　它是指以钢筋混凝土浇筑构成承重梁柱，外墙与隔墙采用预制的轻质材料，如加气混凝土、膨胀珍珠岩、空心砖或者多孔砖、浮石、蛭石、陶粒等砌块或板材。由于钢筋混凝土框架结构由梁柱构成，构件截面较小，框架结构的承载力和刚度较低，故适宜采取现浇楼面与梁柱共同工作，以增加刚度。钢筋混凝土框架结构的特点是能为建筑提供灵活的使用空间，但抗震性能差。在园林建筑中，钢筋混凝土框架能充分发挥混凝土塑性高的特性，创造自由多变的空间形态(图 2-4A)。

(2)钢框架结构　这是当前园林建筑采用较多且发展速度最快的新兴结构形式，具备施工速度快、建筑造型可塑性强、灵活美观、钢材用量少、内部空间大等优势。如今，钢框架结构园林建筑不断涌现，小到休息亭，大到温室大跨度建筑等。钢框架结构的特点是能为建筑提供灵活的使用空间，平面和空间布局自由，空间相互穿插、内外贯通，外观轻巧、空间通透，装修简洁(图 2-4B)。

2. 混合结构

混合结构是指由两种或两种以上的结构形式组合而成的建筑结构体系。如砖混结构是指砖结构与混凝土结构的组合；钢混结构是指钢材与钢筋混凝土混合结构；砖木结构是指砖与木材混合使用。这几种结构形式各具优点，需根据建筑要求灵活运用。

(1)砖混结构　多以砖或石墙承重，搭配钢筋混凝土梁板系统最为普遍。受梁板经济跨度的制约，这种结构类型在平面布置上常具有矩形网格承重墙的特点。房间不大、层数不高，且为一般标准的某些建筑比较适用砖混结构。因需要承受上部屋顶或楼板的荷载，混合结构中的承重墙体应合理布置屋顶或楼板，并要求梁板或屋面的结构构件规格整齐，统一模数，为施工创造有利的条件。

基于这种结构的特点，在进行建筑布局时，建筑师应注意：①为保证墙体有足够的刚度，承重墙的布置应做到均匀、交圈(即环向构件两端部相交或相接)；②为确保墙体传力合理，在有楼层的建筑中，上下承重墙应尽量对齐，门窗洞口的大小也应有一定的限制，还应尽量避免小房间压在大房间之上，出现承重墙落空的问题；③墙体的厚度和高度(即自由高度与厚度之比)应在

A

B

A. 钢筋混凝土框架结构；B. 钢框架结构。

图 2-4　常用的框架结构

(图片来源：李响，王桉，2024)

合理的允许范围内。砖混结构的建筑，除承重墙外，还有非承重墙，也称隔断墙。因隔断墙不承受荷载，只能起到分隔空间的作用，其一般多选用轻质材料，如空心砖、轻质砌块、石膏板和加气混凝土外墙板等。

(2)钢混结构　它包括外围钢框架或由型钢混凝土、钢管混凝土框架与钢筋混凝土核心筒组成的框架——核心筒结构以及由外围钢框筒或型钢混凝土、钢管混凝土框筒与钢筋混凝土核心筒组成的筒中筒结构。这种结构抗震性能好、整体性强、抗腐蚀能力强、经久耐用，且房间开间、进深相对较大，空间分割较自由。目前在中国园林建筑中，钢混结构是应用较多的结构形式，同时中国是世界上使用钢混结构较多的国家。

(3)砖木结构　砖木结构建筑既有采用砖墙承重和木楼板或木屋顶结构建造的建筑，又有采用石墙承重混合结构体系的建筑及其他类型承重墙的混合结构体系的建筑。不同的选材对建筑的空间组合会产生一定的影响。建筑师应在设计构思中权衡利弊，综合地取优除弊后，审慎地加以解决。在设计中，应依据建筑空间与结构布置的合理性和可能性，分清承重墙与非承重墙的作用，两者分工明确、布置合理，使整体建筑在适用、坚固、经济、美观等几个方面都能达到良好的效果。只有这样，才能把建筑空间组合与结构体系密切地结合。墙体承重结构体系在就地取材和节约三材等方面也有可取之处。由于墙体是承重构件，其在刚度、胀缩、抗震等方面要求苛刻，对开设门窗或洞口受到极大的限制，且在功能和空间的处理上存在不少制约因素，这是该种结构体系致命的缺点。应注意的是，混合结构中的砖多为黏土制作，对农田损害特别严重，且砖砌体不利于抗震，施工技术也较落后。从发展趋势来看，小砖材料会被更先进的材料所代替。

3. 木结构

中国传统的园林建筑以木结构最多且分布面广，现存古典园林建筑大多为木结构。中国传统木结构建筑以木屋架为基本结构体系，包括抬梁式、穿斗式、井干式和干栏式等不同形式(图 2-5)。

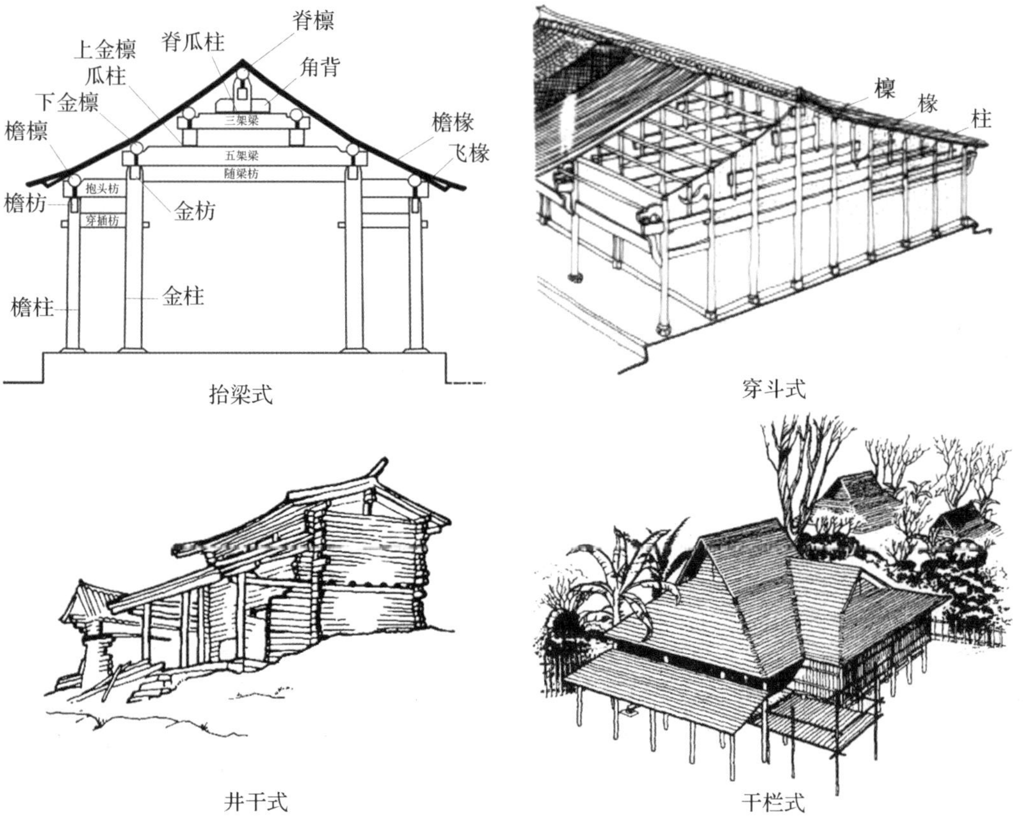

图 2-5　木结构

(图片来源:天津大学建筑学院,2015)

4. 钢结构

钢结构是指以钢材制作为主的结构，由钢板和热轧、冷弯或焊接型材通过连接件连接而成，是能承受和传递荷载的结构形式，也是主要的建筑结构类型之一。以钢结构为代表的现代建筑技术的发展促进了新建筑审美观念的形成，如所谓"高技派"就打破了以往单纯从美学角度追求造型表现的框架，开创从科学技术的角度出发，通过"技术性思维"将建筑结构、构造和设备技术与建筑造型关联，探寻功能、技术与艺术融合的路径。利用钢材的特性加强建筑的表现力，如钢材抗拉强度高，运用夸张手段，借斜拉杆件张力呈现的紧张感与力度能表现建筑动感；采用矩形管、圆钢管制作空间桁架、拱架（排架式、撑架式、扇架式、桁架式、组合式、叠桁式和斜拉式）、斜拉网架结构、波浪形屋面等异形结构体系，能够满足园林建筑的空间及造型要求。

与钢结构配套的保温隔热材料、防火防腐蚀涂料、采光构件和门窗及连接件等技术的发展极大地丰富了建筑设计思维。现代钢结构建筑多用钢构架的造型，暴露的结构构件及连接手法来展示技术美。由于富于表现力的钢构架常常暴露在外，外露的构造节点自然构成建筑形象的有机组成部分。于是，构造节点便被赋予特殊意义，而构造节点细部的设计营造就必须成为钢结构建筑设计中十分重要的一环。它们多由拉杆、钢索和销子、螺栓等构件组成，为建筑师提供更多的表现空间。

第十二届中国（南宁）国际园林博览会主场馆园林艺术馆在设计上将一层展厅整体嵌入山体，以此减少建筑体量对自然环境的压迫。二层打造出小展厅的聚落形态，散布于山坡之上，营造富有传统地方特色的空间氛围。建筑采用遮阳、避雨的钢结构"天幕"，覆盖于小展厅聚落之上，延续山形走势，促使建筑融入环境。钢结构屋面构建出连绵起伏的遮阳构架，为游客提供了大量半室外空间，使建筑与周边的环境充分融合为一体（图 2-6）。

图 2-6　第十二届中国（南宁）国际园林博览会主场馆园林艺术馆的钢结构"天幕"

5. 空间结构

所谓"空间结构"（图 2-7）是相对于"平面结构"而言的。当结构的全部杆件、支座及作用力均处于同一平面时，结构可称为平面结构，否则称为空间结构。工程中的绝大多数结构都是空间结构。自空间结构问世以来，其高效的受力性能、新颖美观的形式和快速方便的施工方式受到人们的欢迎。园林建筑中的温室等大跨度展陈建筑也常采用空间结构。

空间网架结构是空间结构的一种，具备三维作用的

网架

网壳

图 2-7　空间结构

（图片来源：张丹，姜虹，2016）

特性,也可以看作平面结构的扩展和深化。网架结构一般以大致相同的格子或尺寸较小的单元(重复)组成,常用于屋盖结构。通常将平板型的空间网格结构称为网架,将曲面形的空间网格结构称为网壳。网架一般是双层的,在某些情况下也可以做成三层;而网壳有单层和双层两种。空间网架结构广泛用于展览厅、餐厅、候车室等园林建筑的屋顶承重结构。

国家植物园(北园)中部的植物展览温室为追求良好的视觉效果,尽量减少结构构件遮挡阳光,采用扇形围椭球的空间钢结构,构件均采用圆管截面。主体建筑最高点为 20 m,地上为钢架玻璃结构。展览温室是建筑中的花园,也是花园中的建筑。它是建筑师、工程师及园艺师共同构建的艺术精品。建筑师在方案创作中从环境出发,以"绿叶对根的回忆"为构想意象,独具匠心地设计了"根茎"交织的倾斜玻璃顶棚及曲线流动的造型,仿佛一片绿叶飘落在西山脚下,而中央四季花园大厅又如含苞待放的花朵衬托在绿叶之中,整个建筑通透、轻灵,与周围环境浑然一体。

随着计算机的出现,一些新的理论和分析方法,如有限单元法、非线性分析、动力分析等,在空间结构中得到了广泛应用,让空间结构的计算和设计更加方便和准确,使空间结构千变万化、种类多样。

6. 索膜结构

索膜结构又称膜结构、张拉膜结构、空间膜结构。索膜结构是指用高强度柔性建筑膜材料,经其他材料的张拉作用形成的稳定曲面,且能承受一定外荷载的空间结构形式。索膜结构的造型能力相当丰富,是建筑与结构完美结合的结构体系。

索膜结构具有自由轻巧、大跨度、大空间、高透光性、阻燃、制作简易、安装快捷、节能、自洁性好和使用安全等优点,以其刚柔并济的魅力,打破传统的建筑形式,在世界各地得到广泛应用。这种结构形式特别适用于看台、入口廊道、停车场、景观点缀、标志性建筑小品、公众休闲娱乐广场、展览会场和临时会场等场景。

膜材主要包括平面不织膜和织布合成膜两种。平面不织膜是指由各种塑料在加热液化状态下挤出的膜,有不同的厚度、透明度及颜色。最通用的是聚乙烯膜,也有由聚乙烯和聚氯乙烯热熔后制成的复合膜,其抗紫外线及自洁性强,使用年限为 7～15 年。该种膜因张力强度不大、自由跨度不大,属于半结构性的膜材。织布合成膜由聚酯丝织成的布芯,双面涂 PVC 树脂,再用热熔法覆盖聚氯乙烯,制成复合膜,使用年限为 7～15 年,因布芯的张力强度较大,可用于多种张拉力型结构,跨度可达 8～10 m。索膜结构的建筑形式(图 2-8)主要有以下几种。

(1)骨架式膜结构 由钢构或由集成材构成的屋顶骨架,在其上方张拉膜材,下部支撑结构稳定性高。因屋顶造型比较单纯,开口部不易受限制,且经济效益高,骨架式膜结构被广泛用于任何规模的空间。

(2)张拉式膜结构 以膜材、钢索及支柱构成,利用钢索与支柱向膜材导入张力以达到稳定的形式。除可实践具创意、创新且美观的造型外,张拉式膜结构也是最能展现索膜结构的构造形式。近年来,大型跨距空间多采用由钢索与压缩材质构成的钢索网来支撑上部膜材。因施工精度要求高、结构性能强,且具丰富的表现力,所以张拉式膜结构的造价略高于骨架式膜结构。

(3)充气式膜结构 将膜材固定于屋顶结构周边,用送风系统让室内气压上升到一定压力后,使屋顶内外产生压力差,以抵抗外力。利用气压作支撑、钢索为辅助材料,充气式膜结构无须任何梁、柱作支撑,可得更大的空间。充气膜结构施工快捷、经济效益高,但送风机需维持运转 24 h,维护费用较高。

骨架式膜结构

张拉式膜结构

充气式膜结构

图 2-8 索膜结构的建筑形式

2.1.4 园林建筑的结构装饰

1. 抬梁式

抬梁式是指在立柱上架梁,梁上又抬梁的结构。柱上搁置梁头,梁头上搁置檩条,梁上再用矮柱支起较短的梁,如此层叠而上,梁的总数可达3～5根。当柱上采用斗拱时,则梁头搁置于斗拱上。宫殿、坛庙、寺院等大型建筑物中常采用这种结构方式。

2. 穿斗式

穿斗式又称立帖式,是指用穿枋把一排排柱距较密、柱径较细的柱子串联为排架,然后用枋、檩斗相接而成的结构。柱间不施梁而用若干穿枋联系,并以挑枋承托出檐。穿斗式多用于民居和较小的建筑物。这种结构在我国南方使用普遍,其优点是用料较小、山面抗风性能好;其缺点是室内柱密、空间不开阔。有时它和叠梁式构架混合使用,适配不同地势。

3. 井干式

井干式是一种不用立柱和大梁的房屋结构。这种结构以圆木或矩形、六角形木料平行向上层层叠置,在转角处木料端部交叉咬合,即将长木两头开凹榫,组合成木框,再垒成墙体,其转角处的木料相交出头,形成房屋四壁,形如古代井上的木围栏,再在左右两侧壁上立矮柱承脊檩构成房屋。由于用木量大,故井干式较少采用。这种结构比较原始简单,现在除少数森林地区外其他地区已很少使用。

4. 干栏式

干栏式是指用立柱将建筑下部架空,上部用穿斗或抬梁均可的结构。干栏式建筑多用于潮湿多雨的地区,如贵州苗族民居、水族吊脚楼等。

2.2 园林建筑立意与布局

2.2.1 园林建筑的立意

1. 立意的概念

立意属于园林建筑设计的总意图,是园林建筑设计中的灵魂和生命,是园林建筑设计人员在综合考虑环境条件、艺术要求、功能需要以及经济技术条件等因素的情况下产生的总的设计意图。立意一般包含主观及客观两层含义:主观立意是指设计人员通过设计表达某种思想;客观立意是指设计人员如何最充分利用周围环境条件。

园林景观建筑的立意包括设计意念和设计意向两个方面。设计意念是基于对设计对象的初步研究而产生的概念性设计意图,与特定的项目条件紧密相关。设计意向是设计意念的形象化结果,设计者通过建筑语言进行积极的想象和发挥,形成形象性的意图。立意是对设计者知识结构、艺术涵养和思维方式的考验。只有观察敏锐、经验丰富、知识渊博、联想广阔,才能孕育创新构思,激发设计灵感。

立意是园林建筑设计优先考虑的因素。每一个园林建筑都有一个设计主题,这个主题对于整个园林建筑具有控制的作用。每个设计施工环节围绕立意进行,要求整体的有机统一且情景交融,进而表现其共性,还要突出其特色,展现建筑独特的韵味。在园林建筑设计过程中,立意不仅关系着其设计的意义及目的,还关系着建筑设计中所采用的具体构图手法,因此具有不可替代的作用。设计立意的科学与否将很大程度上影响着园林建筑项目的效益。

2. 立意的方法

(1)从生态角度立意 从生态的角度对园林建筑设计进行立意,反映了地域生态的再生和重建,顺应了时代发展和人们心声。在园林建筑设计中,从生态角度立意是指以生态学的原理为依据来建立自然而舒适的生活环境;以具有前瞻性和可持续发展的眼光进行建筑设计,进而把生态观注入园林建筑设计;以健康、节能及环保为方向来建造生态园林建筑。建筑创作要体现舒展大方的自然气息,形成自我调节的共生系统。例如,德国柏林波茨坦广场的水园的设计立意是利用雨水收集系统以及多个地下储水箱,再通过植物净化系统对其进行净化处理,这是从生态角度立意的典范。

(2)从地方风情角度立意 任何园林建筑都离不开所处的地域环境。而地域的自然地貌、风土人情等方面的特征纹理均可被提取出来作为园林建筑的立意。这不仅是对地域文化的传承,对地方文化底蕴的彰显,更是与地域文化的有机融合、和谐统一。例如,云南瑞丽景颇民族文化村设计方案以景颇风情、习俗文化展示为主题,展现景颇族优秀的传统文化内涵,并融入瑞丽傣族、景颇族、阿昌族、傈僳族等各个民族的特征。这些建筑将各少数民族特色的建筑元素、图案与色彩装饰于现代建筑,既有浓郁的民族文化特征,又有时代特色。在这些园林建筑设计中,各个民族都在讲述自己的故事。

(3)从历史文化角度立意　从历史文化角度立意，根据历史文化的地域性、时代性等对历史文化采用借鉴、继承、保留、转化、象征、隐喻等方法进行立意，结合当今文化思想、生活方式、价值观念以及科学发展动态等，设计既美观又具历史意义的园林作品。以泰国普吉岛某海滨公园休憩亭(图 2-9)的设计立意为例，建筑师汲取当地民居的建筑形式，采用大挑檐、陡坡顶的六角亭屋面，展现了当地建筑对湿热气候的应对智慧；其船形的屋面造型又是对海洋文化的隐喻。又如，云南省普洱市的洗马河公园就是以诸葛亮在这里洗马的历史事件为立意主题。在公园中，诸葛亮正在洗马的雕塑生动地呈现了诸葛亮一行人到此地休息、洗马的情景。

(4)从功能角度立意　从功能角度立意是指以平面设计为起点，重点研究功能需求，根据园林功能的主次、序列、并列或混合关系，进行功能分析，再利用功能的表现形式，如串联、分枝、混合、中心和环绕等，用框图法画出园林的功能分区图，解决平面内各部分内容的位置、大小、属性、关系和序列等问题，再组织空间形象。某些环境因素，如地形地貌、景观影响以及道路等，均可成为方案构思立意的启发点和切入点。这种立意方法易于掌握，利于尽快确立方案，对初学者较适合。但是这种立意方法很容易使空间形象设计受阻，在一定程度上制约了对园林形象创意的发挥。在实际设计中，应协调好功能与形体的关系。

(5)从“诗情画意”角度立意　从“诗情画意”角度立意，可以提高园林建筑艺术的感染力和表现力。园林建筑设计里的“诗情画意”主要表现在以物比德、借景抒情以及托物言志等方面，从而达到“虽由人作，宛若天开”的艺术效果，进而营造触景生情、情从景生且富有诗意的境界。从“诗情画意”角度进行立意能够较为充分地表现园林建筑设计的艺术内涵，为游览者提供易感受的文化氛围。

(6)从材料与技术角度立意　材料是园林建筑设计的外在物质载体，是园林建筑功能达到最大限度发挥的物质基础。新技术在园林建筑设计创意中比较重要。新的技术工艺、新的建造材料不仅可以为园林建筑设计创新提供灵感，还可以丰富园林建筑的设计形式。设计者可从材料与技术的角度立意，实现园林建筑作品的意念表达与众不同，进而提高园林的生态效益和社会经济效益。

(7)从相似项目模仿角度立意　一般来说，在园林建筑设计中，人们的逻辑思维和形象思维常会受外界事物影响。这种影响会使人们对美好的事物产生联想，进而在自己的设计作品中呈现与外界事物类似的表现形式，这就是园林建筑设计中的模仿，包括对自然景观的模仿或对优秀项目的模仿。通过模仿其他作品的构成方式等，丰富自己园林建筑设计的立意。

(8)从生活及设计理念角度立意　设计人员在构思作品的过程中确立的主导思想具有主体差异性，每一位设计人员的生活理念、设计理念和思维方式往往各不相同。因此，在发挥个体独特理念的同时，还要考虑园林建筑的功能、形体、经济等方面的要求，实现与生

图 2-9　泰国普吉岛某海滨公园的休憩亭

态、地域、人文等方面的有机融合，以人性化设计为根本，贯穿始终，兼顾功能、美观、经济与和谐。

2.2.2 园林建筑的选址布局

1. 园林建筑选址

(1)园林建筑选址的指导原则 美国能源署洛基山学会出版的《可持续建筑启蒙》(*Primer on Sustainable Building*)中的用地选择前环境分析的指导性原则包括9个方面的内容。①基地确定的功能是否合适。②基地的地形、地质、水文情况、起坡程度、土壤承载力及稳定性如何，有无自然灾害的可能性。③基地是否包含文化、历史或考古上的意义，这些特点如何延续。④基地的自然价值是什么，有无特殊的地质遗产、动植物资源，有重要意义的林地、沼泽、水源地等。如果以前的开发已造成环境退化，那么能否恢复。⑤能否利用已开发的熟地，对城市或市郊用地的再次开发比由开垦一块处女地所带来的破坏要小得多。⑥基地内现有建筑能否被改造、更新或维修，如果不行，可否重复利用它的建筑材料和设备。⑦有无洁净的空气、水和土壤，用地是否被农业、工业和城市生活垃圾污染，附近的高速公路、机场或工业用地是否会产生噪声和异味。⑧基地内日照是否充足、建成后房屋有无利用太阳能的可能、基地的气候条件如何。⑨交通情况如何，有无自行车专用道路，学校、商店、消防站、医院通达程度等。

我国要求建筑师在场地选择时遵循的基本原则是：①建设项目要符合所在地域、城市、乡镇的总体规划；②节约用地，不占良田及经济效益高的土地，并符合国家现行土地管理、环境保护、水土保持等有关法规的规定；③有利于保护环境与景观，要率先执行当地环保部门的规定和要求；若生产建筑会产生振动、噪声、粉尘、有害气体、有毒物质，以及易燃易爆品，其储运对环境会产生不良影响，要严守规定。

从以上要求来看，国内外对场地选择的要求均涉及场地本身的自然条件、环境与景观的保护，场地的发展潜力等几个方面。

(2)选址应避开危险源和污染源 洪灾、泥石流等自然灾害会对建筑及其场地造成毁灭性的破坏。近年来，科学界研究发现，氡(氡主要存在于土壤和石材中，是一种无色无味的致癌物)、电磁波等会对人体健康造成危害。电视广播发射塔、雷达站、通信发射台、变电站、高压线等均能制造大量的电磁辐射污染。此外，油库、煤气站、有毒物质车间等均有发生火灾、爆炸和毒气泄漏的可能性。为此，园林建筑选址必须符合国家相关的安全规定，否则，会影响人体健康，与园林建筑理念相悖。对那些不可避免的污染源要尽量采取措施降低污染的程度。

(3)依据气候条件选址 不同气候区的建筑基地选择应根据当地气候特征，扬长避短，建立相对理想的小气候环境。选址优先应考虑对场地气候和地理特征的适应性。采暖建筑不宜布置在山谷、洼地、沟底等凹地里，因冬季冷气流降至地形最低处，遇到墙体包围会积聚，形成霜洞效应，使位于凹地的底层或半地下建筑为保持所需的室温而相应地增加采暖能耗。非采暖区建筑则应防止由山谷风带来的不利影响，位于低地的建筑底层宜架空，疏导冷空气。

每个气候区最适合的地形位置为：①寒带。建筑宜布置在南向斜坡的低处，阳光辐射充足并可防风，但使用空间要保持在一定高度，以防冷空气在谷底聚集。②温带。建筑位处南向斜坡的中部，可获阳光与通风，同时避免被大风侵袭。③干热。建筑位处斜坡底部，夜间暴露于大气气流下，当斜坡向东时还可阻挡下午日晒。④湿热。位处斜坡顶部，以获得充足自然通风。

(4)依据观景设计选址 依据观景设计选址主要考虑如何以观景设计作为着力点，进行园林建筑的选址，处理好园林建筑在环境中“看与被看”的关系，实现建筑与自然、建筑与人的和谐共生。

在自然景观环境中，建筑应从属于景观环境，融入景观环境，点缀景观，并为游客提供多角度优质观景面。以亭为例，或伫立于山冈或依附于廊道或漂浮在湖畔，以玲珑的、丰富多彩的形象与园林中其他建筑、山水、绿化相结合，构成一幅生动的画面，满足游客驻足“观景”或歇息的需要。湖岸设榭、舫，以点缀景观，不仅可以丰富湖面及岸边天际线，还可透过烟波浩渺的水面，将视线引向远方，开阔视野，成为游客休息、观景的好地方。

(5)从可持续发展角度选址 在进行选址的过程中，必须仔细分析建筑与周边自然环境和城市环境之间的关系，识别它们对环境生态平衡产生的影响。在每个备选场地中，分析各自在可持续发展方面所具有的优势和劣势，对被选场地的资源和能源潜力需要认真评估，尤其是水资源状况和以太阳能与风能为基础的能源系统潜力;同时,评估场地内基础设施和公共交通网络的连接等功能性系统,还要考虑土壤侵蚀、植被及其生长地的保护、水和空气污染以及垃圾处理等情况。只有分析清楚,才能确定这个位置是否适配既定项目的建设。

2. 园林建筑布局

(1)园林建筑布局形式 常见的园林建筑布局有以下几种。

①独立建筑与环境相结合的开放型空间布局。这种空间布局多用于某些点景的亭、榭之类或单体式平面布局建筑。建筑可以是对称布局,也可以是非对称的布局,具体视环境条件而定。古代的西方园林建筑空间组合最常用的布局形式是对称开放型空间布局。

②由建筑组群自由组合的开放型空间布局。这种空间布局一般规模较大,建筑组群与园林空间之间可形成多种分隔和穿插。在古代,这种空间布局形式多见于规模较大的帝王苑囿和名胜风景区,如北海的五龙亭,杭州西泠印社、三潭印月等。由建筑组群自由组合的空间,形成分散式布局。

③由建筑围合而成的庭园空间布局。这是我国古代园林建筑中普遍使用的一种空间组合形式。庭园可大可小,围合庭园的建筑在数量、面积、层数上具伸缩性,既可以是单一庭园,又能由几个大小不等的庭园相互衬托、穿插渗透,形成统一空间。在这种空间组合中,有众多的房间可以用来满足多种功能需求。

④天井式的空间组合布局。以内聚性更加强烈的小天井围合空间,利用明亮的小天井与四周相对幽暗空间所形成的光影对比,营造意想不到的小空间奇妙景象,如留园中的"华步小筑"和"古木交柯"即属该类。

⑤画卷式的连续空间布局。按照一定的观赏路线,将建筑有序地排列,形成画卷式的连续空间布局,在我国江南水乡较为常见。清乾隆年间修建的颐和园在后湖仿造了江南水乡的"买卖街",采取"一河两街"的形式,长达两百多米。

⑥混合式的空间组合布局。由于功能或组景的需要,有时会混合使用几种空间组合形式。

此外,总体布局统一构图并分区组景。规模较大的园林需要从总体上根据功能、地形条件,把统一的空间划分成若干各具特色的景区或景点来处理。在构图布局上,它们能互相因借、巧妙联系,有主次和重点、节奏和韵律,以取得和谐统一。

(2)园林建筑布局的手法与技巧 虽然园林建筑布局类型多样,但其布局手法大体上有以下几种。

①主从布局。建筑的主从布局主要分为以下三种形式。

A..建筑集中布置,与山水形成对比。如北京颐和园以自然山水为主体,把十几组建筑群与小园林布置于万寿山的前山阳坡地带,形成以排云殿和佛香阁为中心的建筑布局,其他较小的景点分别点缀在沿湖的堤岸及湖中的小岛上,形成主次分明、重点突出、景观鲜明的园林环境。

B. 建筑分散布局,相对集中成为重点。例如,四川青城山等规模大的寺观园林,大寺观、小寺观和风景点,形成相对独立的景区,联系于能控制大的景域范围的适中位置(进行主要宗教活动和供游客食宿的地方),延伸出的小寺观与小风景点则布置于观赏风景的绝佳处,如山顶、岩腰、洞边和溪畔,形成各有特色的景观,供游客坐憩、观赏。游览山道串联主要寺观和景点,一里一亭、二里一站、五里有住宿,满足功能与观赏的需求。

C. 建筑沿观赏路线布置,终端以主题建筑作为结束,以形成重点与高潮。如苏州虎丘,沿游览山道西侧顺山势建拥翠山庄、台地小园林,路的尽端有一片开阔岩石台地,北部有峡谷、山涧、剑池,沿山坡上下,依势建有石亭、粉墙及其他游赏、寺庙建筑物,山巅处耸立着八角七级的云岩寺塔作为结束,造型雄浑古朴、形象突出,控制了整个园林景域,很自然地成为重点和高潮所在。

②正变布局。在园林建筑布局中,"正"是以轴线来组织建筑群体,"变"是因地制宜灵活多变地布置建筑。在私家园林中,一般居住部分是"正",沿轴线组成层层院落;园林部分是"变",以自然山水为主体,组成自由变化的格局。在皇家园林中,用轴线来组织建筑群体是常用的构图手法,使整个建筑群体既具有严整的秩序感,又有自由变化的意趣。其一般表现为宫廷区是"正",苑景区是"变",在苑景中,主要的建筑群体是"正",次要的建筑群与独立的点景建筑是"变"。"正"与"变"构成园林建筑布局的基本框架,是"局部"与"全局"的关系。统一中求变化,于变化中保持秩序,灵活布置,就会收到意想不到的景观效果。

③静动布局。园林的游览活动应当是动静结合。按照动静结合的方式,园林中的建筑可分为静观的点

和动观的线。静观的点一般就是厅堂、亭榭、楼阁、平台等建筑物；动观的线则或是游廊或是园路或是水道，变化丰富。园林建筑布局必须兼顾静与动的要求，既选择好静观的“点”，又组织好游赏的“线”，做到动与静、点与线的结合。

④对景与借景布局。在园林总体布局时，经常运用对景与借景的手法来推敲、确定园林建筑的位置与造型，让各分散的景点彼此互借，互为对景。建筑互为对景一般有两种方式。一种是轴线式对景，两个景点之间的建筑以轴线的对应关系联系起来，这样所形成的对景建筑形象多具有透视的效果，主要为求得分散景点之间相互工整的格局。在皇家园林中，重点建筑之间经常采用对称形式，形成比较庄重、严谨的构图效果。另一种是交错式对景，两个互为对景的建筑在平面与高度上都没有轴线关系，彼此交叉、错落、偏斜。由这种方式所形成的对景建筑形象往往是生动多变的，呈现多点透视的效果，自由活泼。

园林建筑在布局时要因地制宜，巧于借景。借景的内容包括借形、借声、借色和借香等。借景的方法有远借、邻借、仰借、俯借和应时而借。为了艺术意境和画面构图的需要，若没有合适的自然借景对象，建筑师可适当设置一些人工的借景对象，以增加园林的神秘感和层次感。

2.3 园林建筑设计方法与技巧

2.3.1 园林建筑风格与造型

在丰富多彩的地域文化与时代变迁的共同影响下，园林建筑产生了多种风格，并随时代发展不断演变。社会日新月异的发展为园林建筑设计提供了比以往更丰富的技术手段、新型材料和设计元素。当代艺术在园林建筑设计中的运用逐渐普及，社会也更能容纳各类思潮与各种尝试，促使园林建筑风格走向多元化。总体来说，园林建筑造型设计可从以下几个方面去把握。

1. 造型与功能整合

着手设计任务时，根据建设单位意图、设计要求等，通常率先从建筑物使用功能入手，按照功能进行设计的原理是建筑学现代语言的普遍原则。在内部功能相对完善的前提下，园林建筑应更多地考虑建筑造型的艺术性及造型与功能的整合。20 世纪著名的美学家宗白华使用“园林建筑空间艺术”来指称中国园林建筑，认为园林建筑既是建筑，又是艺术；既是艺术，但又不是一般的艺术，而是空间艺术。实际上，作为技术、艺术与价值观念的结合体，园林建筑不仅要满足一般的功能要求，还要在空间与造型的创造上为人类提供新的可能，在营造文化品位和场所的氛围上下足功夫。在建筑创作中，应树立“形体与功能”的整合观，在遵从基本法则、合乎逻辑的前提下，善于综合运用造型要素、造型技巧，借助装饰艺术手法，统筹整体的视觉美学原则，重视建筑群的整体与全局协调，关注建筑与景观环境的关联，于动态的建筑发展中追求和谐统一。

2. 造型与环境整合

(1)自然环境 园林建筑造型与自然环境密切相关，在山地、水滨、植被、沙漠和城市等背景下，园林建筑形态的确立均离不开环境的制约，需要妥善处理建筑与景观环境的关系。建筑师应仔细研究拟建设区域的场地肌理，正确对待自然环境的制约，以遵循自然秩序(景观环境固有秩序)为基本手法。通常园林建筑必须满足多变化、多角度观赏的要求，将建筑体量化整为零，用不同的体量组合创造多维的形体，以适应景观环境，缓解建筑与自然的紧张关系，使有机的建筑形体与环境相得益彰。

山地自然景观具有先天的优越性与独特的视觉特征，其空间秩序往往需要借助建筑等实体要素加入，才能更好地被欣赏和感知。引入建筑后，人们对自然山地的开发与欣赏才达到较高层次。在地形竖向多变的山地环境中，结合地形采取跌落式布局是一种有效的方式，一方面契合山地的特点，可以满足赏景需要，减少土方工程量；另一方面能很好地解决建筑通风、采光问题，增加建筑的层次，丰富建筑天际线，塑造与环境相契合的建筑景观。

水际建筑的设计以轻盈见长，建筑宜水平方向展开，慎用竖向体块。大面积的玻璃、相对纤细的建筑构件均可与水面轻盈光洁的质感相呼应，柔和的曲线、面均与水的特性相吻合，因此常为水岸建筑所采用。

在树木茂盛的林间，园林建筑设计结合建筑的功能单元化解、分散体量，使建筑游走于林木之间，与树木共生，“穿插”“围合”“散点”是三种常见的处理手法。穿插即建筑布局于树木间隙之中，建筑的外部界面因树木而呈现扭曲、交叉、凹凸；围合即利用建筑将基地现有树木融入建筑群体，从而使建筑与绿树更好地融合；散点适合于体量较小的单体建筑，因地制宜散落布置于林间，如林间木屋等。

(2)人文环境　设计者对设计元素的选择看似信手拈来，但是每一种风格都有着一定的历史背景和文化渊源，体现其风格的设计元素应用、符号表达与其风格都有着一定的文脉联系。

园林建筑的造型是历史的、地域的、文化的和艺术的。每个地域都有自己源远流长的艺术河流；每一座小城、乡村，甚至古道旁都有汇聚独特人文气息的亭台楼榭；每座建筑的构造有建筑大发展下通用的基本结构，也有地方的能工巧匠对本土建筑样式做出的创新贡献。

园林建筑既是传统的，又是现代的。两种不同社会意识与价值观念决定了形态各异的建筑造型。在文化方面，现代又是对前者的继承，当前的社会形态需要加入文化的视觉元素，以保持自身的身份标签，确保在世界文化的大融合中不会遗失。新中式、现代欧式等传统风格的现代转变需要在设计领域进行结构的创新，兼顾现代构成的样式和传统的固有结构，通过辩证采纳，创造出适宜现代视角的现代园林建筑。

3. 造型与结构整合

未来主义的园林建筑以前卫和新奇的视觉感受引领着机器美学的发展潮流。机器美学追求机器造型中的简洁、秩序和几何形式以及机器本身所体现的理性和逻辑性，以产生一种标准化的、纯而又纯的模式。其视觉表现一般是以简单立方体及其变化为基础的，强调直线、空间、比例和体积等要素，抛弃一切附加的装饰。极端简化的形体受有机主义、流体力学和功能构成的制约，创造出超前的建筑类型。在未来主义风格的发展体系中，与自然形态融合并加入科技建造技术的有机建筑类型受到人们极大的欢迎，也是科技界展示成果的领域。

新时期的现代中式园林建筑突破了传统建筑的构成模式，涌现了材料的多样化运用以及遵循建筑构成法则的结构的新型化创新。本质上，这是由科技主义主导的未来新兴风格勃然兴起。曲面或流体的成型、建构或线面打散的艺术塑形手法突出了中式园林建筑的视觉冲击力。

现代设计理念下的“中式”更多的是视觉装饰。由透光感良好的亚克力材质所组成的贴面或镂空中式的纹理在商业展台中呈现了独有的文化气息。在框架结构选材中，相对于传统木材而言，金属具有较强的承载性和轻便、体量小的优势，特别是轻质的铝合金、塑钢材质等，可塑形出跨度与受力较大的桁架结构，为园林建筑的时代变形提供了坚实的技术基础。

4. 造型与生态整合

本土化生态设计的萌生源于人们对环境互惠共生的诉求。在大意识形态下，可持续发展是当前的基本国策和大众的生存共识。由广义的定义可得知，对资源的保护与再生循环是生态、经济资源可持续的一个重要方面。对于注重生态的园林建筑设计而言，建筑师应了解生态学的一些基本概念，如生态系统的结构和功能、物质循环、能量流动等，并借鉴可持续发展与生态学的理论和方法，从中寻找影响设计决策、设计过程的内容。采用整体综合研究的生态思维和观点来看待园林建筑设计。在设计过程中，应把握几个原则：尊重自然原则，乡土性原则，高效性原则，“4R”原则[包括更新改造(renew)、减少使用(reduce)、重新使用(reuse)、循环使用(recycle)]，健康、舒适性原则。生态园林建筑设计方法如图 2-10 所示。

生物友好型园林建筑是生态保护的典型范例。其设计理念是在确保生物安全的前提下，要求其建设在全寿命周期内不仅要考量风景园林建筑物自身的合理性、功效性，还要兼顾内外部环境保护的科学性和可持续性，进而引导其他生物与人和谐共存，共享自然资源，这对于生物多样性的保护、创造更好的园林环境以及对风景园林建筑的合理利用等具有重要的理论和实践意义。生物友好型园林建筑的设计策略主要包括控制策略、消隐策略、引导策略和专项策略。

(1)控制策略　尽量从选址、布局、尺度、结构等“源头”把控，降低园林建筑对自然环境和对地域上原有的生物不利影响，以尊重自然为前提。

(2)消隐策略　园林建筑设计通过对形式的消隐，以期保持原生境的视觉连通性。借助园林建筑表皮的虚化、材料的隐匿、整体的非承重感以及建筑本体部分的掩埋来达到消隐的目的。消失的边界使建筑与自然融为一体，其轮廓、肌理和整体的表皮颜色对建筑的消隐也有很大的帮助，覆上表皮的处理手法能使建筑从视野中“消失”，同时消减轮廓感与尖角。其采取的形式有地下式、下沉式和拟态等。

(3)引导策略　可分为直接引导或间接引导。直

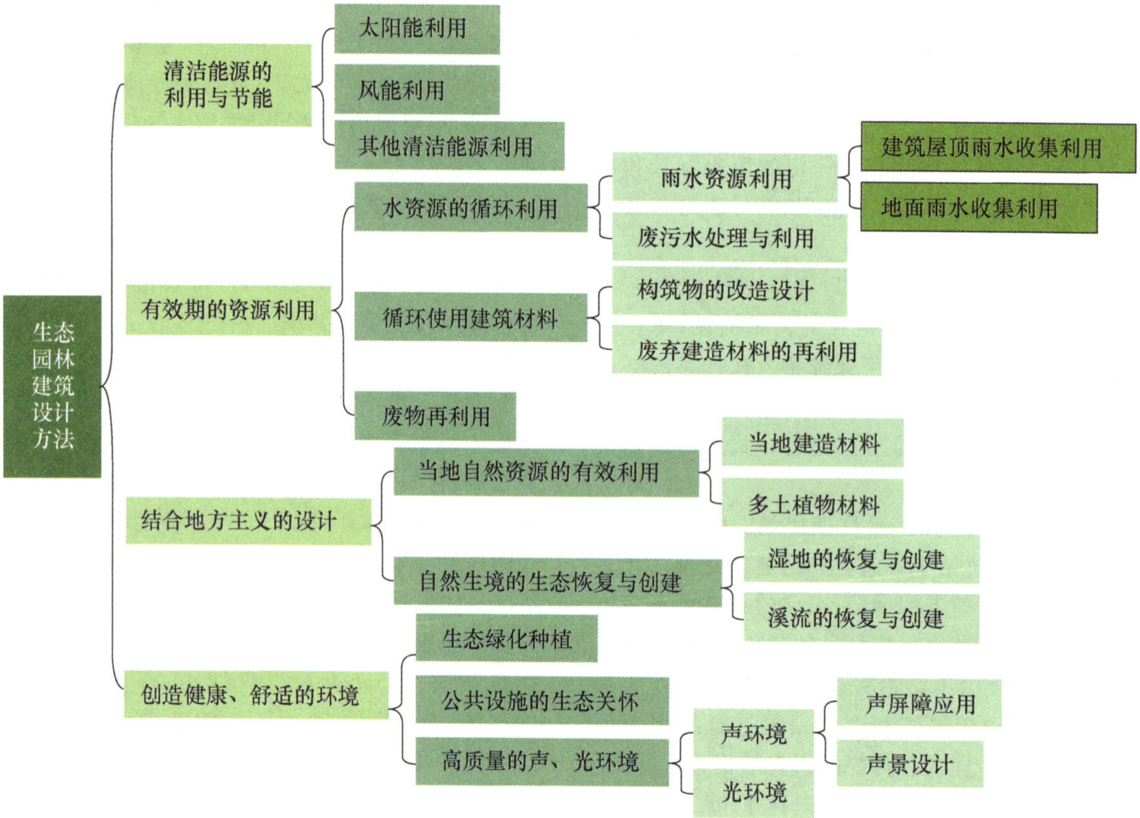

图 2-10　生态园林建筑设计方法

接引导是指园林建筑自身的形态、色彩、结构、材料等对生物产生的直接吸引，借助外表皮的综合影响和荫翳空间来吸引生物攀爬；间接引导是指利用园林建筑以外的因子，以借景加大吸引力，营造相似生境（常用有机体、无机物营造），引导生物与建筑产生关联，通常从光、温、水、声等无机因素和动植物、伴生种等有机体方面入手，通过各方面的有机结合来实现生物友好。

(4)专项策略　包括生物的庇护所、栖息地和生物通道等。

在景观建设领域，因地制宜地选取建筑材料是未来发展的趋势。就地取材的方式不仅在经济能源上节省了跨地域的挖掘消耗，还能在塑形上与环境相融。如福建下石村的桥上书屋和北京怀柔的篱苑，书屋皆以天然木材条的密集排列包裹为墙体，篱苑的墙体由不修边角的柴火棍组成。又如，普利兹克建筑奖首位中国籍得主王澍教授设计的宁波博物馆是靠拆迁剩下的残砖碎瓦垒筑而成的，在视觉上给观者带来强烈的亲近感和连通性，为现代中式景观建筑创造了“原始的前卫”的风格。

2.3.2　园林建筑尺度与比例

1. 尺度

在建筑造型设计中，率先解决尺度问题，随后才能进一步推敲其比例关系。建筑尺度的形成从人的感知体系出发，以建筑本体为对象，最终归结于心理层面的尺度感。在不同的主客观环境中，人们对建筑尺度的感知差异显著。风景园林建筑的尺度由两方面的因素决定：一方面是客观要素，如建筑的选址所涉及的地形竖向信息、水体数据，建筑本身的高度，建筑的面宽、进深，建筑的占地面积，建筑的屋顶形式，建筑的体量组合方式以及环境中植物的种类、高度、密度等；另一方面是主观要素，即作为风景园林建筑的使用者和感受者，人们的感知机制会因观察路径不同，导致观察视点位置的变动，进而带来观察角度和视距以及视野范围的变化等。

对于一般建筑来说，建筑师总是力图使观赏者所获得的印象与建筑的实际大小一致。然而，对于某些特殊类型的建筑，如纪念性建筑，建筑师会有意识地通过处理，希望给人们以超过它实际体量的感觉，从而获得夸张的尺度感；与此相反，对于另外一些类型的建筑，如庭园建筑，则希望给人以小于实际体量的感觉，从而获得亲切感。在尺度设计中，重点关注人与物的协调，这也是建筑师追求的目标。

中国建筑的尺度标准取自人体："布指知寸，布手知尺，舒肘知寻""人形一丈，正形也。"以人体为标准，形成了中国建筑"十尺为室，百尺为形，千尺为势"的比例尺度。"方丈为室"是贴近人体的亲切生活空间，与宽大的公共大厅形成对比。"百尺为形"是人们既体会到对象的高大可尊，但又不至于把握不住的尺度。中国寺庙"百尺为形"体现的正是中国宗教的人间气息(无论寺庙与宫殿，内部空间都是在人间感知的尺度之中论考，这与哥特教堂狭而高的外部尺度与内部空间形成鲜明对照)。"千尺之势"是人体既能感知对象的坚实存在，又不会失去对象的最大尺度。紫禁城的"千尺之势"就要保持对对象的尊敬和严肃的心理。而游园中的建筑有着使人亲密的比例尺度，如游廊多采用小尺度的做法，廊的宽度一般为 1.5 m 左右，高度伸手可及横楣，坐凳横栏低矮，方便游客进入，倍感亲切。

2. 比例

比例的确定一般先从整体大的比例关系推敲，当大的比例关系基本确定后，再推敲细部及局部的比例，最后协调局部和整体之间的关系，让细部与整体完美统一。长期以来，人们通过研究得到一些关于比例协调、优美的结论。

(1)几何分析法　建筑的整体，特别是外轮廓及内部各主要分割线的控制点，若符合或接近于圆、正三角形、正方形等具有确定比率的简单几何图形，就可能因几何制约关系产生和谐统一的效果。圆形、球形、正方形、立方体及正三角形等原始形体，形态明确肯定，简单几何形体造型明确，比例协调。

(2)相似形　相似形求得和谐统一。长方形的邻边可以有不同的比率。某些特殊的长方形，如邻边的比率为 1∶1.414、1∶1.732、1∶2.236 的长方形，受上述数值关系的制约，具有明确的特性：能够被等分为若干个与原来形状相似的部分，并且这些小部分的对角线，要么互相平行，要么互相垂直。

(3)黄金分割　边长比率为 1∶1.618 的长方形为"黄金率长方形"。黄金分割比的长方形可以被分成一个正方形和另一个黄金率长方形，该长方形又可分为一个正方形和黄金率长方形。依此类推，黄金分割的这种连续性构成有规律、有节奏的动态均衡。

(4)比例的改变　随着物质技术条件、产品物质功能的不断变革和发展以及人们观念的变化，比例形式产生了很大的变化。因此，我们不能脱离物质技术条件及产品的物质功能来讨论某种数学或几何上的纯比例，而应根据具体情况，具体分析。

在比例设计上，中国古代建筑体现了很高的标准化和模数化，唐代和宋代建筑使用"材"与"分"作为木结构模数，明代和清代建筑则用"斗口"作为基本模数，都是根据建筑的不同等级来规定用材及其相对应的各种构件尺寸。屋顶作为中国古代建筑重要的组成元素之一，屋面坡度根据内部的梁柱结构来确定，宋代采用约 6∶1 的举折坡度，清代则采用 4∶1 的举折坡度。对于对立面上柱高与开间的大小关系，民间有些做法比较自由，比如，取开间为柱高 1.2 倍、建筑出檐取柱高尺度的 1/3 等。

2.3.3　园林建筑色彩与质感

1. 色彩

园林建筑离不开色彩，色彩是建筑元素中最易营造气氛和传递情感的要素。色彩设计关系到建筑整体美，它不仅是建筑师主观决定的，更是许多参数与变数结合的动态过程，使建筑的色彩成为技术与美学的完美结合，将建筑外观的色彩和质感与现代审美趋势联系起来，成为展现个性、回归自然的一种途径。除为空间赋予性格与表情外，色彩还为原有的建筑创造新的生机。

(1)园林建筑风格与色彩设计　不同的国家或地区往往有着独特的地方色彩和传统色彩，在建筑色彩的选择上也表现出不同的特色。如古希腊建筑通过纯白色的大理石展现典雅与纯净；埃及神庙以黄色花岗岩石的粗犷材质形成的强烈光影对比；欧洲中世纪教堂以厚重的色调彰显宗教的肃穆；伊斯兰教建筑色彩华丽，具有强烈的神秘感；日本古代建筑传承中国古风，色彩简约、朴素。中国皇家园林的富丽堂皇、江南园林的含蓄雅致均通过建筑的色彩表现其风格。如北方皇家园林中的建筑主要采用暖色，大红柱子、琉璃瓦、彩绘等，金碧辉煌，以显示帝王的气派，减弱冬季园林的萧条；而南方的私家园林建筑多用冷色，黑瓦粉黛，栗色柱子等，尽显素雅，彰显文人的高雅淡泊，消减夏季的酷暑感。这种色调不仅能与自然山水、花草、树木等相协调，且易于创造幽雅、宁静的环境气氛。现代园林建筑色彩受国外造园特点的影响很大。如北京现代园林中的人定湖公园，在设计上吸收了欧洲一些国家台地园式的造园特点，借草地、水景、雕塑、花架、景墙及青色屋顶、白色墙面的建筑，创造了色彩明快、节奏鲜明，具有欧洲规则式庭园韵味的园林环境。此外，不同性质和功能的建筑应采用不同的色彩，如疗养院、医院以白色或中性灰色为主调，从心理上给人整洁、安静之感；礼堂、纪念堂常常用黄色的琉璃瓦来做檐口装饰，从心理上给人庄严、高贵和永久之感。

中国传统建筑中的色彩在一定程度上以伦理为准则，并以与民俗文化、宗教意识相结合的方式，来确定建筑与环境的色彩，且传统色彩在民俗文化中承载着某些观念和象征性的寓意。在传统的民间建筑中，常可见到接近于深黑色的青瓦屋面，“青黑”色是民间习俗与观念：“黑”即代表了古代“五行”中的“水”，依据五行相生相克的原理之“水克火”，寓意避免火灾。在建筑与文脉的关系中，还应强调人对色彩的需求，即从人的生理、心理需求角度，探讨建筑色彩与传统文脉的关系。

建筑色彩的处理有强调和谐与强调对立两种倾向。中国香港净志禅苑中的休闲亭（图 2-11）以优美合理的造型和色彩的绝妙搭配，准确传达了与大自然有机协调的美学追求；瑞士某公园中的钢结构导识牌亭（图 2-12）的鲜红色在绿植背景中极为醒目。建筑设计应根据建筑的功能属性和内容定位选用不同的色调，遵循对比求统一的原则，运用色彩的交织穿插，产生调和，同时建立色彩之间的呼应关系。

（2）园林建筑意境与色彩设计 园林建筑空间是有形有色、有声有味的立体空间艺术。色彩性能、色彩效果、色彩规律的运用有助于园林建筑意境的创造。色彩的冷暖、浓淡的差别，色彩的感情、联想，色彩的象征作用等都能给人带来各种不同的感受，这在许多园林建筑艺术意境的创造中均有所体现。例如，上海辰山植物园中的矿坑花园（图 2-13）利用原有矿坑的地形地貌，经改造和设计，将工业遗迹与自然景观相结合。建筑和景观设施多采用灰色、黑色等冷色调，与矿坑的

图 2-11　强调和谐——中国香港净志禅苑中的休闲亭

图 2-12　强调对立——瑞士某公园中的钢结构导识牌亭

（图片来源：约翰内斯·伊顿，2021）

图 2-13　上海辰山植物园中的矿坑花园

岩石、混凝土等材质相呼应，体现工业遗迹的沧桑感和厚重感。同时，园内种植了大量的绿色植物和色彩鲜艳的花卉，如红色的枫叶、粉色的樱花等，为整个花园增

添了生机与活力，实现冷色调与暖色调相互搭配、相互映衬的色彩效果。花园内有瀑布、深潭、栈道、桥梁等景观元素，让人在游览过程中仿佛穿越时空，感受大自然的鬼斧神工与人类改造自然的历史痕迹。2010年上海世博会印度馆入口（图2-14）的设计以传统的形体图形语言，阐述“我像迎候神一样迎候你”这一理念，从情感上唤起人们对宗教文化大国的向往；同时，黄褐色的色调强化了这一理念，让人仿佛嗅到了淡淡的奇香，听到了声声木鱼的敲击音。

图2-14 2010年上海世博会印度馆入口

（图片来源：王强，2011）

（3）园林建筑构图与色彩设计 园林建筑环境中的色彩，除涉及房屋本身的材料色彩外，还包括植物、山石和水体等自然景物的色彩。色彩具有冷暖、浓淡、轻重、进退、华丽和朴素等区分。如果能巧妙运用色彩对比与色彩协调，就可获得良好的构图效果。如北京北海公园中的白塔（图2-15）为整个园林中的制高点，附属寺院建筑沿坡布置，高大的塔身选用纯白色，与寺院建筑群体在色彩上形成了强烈的对比。此外，白塔的白色与远处的金碧辉煌的故宫形成烘托，使白塔特征更为突出，在青山、碧水、蓝天的衬托下，白塔气势极其壮丽。在色彩构图上，主色、明色、浓淡搭配适宜，让空间环境富有节奏感。

在园林建筑造景时，为突出建筑物的空间形体，所用的色彩最好选用与山石、植物等有鲜明对比的色彩；也可以山林、草地为背景，让建筑小品、石景、植物等与背景色形成对比，营造出各种构图效果。

园林建筑环境中的围墙常被用来分割空间，丰富

图2-15 北京北海公园中的白塔

景致层次、引导和分割游览路线，是空间构图的重要手法。围墙因不同色彩可产生不同的艺术效果。白墙明朗典雅，与漏花窗、景窗组合更显活泼、轻快，特别是与植物等组景，色彩更加明快；灰色调柔、雅静，给人以幽雅之感，像没有围墙般扩大了空间感，用来衬托山石植物，十分合适。

色彩存在于大环境中，无法孤立存在，所以研究建筑色彩必须从整体出发，综合考虑诸多环境因素的影响，先注重统一性，再强调个性，这样才能设计出与环境相协调的建筑色彩。现代园林建筑突破传统色彩的束缚，在色相上化繁为简，在饱和度上变深为浅，在亮度上以明代暗。建筑用色除考虑建筑本身的性质、环境和景观三者的要求外，还应在用色上别出心裁，才能实现创新、不落俗套。

2. 质感

所谓质感，就是用来描述人对物体材质的生理和心理感受，即物体表面由内因和外因形成的结构特征，给人的触觉系统和视觉产生的综合印象。它是人的感觉系统因生理刺激对材料做出的反应或由人的知觉系统从材料表面获取的信息。质感包括两个不同层次的概念：一是质感的形式要素“肌理”，即材料表面的几何细部特征；二是质感的内容要素“质地”，即材料表面的类别特征。

质感包括两个基本属性：一是生理属性，即材料表面作用于人的触觉系统和视觉系统的刺激性信息，如软硬、粗细、冷暖、凹凸和干湿等；二是物理属性，即材料表面传达给人的知觉系统的意义信息，如材料的类

别、性质、机能和功能等。质感是由于材料表面的排列、组织构造不同,人得到的触觉质感和视觉质感。触觉质感又称触觉肌理,不仅能产生视觉感受,还能通过触觉感知,如材料表面的凹凸、粗细等。视觉质感只能依靠视觉来感受,如砖石的表面、木纹、纸面印刷的图案及文字等。这种物体表面的组织构造细致入微地反映了不同物体的材质差异,是物质的表现形式之一,体现了材料的个性和特征,是质感美的表现。

不同的材料具备完全不同的质感、力学性能和艺术表现力,如混凝土的朴素粗犷、玻璃的通透晶莹、金属的光亮纤巧、膜的洁白轻盈。而同种材料通过不同的生产加工方式或者施工构造组合也可表现出不同的质感,展现截然不同的个性与风貌。质感是增强建筑表现力的一个强有力的方式。通常,园林建筑形体质感的设计方法有以下几种。

(1)同种材料对比 当材料相同时,主要通过单元不同的排列方式,形成不同的质感及不同的表面纹理,以此取得对比的效果。

(2)类似材料对比 当材料相似时,如不锈钢与玻璃、石材与砖,借助不同的质感与肌理的变化取得对比的效果。

(3)不同材料对比 为寻求材质的强对比,建筑师常用不同的材料进行对比,甚至刻意拉大材料的肌理的差别,以形成强烈对比。

2.4 园林建筑数字化与数字化设计

2.4.1 园林建筑数字化

随着信息技术的飞速发展,现代社会的各个层面都受到数字化的冲击,园林建筑设计领域也不例外。园林建筑的数字化是指运用数字化技术将园林建筑的平面与立体信息、图像与符号信息、声音与颜色信息、文字与语义信息等转化为数字量,方便存储、再现和利用的技术。通过数字化技术进行记录、编辑、管理和再现这些景观建筑,人们不用到景区就能通过网络和计算机清晰、全方位地参观和感受自然和文化景观,不受时间与空间的限制,超越国界与文化,获得与现实建筑极为相近的感官体验。

园林建筑的数字化有利于国家重要文化资源的保存与利用,如把园林建筑各种规划设计的图纸数字化,建立相应的数据库,便于风景园林部门对设计方案的保存,尤其是对年代久远、濒临破损的园林建筑,数字化其规划设计旧图纸、照片,可防止国家重要文化遗产的流失,避免因照片时间过久而发黄、模糊导致风景园林景观失真的问题;数字化的园林建筑实景漫游,便于园林部门对风景园林建筑的管理,把已建设的不同类型的绿地中园林建筑实际项目资料上传至网络,能为园林系统的各部门提供借鉴和资源共享。此外,还可开发旅游业,提升旅游活动的质量;挖掘我国风景区自然文化资源,便于开展自然科学研究、考察和科普教育;传播世界遗产的文化内涵等。园林建筑的数字化主要表现在以下几方面。

1. 园林建筑规划设计图的数字化

园林建筑规划设计图的数字化可分为三个部分:首先,已有各种规划设计图纸的数字化常采用扫描仪进行操作;其次,应用各种软件,如用 CAD、3dsMax、GIS、SketchUp 等制作园林建筑的规划设计图;最后,园林建筑设计文字信息的数字化。

2. 园林建筑的文化内涵、主题思想介绍信息的数字化

首先,对代表性园林建筑进行数字化保存;其次,把这些相关信息数字化,甚至将园林建筑的三维模拟图形、图像上传至网络,既便于用户理解园林建筑的规划设计思想,又利于用户在线游览园林建筑。

3. 园林建筑相关汇编资料的数字化

园林建筑的相关资料主要是在园林建筑规划设计,建设及其管理活动中直接形成的,对国家和社会具有保存价值的文字、图纸、图表、声像等各种载体的文件材料,如各地各馆收藏的代表性园林建筑照片、旅游汇编资料等。风景园林数字化技术工作程序如图 2-16 所示。

2.4.2 园林建筑数字化设计

园林建筑设计的数字化应用是大势所趋。数字化设计(parametric design,早期被译为参数化设计)是现代建筑设计中越来越受青睐的方法和技术工具。它把计算机编程和数学逻辑相结合,创造适用于建筑及相关学科应用及形态生成的途径,辅助建筑师开展设计工作。而“数字化”就是把一个物体或表象用参数形式来定义和表示,并根据不同的参数变量和约束条件进行调整。目前,数字化设计在建筑及相关设计中的主

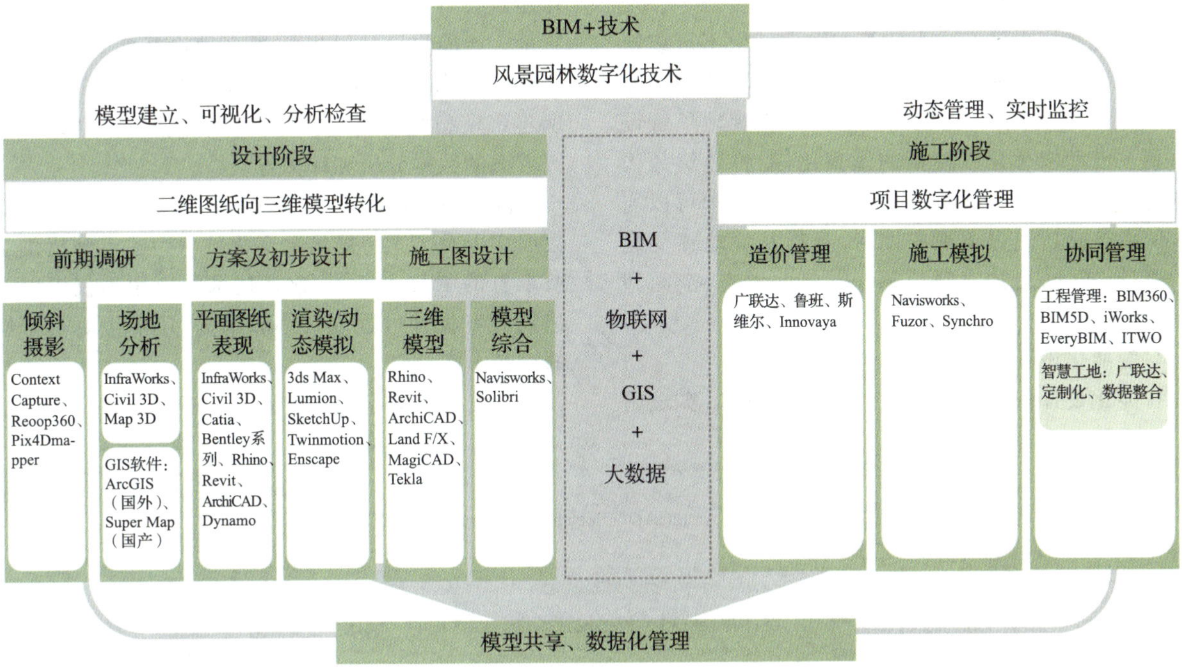

图 2-16　风景园林数字化技术工作程序

要运用方式可以分为四个部分。

1. 数字化测绘技术

借助数字化三维激光扫描技术，获取目标对象的三维点云数据并储存，并对这些点云数据加以处理，得到目标对象的二维切片图和三维可视化点云模型。这样能比较真实、准确地将目标对象的形态、色彩和纹理还原到计算机中，并生成直观、流畅的三维点云模型，便于进行可视化表达。

2. 建筑信息模型

建筑信息模型（building information model，BIM）是数字化技术在建筑方案设计中的应用。BIM 作为基于 3D 建模的数字化建筑设计与管理工具，可在整个建筑生命周期中进行信息管理和共享，包括设计、施工和运营等各个阶段。

(1)形态生成　数字化设计可以用来生成园林建筑的不同形态和结构。建筑师通过调整建筑的高度、宽度、长度、角度等参数，能构建各种不同的建筑图式，利于设计初期快速探索多种设计构图的可能性。

(2)立面设计　数字化设计工具可用于生成园林建筑的外立面设计。建筑师通过调整参数，能创建各种不同的表皮肌理，如幕墙格栅图案、窗户排列、单元体块的角度等，以满足设计目标和美学需求。

(3)结构设计及优化　建筑师可通过调整参数来改变结构的形态和尺寸，进而提高结构的强度和稳定性，在保障安全美观的同时，经结构计算优化来减少材料的使用。

(4)环境性能优化　数字化设计能够优化园林建筑的环境性能，涉及日照采光、风环境、能源效率等。通过模拟不同参数下的园林建筑性能，建筑师可以选择最佳的设计方案，降低能源消耗与建筑对环境产生的影响。

(5)数字化建造　数字化设计与数字化制造技术相结合可实现园林建筑构件的自动化制造。建筑师还可以使用参数化设计软件生成建筑构件的数据模型，然后利用机械臂（数控机器）或 3D 打印等技术工具制造。

(6)空间组织　建筑师综合考虑不同的功能需求和空间使用方式，借助数字工具生成不同的空间组织方案，优化园林建筑内部空间布局，提升空间效率和功能性。

(7)可持续性设计　通过考虑不同的参数，如材料选择、能源利用、水资源管理等，建筑师可以创建更多的绿色建筑方案，并优化园林建筑的可持续性。

3. 虚拟现实技术

虚拟现实技术已经成为建筑方案设计中不可或缺的数字化工具。它能够帮助建筑师在虚拟环境中快速构建和修改建筑方案，也能让客户更加直观地了解设计方案。借助园林建筑模型的虚拟化，能将建筑师构思的建筑方案呈现为真实的三维环境。建筑师可以通过 VR 头盔或其他虚拟现实设备，身临其境地感受建筑的设计、布局，更加直观地感知建筑的形态、空间和比例等特征。

4. 智能化设计

智能化设计依托计算机软件和硬件技术，实现园林建筑设计的自动化和智能化，提升设计效率和设计质量。智能化设计可以通过多种途径实现，如利用人工智能技术优化园林建筑方案，利用虚拟现实技术实现建筑模型的三维可视化，以大数据技术开展园林建筑方案的数据分析和评估等。

随着科技的不断发展，更先进的软硬件、庞大的大数据库以及人工智能等数字化技术为建筑师提供了前所未有的工具和资源，数字技术的应用不仅可以提高建筑方案设计过程的效率和精度，还催生更具个性化的设计方案。

风景建筑数字化设计工作程序如图 2-17 所示。

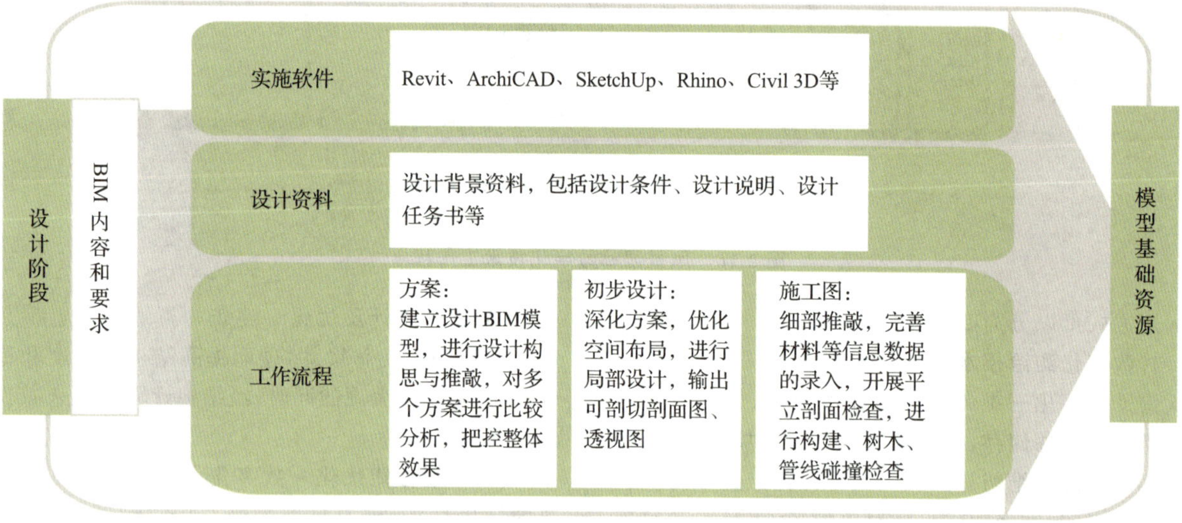

图 2-17　园林建筑数字化设计工作程序

习题

1. 园林建筑的功能类型有哪些？
2. 简述园林建筑空间形态类型与构成方法。
3. 简述园林建筑的结构选型。
4. 简述园林建筑设计中立意的概念与方法。
5. 园林建筑选址时应该考虑哪些方面？
6. 试述园林建筑布局形式与技巧。
7. 试述园林建筑造型设计方法与技巧。
8. 试述园林建筑色彩与质感设计方法与技巧。

第3章 标志性园林建筑

【学习目标】

1 了解标志性园林建筑的主要特征；

2 理解标志性园林建筑功能类型；

3 掌握标志性园林建筑的主要类型、形态特征。

【学习重点】

1. 风景区入口的选址布局因素与方法；

2. 公园大门建筑与园林环境的关系；

3. 主题性园林建筑的形态设计方法。

3.1 标志性园林建筑概述

3.1.1 标志性园林建筑的概念

在整个园林体系中，通过自身的尺度比例、高低错落、外部形象、大小变化，结合园林环境，形成具有鲜明特色展示空间的建筑称为标志性园林建筑。这类建筑一般处于整个园林景观序列的开端，引导序列空间的发生和连续或处于布置风景区或园区的出入口处，位置突出、醒目，起到标志、划分与组织园林内外空间，控制人车流出入与集散、管理及小型服务等作用。同时，在满足基本功能的前提下，标志性园林建筑借设计手法展现园林的整体特征与基本的艺术风格，是园林环境的重要组成部分。

3.1.2 标志性园林建筑的作用与分类

1. 标志性园林建筑的作用

标志性园林建筑在园林建筑体系中发挥着重要的作用，主要表现在以下几个方面。

(1)标志作用 中国地域辽阔，多样的气候环境、地文地貌、风土人情、历史文化滋养了不同的园林文化，例如，岭南园林、江南园林和北方园林。在不同园林风格中，标志性园林建筑自然有其独一无二的地域特征，与所属园区体系、社会背景、时代环境高度融合。建筑形式灵活，可以形成或软或硬，或直或曲，或内敛或奔放等具有设计感的标志形状。高耸的山柱、精美的售票室等不仅能轻易捕捉人的视线，还能在光照和气候的影响下产生不同的视觉效应，引导行为，是园林环境中的一道亮丽风景线，如大唐芙蓉园中的标志性园林建筑——紫云楼(图 3-1)。

图 3-1 大唐芙蓉园中的标志性园林建筑——紫云楼

(2)空间划分 借助建筑的布局设计可以有效且自然地划分空间。利用相对位置、高低、尺度、大小、形态、比例以及与建筑相关因素，可以清晰地将园林空间与周边空间相分割，形成具有不同功能或景色特点的空间；也可以依托地形地势，搭配建筑小品、雕塑或绿化等在空间中形成隔景、障景、对景、借景等效果，以不同的方式创造和限制空间。利用地形划分空间不仅是分隔空间的手段，而且能获得空间大小对比的艺术效果。平坦、起伏、平缓的地形能给人们以美的享受和轻松感，但平地的横向连续性缺乏垂直方向的设计因素易在视觉上产生垂直空间的空白或不动势。在斜坡地形中，坡度本身就能发挥限制和封闭空间的作用，易激发人们的内心情绪与感受，使人们全身心地融入园林。如图 3-2 所示的岳太山国家森林公园入口就是这样的空间划分案例。

图 3-2 岳太山国家森林公园入口

(3)引导安全与集散 组织和引导人流及交通集散，尤其是在节假日、集会及园内进行大型活动时，人流、车流剧增，需妥善解决大量人流、车流的交通、集散和安全等问题。标志性园林建筑可以凭借布局、地形地势的起伏变化，有效地影响游览路线和速度。利用广场作开放型布局及平地设计，方便人们行走或乘车到达。因此，合理布局建筑，利用地形等因素，影响和调整行人和车辆运行的方向、速度和节奏。在建筑环境中，既要运用空间布局或地形设计，又要根据人们的生理机能的需要，设置相应的辅助休息设施。

(4)配套服务 标志性园林建筑不仅具备一般的门卫功能，还承担售票、收票及相关的园区管理等职能。此外，整个布局设计尽可能地将小型服务设施列入其中，例如，提供购买、通信、寄存和问询等服务。图 3-3 为慕尼黑公园入口的配套服务。

图 3-3 慕尼黑公园入口

(图片来源：艾伦・泰特 等，2020)

2. 标志性园林建筑的分类

(1)按风格分类 一般来说，标志性园林建筑应与园林造园风格统一，其大体划分为自然式园林标志性建筑、规则式园林标志性建筑和混合式园林标志性建筑三种。

①自然式园林标志性建筑因多强调自然的野致和变化，布局中离不开山石、池沼、林木等自然景物，山林、湖沼、平原兼具，傍山的标志性建筑借地势错落，并借山林为衬托，颇具天然风采。

②规则式园林标志性建筑多采用对称平面布局，一般建在平原和坡地上，结合园林中的道路、广场、花坛、水池等按几何形态布置，排列整齐、风格严谨、大方气派。现代城市广场、街心花园和小型公园等多采用这种方式。例如，在南京梅花谷入口，建筑端庄典雅，通过牌坊的变体，实现通透视觉、功能暗示与空间氛围的完整表达，是规则式园林标志性建筑良好范例。

③混合式园林标志性建筑融合自然式园林标志性建筑与规则式园林标志性建筑，根据场景相结合，扬长避短，突出一方，在现代园林中运用更为广泛。

(2)按功能分类 标志性园林建筑的功能与常规建筑的功能并不完全相同。其主要特点是注重结合自然环境以及对园林环境的影响和自身使用功能的塑造。虽然这类建筑规模较小，但是通过造型及构造设计的差异，能塑造出园林主体风格的独特性。标志性园林建筑造型丰富，具有明显标志性或表征作用，多设置于风景区或园区的各景区、景点的出入口。

①标志性景区入口建筑。景区入口建筑的标志功能设计要根据整体景区的环境特色、性质和内容，考虑入口建筑的形象、个性、体量以及材质等要素，使其能起到突出或强化作用。以三峡截流纪念园入口（图3-4）大门为例，前门区的标志性入口建筑营造出高峡出平湖的意境，中间的叠水动势起伏，象征着三峡磅礴的水流，景墙模拟红砂岩石构筑，富有深厚的地方气息和文化风韵。

图3-4 三峡截流纪念园入口

②标志性景点入口建筑。景点入口建筑的标志功能常以特有的景点形象，展现该景点的性质、内容与特征。在结合自然环境的地形地貌的基础上，运用牌坊、碑石、山门、石栏或名泉古木等元素，打造出朴素自然、个性鲜明、标志性强的入口建筑，如上海静安雕塑公园入口（图3-5）。

图3-5 上海静安雕塑公园入口

3. 标志性园林建筑功能的构成形式

(1)用小品建筑构成建筑的标志功能 例如，借助自然的高度优势，进行台阶、绿化、石块、构架式门廊等元素的组合，在延续视觉的同时，激发游客的好奇心和攀登欲望。又如，山门、牌坊在历史悠久的风景点较为常见，且与周围传统特色建筑、环境相协调。当山门、牌坊等构成标志性园林建筑建于平地时，一般将其设置在主体建筑群的轴线上。

(2)利用自然山石或模拟自然山石构成标志性园林建筑的标志功能 该类景点入口巧借地形，更顺乎自然，以简胜繁、耐人寻味。如福建武夷山"天游门"（图3-6），剔土露石，利用巨石与石壁构成景点入口，在石壁一侧刻上"天游门"三个大字，渲染了景点入口的氛围。又如，福州鼓山"石门"景点的出入口因其岩壑朴拙，在入口处巧借登山道上的两块高耸挺拔的天然石块，与"石门"相印证，给人们留下了深刻印象。然而，有些景点入口采用人工塑造山石来模拟自然，如福建武夷山茶洞景区"仙浴潭"入口处就是运用在山谷间塑造石门的手法，营造出雅朴幽深之景效。此外，硅化石国家地质公园的入口处利用公园造型淳朴、不加修饰的硅化石作为景点功能的标识，让游客在见到它时，就已经理解其内涵。

图3-6 福建武夷山"天游门"

(3)用石筑门、钢构门、张拉结构等构成标志性园林建筑的标志功能 “嘘云洞”(图 3-7)是福建武夷山“云窝”风景区中的一个景点,洞内外的温差达十几摄氏度,有时洞内会吐出一股云烟,故称“嘘云洞”。其景点出入口设在洞前山凹处,用毛石筑门,装上石门轴块,作为门户表征。

图 3-7 武夷山“云窝”风景区“嘘云洞”入口

3.1.3 标志性园林建筑的设计方法

1. 标志性园林建筑的设计要求

标志性园林建筑的设计应考量多重维度因素,涉及人的因素、地域与技术的因素、建筑与环境的关系因素、经济的因素等。标志性园林建筑设计,首先,以人为核心,在尊重人的基础上,关怀人、服务于人;其次,顺应技术革新、社会需求改变或文化氛围转变。因此,在标志性园林建筑设计开发的过程中,建筑师应依据区域总体规划,按以下要求推进。

(1)交通的网络化连接 交通的网络化连接是指人们可以凭借已有的道路交通网络,快速、便捷、安全地到达或离开。与其他建筑相比,标志性园林建筑在交通的网络化连接上有显著的特征,因为标志性园林建筑在承担标志划分空间功能的基础上,还要完成控制人流、车流,方便管理、服务等实用功能。因此,交通的网络化在入口建筑设计中非常重要。

①有些标志性园林建筑地处城区中央,娱乐性质浓厚(如游乐园、比赛场馆等),且道路交通便捷。设计时,要考虑的因素就是如何让建筑与最近的交通换乘点(如公交车、地铁、停车场等)保持 50～80 m 的距离,同时保障多人并行的道路宽度,让游客在高度兴奋的状态下能借助步行运动降低兴奋程度,减少因游客离开时过于兴奋而引发交通事故、身体冲突等危害的概率。

②有些标志性园林建筑地处城市边缘,游览观光性较强(如旅游区、森林公园等),且道路交通不便。设计入口建筑时,要考虑的因素就是如何根据区域特色,对标志性园林建筑进行塑造,增强其识别性、标志性和引导性。在不断完善交通网络的同时,借助标志性园林建筑强烈的视觉冲击力,适配交通网络的连接点(如观光巴士、地铁、城际铁路等),让游客在旅途中兴趣盎然,离开后会更加流连忘返。

(2)功能分区明确化 标志性园林建筑无论大小、单体还是群体,都要有功能分区,各种功能既不互相干扰,又相互联系,以方便人们参观出入和工作人员管理。如标志性园林建筑设计要注意人流、车流的控制。在主入口处可以设置专用车道或专用门,以便在人流、车流增多时进行疏导。此外,在紧急情况下,方便特种车辆(如救护车、消防车等)的通行。又如,售票亭、收票口及小型服务设施的相对位置也要合理设计。在人流量大的标志性园林建筑空间中,可以采用对称式设计,在大小出入口的两侧均应设置收票亭、售票亭,以降低由人流购票、购物、等待、出入等行为造成的流动线的反复交叉;也可采用售票口按照设计好的流动线在出入口的外广场处进行有序流动。另外,在外广场的地面,可设置有趣的提示信息、小品绘画或增加迷宫、雕塑、小品或一些简单的游乐节目,缓解由游客过多带来的疲劳情绪;还可以采用入口空间与出口空间分离的方式,即游客从入口进入园区便成为流动线的起点,按照一定的顺序参观完全部景点后从出口离开。入口与出口相对独立且有一定的距离,这样入口与出口的功能既相对单一,又可以减轻外广场出入口的人流过大的压力。

(3)满足视觉观赏 在设计中,对人性的关注越来越重要。如何体现对人的关爱、对人性需求的探索等,便成为对建筑设计的考察要点。“以人为本”说来容易,真正落实应深入研究。人们对标志性园林建筑的认知主要通过视觉,视觉所获得的信息能达到正常人获得信息总量的 75%～87%,且 90%的行为由视觉引起。可见,在对标志性园林建筑及环境认知的过程中,视觉比听觉、嗅觉、触觉等能发挥更大的作用。

在对视觉因素进行设计时,要考虑几个问题:首先,人们对标志性园林建筑的视觉感知，需要一定的观赏距离。从扬·盖尔的人体尺度理论看，在 140 m×60 m 建筑的外广场，人体与建筑保持 20～30 m 的距离，能够把具体的建筑从背景中清晰分离；人体与建筑保持 12 m 的距离为亲切距离，正如古人所说的"千尺看势、百尺看形"。视距还与标志性园林建筑的高度或宽度有关，如标志性园林建筑整体以高方向为主，那么最佳视距与建筑高度的比值为 1.5∶2.5，即建筑高为 10 m，最佳视距为 15～25 m，在该距离下，人们可以对标志性园林建筑形成较完整的印象。其次，观看需要一个良好的视野。视野是指头和眼睛固定时，人眼能观察到的范围。眼睛在水平方向上能观察到 120°的范围，在垂直方向能观察到 130°的范围，其中 60°区间视觉较为清晰。因此，标志性园林建筑既要创造良好的视野，给游客留下深刻印象，又需要运用多种设计元素，如台阶、扶手、坡道等形成韵律和方向感的过渡物等，结合地形、地势的高度，让标志性园林建筑成为一个突出的观望角或通过门洞形成框景等，在良好的视野范围内，激发游客的游览兴致。

2. 标志性园林建筑的设计方法

标志性园林建筑设计没有过于严格的限制，创作空间相对自由。标志性园林建筑设计虽然突出环境的因素，但设计的核心必须"以人为本"，从创意、布局、属性、空间设计及美学体验等几个方面，将形态进行深入剖析，积极探索建筑的设计方法，进而创造多元化、立体化的艺术作品。

(1)设计的创意　创意是创新与立意的合体，设计因创新而有了生命之源，因立意而有了发展之本。因此，创意的好坏对整个设计的成败至关重要。一个好的设计不仅要有创意，而且要善于抓住设计中的主要矛盾，既能较好地解决标志性园林建筑的功能性需求，又具有较高的艺术境界，寓情于景，触景生情，情景交融。

由于标志性园林建筑不同于其他建筑类型，它既要满足一定的功能性、艺术性、观赏性的要求，又要注重与园内及城市环境系统的关系；既要满足人们在动线中观景的需要，又要重视对园林内外空间的组织和利用，使园林建筑内外空间和谐统一。标志性园林建筑在设计上更加灵活多变。

在中国古典园林中，标志性园林建筑不可胜数，却很难找出格局和式样完全相同的。园林标识的设计总是因地制宜地选择建筑式样，巧妙配置山石、水景、植物等，以构成各具特色的空间。现代标志性园林建筑不能简单地套用、模仿，把一些檐头、漏窗、门式、花墙等加以格式化，随处滥用，这是万万不可取的。真正的设计贵在创新，哪怕简单的模仿都会削弱其感染力。

标志性园林建筑的创意在强调建筑自身景观效果，突出艺术情境创造的同时，也绝不能忽视建筑功能和园林自然环境条件。否则，园林建筑、景观或艺术情境就将是无本之木、无源之水。此外，标志性园林建筑的创新性还在于设计者如何利用和改善环境条件，如绿化、水源、山石、地形和气候等，只有从总体空间布局到建筑细部处理仔细推敲，才能达到"景因境成、景到随机"的境界。随着科技、材料以及建造技术的发展，标志性园林建筑也逐渐趋向于注重高科技、情感的投入。此外，对游客的审美情趣、心理特征以及环境、社会的美感评估也不能忽视，否则，背离社会、背离游客的设计创意是无法被认可的。

(2)整体和谐　标志性园林建筑要以功能需要为前提，与园区内部环境（主要景观、建筑、广场和导游线等）相协调，形成"主次分明、层次清晰"的空间秩序。同时，建筑风格要与园区整体调性统一，借"串联、关联、放射、混合等布局手法，编织参观流线，引导游客高效游览核心节点。标志性园林建筑还要与城市环境、道路交通系统、游客、自然达到整体和谐，以利于游客到达，并增强整体环境效应。

标志性园林建筑空间的组合形式不仅应有好的组景立意和恰当的选址，还必须有好的建筑布局，否则，构图会无章法，也不可能成为佳作。标志性园林建筑的空间组合形式通常有以下几种。

①开放型空间组合：A. 由独立的建筑和环境结合形成开放型空间。这类设计对建筑本身的造型要求较高，使之在自然景物的衬托下更见风致。因此，在突出园区景观特色的同时，还要强调建筑的主体特色。B. 由建筑组群自由结合的开放型空间。这种建筑组群一般规模较大，与园林空间之间可形成多种分隔和穿插。在兼顾多种实用功能的基础上，通过分散式布局，结合道路、铺地等基础设施，建筑相互连接，空间组合可就地形高下，随势转折，但不围成封闭的空间。这种设计方法因涉及建筑较多而给游客的视觉感受丰富、印象壮观，且具有功能完整、空间连续性好的特点。因此，这种由建筑群自由组合的开放型空间是建筑师潜心研

究的形式。

②封闭性空组合：由建筑群围合而成的封闭性空间可承担售票、休息、人流控制等多种功能。布局可以是单一的封闭性空间，也可以是由几个大小不等的封闭性空间相互衬托、穿插、渗透形成统一的空间。从视觉逻辑来看，封闭性空间在视觉上具有内聚的倾向，在一般情况下，不是为了突出某个建筑，而是借助建筑与山水、花木的呼应来突出整个空间的艺术意境。

③混合式空间组合：由于功能和组景的需要，以上几种空间组合的形式可结合使用，实现总体布局统一，分区组织灵活，这类称为混合式空间组合。

如果是规模较大的园林，标志性园林建筑设计需从总体上根据功能、地形条件，把统一的空间划分成若干各具特色的景区式景点空间来处理。在构图布局上，通过主从关系、节奏韵律、先抑后扬的设计，达成和谐统一。

由此可见，标志性园林建筑的空间布局形式多样，变化万千。如何才能掌握或开放或封闭，或活泼或严谨的空间布局呢？只有从园区的特色、功能、地形等出发，经过不断地设计打磨，才能选择比较合适的空间布局形式。

3. 标志性园林建筑的尺度与比例

尺度在园林建筑中是指建筑空间各个组成部分与自然物体的比较，是设计时不容忽视的。功能、审美和环境特点是决定建筑尺度的重要依据。恰当的尺度应和功能、审美的要求相一致，且和环境协调共生。

标志性园林建筑是人们出入、休憩、赏景的载体。空间环境的各项组景内容一般应具有轻松活泼、富于情趣和使人无尽回味的艺术气氛，尺度必须亲切宜人。标志性园林建筑的尺度除要考虑建筑本身各组成部分的尺寸和相互关系外，还要考虑园区空间环境中的其他要素的影响，如广场、道路、景石、池沼和树木等。一般通过适当缩小构件的尺寸来取得理想的亲切尺度，室外空间大小也要处理得当，不宜过分空旷或闭塞。另外，为了建筑和自然景物的尺度能协调，还可以把建筑的某些构件，如柱子、墙面、踏步、门窗、屋顶等直接用天然石材、树木来替代或以仿天然喷石漆、仿树脂混凝土等来装饰，建筑和自然景物互为衬托，进而获得空间亲切宜人的尺度。

在研究空间尺度的同时，还需仔细推敲建筑比例，一般结合建筑的功能、结构特点和审美习惯来推定。现代标志性园林建筑在材料、结构上的发展使建筑式样有很大的可塑性，不必一味地模仿古代的建筑模式。若能在创新的同时，适当借鉴一些地方传统特色的建筑比例，取得神似的效果，必会让游客耳目一新。此外，除建筑本身的比例外，还需考虑园林环境中的水、石、树等的形状及比例问题，以达到整体环境的协调。

4. 标志性园林建筑的色彩与质感

只有标志性园林建筑的色彩与质感处理得当，其营造的空间才能具有强烈的艺术感染力。形、声、色、香是园林艺术意境中的重要因素，而标志性园林建筑风格的主要特征更多表现在形和色上：中国南方园林建筑体态轻盈，色彩淡雅；中国北方园林建筑造型浑厚，色泽华丽。随着现代建筑新材料、新技术的运用，标志性园林建筑风格更趋于多姿多彩、简洁明丽，富于表现力；色彩有冷暖、浓淡之分。颜色的情感、联想及其象征作用可为游客传达不同的感受。

质感表现在建筑外形的纹理和质地两方面。纹理有曲直、宽窄、深浅之分，质地有粗细、刚柔、隐显之别。色彩与质感是建筑材料表现出的双重属性，两者相辅相成。只要善于发现各种材料在色彩、质感上的特点，并利用它们组织节奏、韵律、对比、均衡、层次等各种构图变化，就可获得良好的艺术效果。

5. 无障碍设施设计

在标志性园林建筑设计中，还应体现对弱势群体的关怀，即在现代设计中最为重要的无障碍设施设计。无障碍设施设计的核心是为活动受限者能平等参与社会活动提供便利条件。无障碍设计是一个系统工程，对于标志性园林建筑而言，无障碍设计应包括道路、出入口和建筑物等多个细节，各有关部分相互依存、紧密配合才能发挥作用。由于使用对象不同，采用无障碍设施要有所侧重，如建筑设计要兼顾多种活动受限者的需求。在建筑中，应处理好残疾人坡道、盲道等的设计。

(1)标志性园林建筑附近的盲道位置 一般应在人行道尽端、建筑物入口前、公交停靠站前，人行横道处、人行道里侧绿化带豁口处、人行道高差跌落处以及人行天桥、人行地道的坡道尽端等设置。

(2)标志性园林建筑的无障碍设施设计要点 ①通行无阻。保障出入口处通行范围的宽和高，地面要防滑，不绊脚，残疾人坡道的坡度和宽度应符合《建筑与市政工程无障碍通用规范》(GB 55019—2021)。②信息到位。标志性园林建筑指引标识齐全，易于辨认，关键位置有提示，紧急呼救有人处理。③自主使用。所有手操作部分都伸手可及，操作简易方便。④防止出现意外伤害。对易出现事故的范围采取保护措施，既要尽量减少出现意外，又要降低出现意外后的伤害。⑤紧急疏散和救助。活动受限者的席位设在易疏散、易受保护的位置，轮椅位深为 1.1 m，宽为 0.8 m。

由此可见，标志性园林建筑的设计只有满足交通网络化连接、功能分区明确化、整体和谐、视觉观赏及无障碍设计要求，结合园区风貌、城市气质和社会环境等因素，才能设计出让人流连忘返的经典标志性园林建筑。

3.2　风景区入口

在风景园林建筑的入口及大门建筑中，风景区（风景点）入口和公园大门是游客欣赏景观最先接触的位置，也是游客进入景区（公园）必经之路，因此入口的使用频率非常高。入口的设计必须醒目，此外，应结合实际情况，设置提示类标识。

园林大门是各类园林中突出、醒目的部分。由于各类园林的性质不同，其大门的形象、内容也差异很大。如自然风景区、城市小游园和城市公园的大门就迥然不同，如华蓥山风景区大门（图 3-8）、沂山风景区大门（图 3-9）。

入口的组成因园林的性质、规模、内容及使用要求不同而有所区别。按目前最普遍公园类型，其主要出入口大门的组成大致包括：出入口（大门）、售票室及收票处、门卫和管理用房、入口内外广场及游客临时等候区域、停车场和自行车存放处等。另外，有些公园还包括一些小型服务设施，如小卖部、电话亭、照相亭、儿童车出租处、物品寄存处和游览导游处等，如上海公园入口（图 3-10）。

图 3-8　华蓥山风景区大门

图 3-9　沂山风景区大门

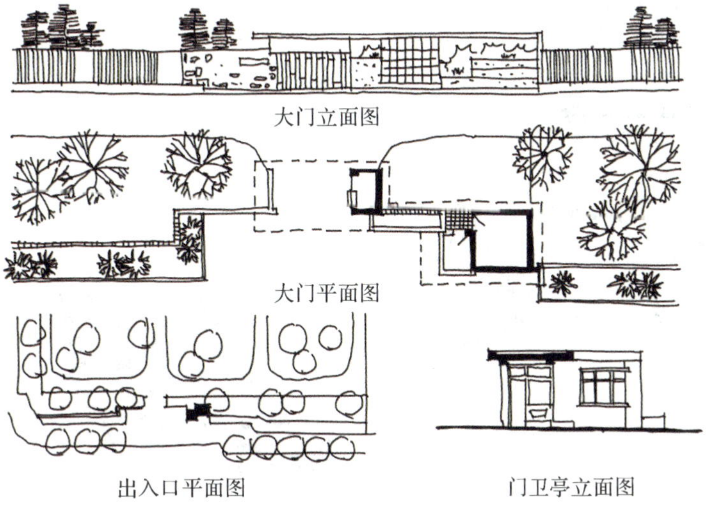

图 3-10　上海公园入口

入口作为游客进入公园的第一个视线焦点，是公园给游客留下的第一印象，故在设计中要充分考虑它对城市街景带来的美化作用以及对公园景观产生的影响。出入口附近绿化应简洁、明快。

3.2.1 风景区入口的类型

入口作为风景区功能结构中的重要部分，不容忽视。风景区的入口一般包含入口建筑及配套服务设施，如内外人流集散广场、停车场和游客服务中心等。随着旅游形势的发展和城镇化进程的加快，越来越多的风景区为人们提供了良好的休憩、活动、观光场所。许多风景区设计入口园林建筑不仅将其作为风景区或者公园的形象代表，更是将其作为所在旅游区，甚至更大范围的标志物。风景区的大门设计理念应新颖独特、美观大方，既要与周围环境相协调，与风景区建筑群风格一致、融为一体，又要考虑容纳游客活动的空间，充分体现风景区的特色和发展方向。

优美的入口形象有助于吸引游客，标识的造型要富有个性，体量不一定要大，材质不一定要高档。入口应根据实际环境，从整体出发来考虑空间组织与建筑形象，立意要契合风景区的性质与内容。

随着近代建筑的推陈出新，大门设计的造型、空间组织也应体现富有时代感的清新、明快、简约的特点。大门的类型不断丰富，包括山门式、牌坊式、柱式和顶盖式等。这些类型各有各的特点，充分展现了时代精神和地方特色。

1. 利用原山石或模拟自然山石构成入口

用这种巧借地形的方法来构成入口，更顺乎自然、以简胜繁。目前，较大的城市公园内部都被划分为若干风景点。风景点入口多由建筑构成，也有一些入口结合自然山石处理，别具一格，如江西省海木源风景区大门（图 3-11）。

图 3-11 江西省海木源风景区大门

2. 以自然山石结合山亭、廊、台构成入口

将人工和自然糅合，使其布局紧凑，主次有序，能较易收到良好的效果。这种方法既能形成一处体现风景区特色的风景点，又可成为游客休憩、赏景的好去处。

园林入口的处理要有总体观念，既要兼顾局部环境的配合，又要注意同一风景区，特别是同一游览线上各个风景点入口处理的统一性。入口的设计不仅要关注自身的造型和风格，更要注意入口前后的空间序列与组织的相关性，如纳米比亚埃托沙国家公园大门（图 3-12）、荷兰卡茨赫佛尔公园大门（图 3-13）。

3. 利用小品建筑构成入口

利用小品建筑构成入口，多见于历史悠久的风景

图 3-12 纳米比亚埃托沙国家公园大门

（图片来源：徐征泽，2011）

图 3-13 荷兰卡茨赫佛尔公园大门

（图片来源：Catherine Le Nevez，2016）

区。采用山门、牌坊等小品建筑构成入口，与古建筑群相互呼应，自然融为一体。在现代景观园中，常提取传统建筑元素，结合现代设计手法、材料来设计入口，进而烘托景观主题，如大唐芙蓉园历史园的入口(图 3-14)。

图 3-14 大唐芙蓉园历史园的入口

3.2.2 风景区入口的设计技巧

1. 遵循原则

风景区入口设计要根据风景区的性质、规模、地形环境等整体造型的基调，进行综合考虑：①入口大门的体量及入口规格应根据风景区的容量来确定；②入口大门的形式应结合风景区的性质，与风景区整体景观风格相协调；③造型立意要新颖、有个性、忌雷同；④入口大门设计应结合生态要求，使用环保材料。

2. 案例分析

(1)区位关系 樱花陵园(图 3-15、图 3-16)位于中国台湾宜兰。樱花陵园是黄声远及田中央联合建筑师事务所的作品。樱花陵园获得 2010 年台湾建筑佳作奖，提名第二届中国建筑传媒奖。其提名人吴光庭给出的理由是以地景之观念处理公共陵墓园区之规划及设计，不仅对地貌环境保育有所贡献，在建筑空间上也表现出丰富的人文景观及其对人、土地的关怀，形成了独特的地景美学。樱花陵园的入口服务中心和入口桥的场地面积为 13 789.16 m^2，基底面积为 513.35 m^2，总建筑面积为 772.66 m^2，楼层数为 2 层。

图 3-15 中国台湾樱花陵园的入口服务中心

(图片来源：王俊雄，2021)

图 3-16 中国台湾樱花陵园的入口桥

(图片来源：王俊雄，2021)

(2)入口设计特点 樱花陵园的入口桥本来是当地农业局做的山区道路的最后一段，设定是直的。两端道路高程因施工误差不在同一高度，建筑师便设计了一座弯曲的桥，增加长度，既可以化解高差，又可以环抱整个兰阳平原。服务中心主要空间为筒状结构，入口桥是一个因结构需要而隐藏了预力钢索的空间；当沿步道连接服务中心时，其本质可以显露并被检验，使内部的“空”被打开，人们能看见并走入。弧线的形态除因入口桥蜿蜒而来外，也顺应了原始山形的凹凸轮廓。建设时，并没有进行大规模挖填方，而在坡间浅剖一刀，以卸下的土回馈自己的地平线。这样的做法软化了传统的高耸挡土墙，因而感觉不到房子的存在，真正与山的表面共生。

入口外观呼应起伏山线，顺势而行的墙体采用两种不同的表面处理，分别为挡土功能的粗糙机凿面及从内延伸而出的光滑模板面。而服务中心的空间则轻夹其中，筒状的室内集纳成一个长形空间，创造了户外或半户外的空间。随着自坡上深入地下的倾斜，这些环绕空间也不时起伏穿入内部，室内间歇被打开。红砖的大阶梯贯穿其中，阶梯的上层为办公空间，阶梯的下层接续小型展示室。环状步道既带领人流移动，又把有需要的游客引导至感受风与水露的半户外厕所。路径连通上下各处，内外区隔不再是有形的界限，而是伴随不同景致，如生命本质一般，雾气环抱。相对于入口桥有力的逆谷跨越，服务中心的筒状空间顺应等高线，自入口桥尾处扭动而轻展，曲度延续止于一座缓丘，展开的自然广角使游客获得重回大山的感受。

3.3 公园大门

3.3.1 公园大门的功能类型

公园大门的设计要充分体现时代精神与地方特色，造型立意要新颖、有个性，忌雷同。

园门的比例与尺度运用的是否恰当会影响艺术的效果。设计时，它不仅要考虑其自身的需求，还要考量与周围环境的协调，反之亦然。适宜的比例与尺度有助于刻画公园的特性，体现公园的规模。

新材料、新结构、新工艺在现代建筑领域中不断涌现，公园大门的设计、空间组织也应契合时代感，呈现清新、明快、简练、大方的格调。

公园大门形式的选择，首先，必须结合公园的性质和规模；其次，兼顾周边的环境条件。下面是几种较常见的公园大门的立面形式。

1. 山门式

山门式是中国传统的入口建筑的形式之一。中国古代的“门堂”建制不仅在建筑群外围设门，而且在一些主要建筑前均会设门。

山门是古代寺庙在集市或者山脚下所设的第一道门，即寺院的外门或正门。因为寺院大多建筑在山林之间，所以寺院的大门被称为“山门”。具体而言，山门并非传统意义上的“门面”建筑，更类似牌坊，建筑形式相对比较简单。

一般在道观门或寺庙门外设“山门”等建筑标志。这实际是宗教建筑的“福地”“洞天”所属领域。“山门”就是这座建筑群的序幕空间，对游客起着表征和导向的作用。后来也把控制人流的入口建筑称为山门。过去该类入口建筑多为砖石墙身、坡顶，造型敦厚、庄重，如广州中山纪念堂山门（图 3-17）、北京北海公园大门（图 3-18）。现代园林建筑则对山门的做法进行了改进。

2. 牌坊式

牌坊式建筑在我国历史悠久。按其开间、结构和造型来区分，牌坊式一般有门楼式牌坊和冲天柱式牌坊两大类。一般牌坊多为单列柱结构，规模较大的牌坊为了结构的稳定则采用双列柱构架，如广州人民公园后门（图 3-19）。

过去，牌坊和“山门”在功能上相仿，均被作为序列

图 3-17　广州中山纪念堂山门

图 3-18　北京北海公园大门

空间的序幕表征，广泛运用于宗教建筑、纪念建筑等，如南京中山陵牌坊门(图 3-20)。过去在祠堂、官署前也多以牌坊为第一道门，既是空间的分割，又是区别尊卑的标记。在古代城市中被称为牌楼门的牌坊则是坊里大门。传统的牌坊门多采用对称手法，一般造型较疏朗、轻巧。有些牌坊门也设计得较为浑厚。现代公园的牌坊门为便于管理，多采用较通透的铁栅门，设计售票房时置于门内，以免影响牌坊门的传统造型。

图 3-19　广州人民公园后门

图 3-20　南京中山陵牌坊门

3. 阙式

阙式大门由古代石阙演化而来。在现代的阙式大门中，阙门座两侧一般连接园墙，门座中间设置铁栅门。由于门座间没有水平结构构件，其门宽不受限制，售票房可筑在门外或门内，也可利用阙座内部空间作为管理用房。

广州起义烈士陵园的“陵”门(图 3-21)，宽达 30 m，后部宽敞的陵园大道面向“陵”门宽阔的草坪。两个白石阙门座之间建有多组红色铁花门，阙顶为朱红色琉璃瓦，大门两侧连以弧形园墙，砌上红色琉璃通花，阙壁镶嵌刻有题词的红色大理石。这个阙式大门处理得十分壮丽、庄重、肃穆和雄伟，彰显了革命烈士的英雄气概。

图 3-21　广州起义烈士陵园的“陵”门

4. 柱式

柱式大门主要由独立柱和铁门组成。柱式门的比例较细长，有些柱由于其体量较大，利用柱体内部空间用作门卫或检票。一般用在机关单位的柱式大门为对称构图、双柱并列，而在公园中的则为不对称结构。在现代园林中，柱式大门的柱形也发生了变化，经常变化为倾斜式、圆弧式等，如广州中山陵园北门(图 3-22)、南宁人民公园大门(图 3-23)。柱式门和阙式门的共同特点是门座一般独立，其上方没有横向构件。

5. 顶盖式

顶盖式就是在承重构件上方筑有顶盖，顶盖的形式包括平顶、拱顶和板顶等。桂林某公园的后门由值班室和门廊等组成，采用坡屋顶形式。曲折的平面，两坡盖顶，高低起伏前后错落的体型，组合成生动活泼、富有乡土韵味的入口。平顶式的园门易于适应各种复杂的平面，应用范围较广，如桂林某公园盖顶式大门(图 3-24)。

图 3-22　广州中山陵园北门

图 3-23　南宁人民公园大门

图 3-24　桂林某公园盖顶式大门

上述各类大门，如山门式、牌坊式和阙式等传统形式历史悠久、形象优美。近代公园的大门设计因功能、结构、材料和设备等方面均有所发展，不少园门在继承传统的基础上进行了大胆的革新，如将售票房等与园门连成一体。这样设计不但使平面简洁，结构合理、管理方便，且在立面造型上给人一种清闲、简练、亲切的时代感。

随着社会的发展，大门的形式发生了显著变化，出现了仿生形、雕塑形等形式。儿童公园的大门更贴近儿童的心理需求，植物造型的大门受到游客的喜爱，如中华恐龙园大门(图 3-25)、某生态公园仿树形大门(图 3-26)。

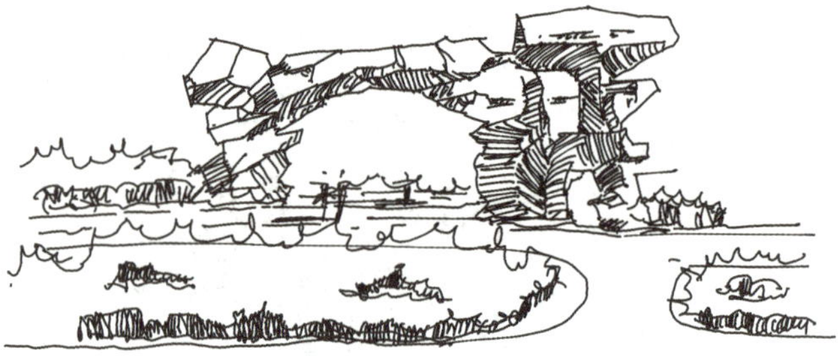

图 3-25　中华恐龙园大门

图 3-26　某生态公园仿树形大门

3.3.2　公园大门的设计技巧

公园出入口的设计原则为如下几项。①满足城市规划和公园功能分区的具体要求。在设置公园的出入口时，充分考量城市的规划要求，合理安排好公园的出入口，入口与城市主干道相连。②方便游客出入公园，在有大量游客的地方要设置次要出入口。③利于城市交通的组织与街景的形成。在进行出入口设计时应充分考虑出入口附近交通的组织以及出入口对街景的影响。④便于公园管理。

1. 公园入口的位置选择

《公园设计规范》(GB 51192—2016)规定，为方便广大游客使用和美化市容，市、区级公园应沿城市主、次路或支路的红线设置。条件不允许时，应设通道解决主要出入口的交通；主要出入口是指游客流量大的出入口，市、区级公园各个方向出入口的游客流量与附近公交车站设站点位置、附近人口密度及城市道路的客流量密切相关，所以公园出入口位置的确定需要考虑这些条件，主要出入口前设置集散广场，是为避免大股游客出入时影响城市道路交通，并确保游客安全。

公园入口的位置选择，首先，要便于游客进园。公园大门是城市与园林交通的咽喉，与城市总体布置关系密切。一般城市公园的主要入口多位于城市主干道一侧。较大的公园还在其他不同位置的道路设置若干个次要入口，方便城市各区群众进园。具体位置要根据公园的规模、环境、道路及客流方向、客流量等因素确定。其次，应考虑公园总体规划，按各景区的布局、游览路线及景点的要求等来确定公园大门的位置。由于公园大门的位置与公园内各种活动安排、人流量疏密及集散、游客对公园内某些景物的兴趣以及各种服务管理等均有密切关联，所以应从公园总体规划着手考虑公园大门的位置。最后，公园大门位置的周边要有方便的交通，应考虑公共汽车路线与站点的位置以及主要人流量的来往方向。

一般大、中型的公园有三类门，即公园主要大门、公园次要门和公园专用门。①公园主要大门：公园主要的、大量的游客出入口，设施齐全，联系城市主要交通路线，是公园主要游览路线的起点。②公园次要门：公园次要的、局部的人流出入口，一般供附近居民区、机关单位的游客就近出入。③公园专用门：因公园管理的需要，货物运输或供公园内特殊活动场地独立开放而设。

2. 公园大门口空间的设计

公园大门空间一般由出入口和内、外广场组成。从物质功能上，它具有人流停留、缓冲及交通集散等作用；从精神需要上，它可作为人们欣赏园林空间美的入口。公园大门空间是一连串园林空间序列的开端，也是游览导向的起点，因此要考虑以下几点。

(1)公园大门空间的形式 公园大门空间是人们由城市街道转入园林的转折点和进入园林空间的过渡，因此要有强烈的空间变化感，形成与原来条形街道空间迥然不同的空间效果，使游客在空间感上有个突变，获得园林空间美的感受。一般可用扩大空间的办法，形成各种形状的出入口广场、庭园等或封闭或开放的空间形式。具体可利用墙面的围合、树木绿化的种植、地形地貌的变化、建筑标志及建筑小品的设置等组成具有美感的空间效果。

公园入口空间应有园林特色，体现一定的园林景观效果，并恰当地结合公园主题与特性。建筑师可通过设置景物并给当地公园以表现主题的布局，进一步加强入口空间的导向作用。常用的有花坛、喷泉、水池、山石、树木、雕塑、亭、廊、花架及装饰小品等，要因地制宜选择应用。

(2)出入口平面类型和宽度要求 出入口虽有大、小之分，但其具体宽度应由功能需要来确定。

公园小出入口主要供人流出入用，一般供1～3股人流通行即可，有时也供自行车、轮椅等出入，公园小出入口的宽度可由自行车和轮椅的宽度确定。

公园大出入口除供大量游客出入外，有时在必要的情况下，还需供车流进出，故应以车流所需宽度为主要依据。公园大出入口一般要考虑出入两股车流并行的宽度，宽为7～8 m。

(3)公园大门入口空间的导向 园林游览需按一定的路线进行，才能充分呈现景观效果，游客能按设计意图循序渐进。空间上进行引导是重要的手法之一。公园大门空间就应有明确的导向性，只有空间引导的方向与公园内景区的布局及景物的设置密切相关，才能吸引游客步入园林风景区。建筑师一般可在空间形状、道路布局及景物设置上加强导向性。

(4)公园大门的性质与类别 ①主题性公园大门。主题性公园大门一般位于城市主干道一侧，在地理位置上特别醒目。主题性公园大门一般采取对称的构图手法，在建筑布局上以中轴对称的布局方式为原则，主体建筑应在中轴的终点或轴线上，在轴线两侧可以适当布置一些配体建筑。例如，荀子文化公园的入口为对称阙式、广州黄花岗公园大门为对称牌坊式等，该类大门具有庄严、肃穆的特点。②游览性公园大门。游览性公园大门多采用非对称手法，以求达到轻松活泼的艺术效果。游览性公园大门除采取非对称手法处理外，也可采用对称手法，但其造型和格调有别于一般的主题性公园大门。③专业性公园大门。从广义而言，专业性公园包括动物园、植物园、儿童公园、盆景园和花圃等。专业性公园大门如能结合公园专业特性，则会更具个性和特色。其手法一般以寓意而非写实为佳。

3. 案例分析

Localarchitecture事务所设计建造了一座预制构

件的木建筑，木建筑作为瑞士西部的 La Garenne 动物公园公共入口。其单层、两面内凹的造型划分出两个毗邻的公共区域：一侧是入口庭园；另一侧是面积稍大的广场。该建筑的特色是其两端上扬、中间下凹的屋顶线，清晰界定出入口(图 3-27)。

Localarchitecture 事务所为 La Garenne 动物园设计的这座建筑有着彩旗般的立面，三角形的木材与玻璃在立面上相互交替。建筑师摒弃直角，从四周不同的视角能看到重复的图案。一进入该建筑，就能看到左侧的餐厅一直延伸到外部的露台，右侧是一个小型的会议室，还配备售票处和商店。板式基础部的露台，部分区域被从屋顶延伸出的屋檐遮蔽。这种建造方法意味着建造无须挖掘，预制构件的使用就确保了相当迅速的现场建造流程。同时，这种方法还能保证在必要时建筑可以轻松拆卸，实现材料循环利用(图 3-28)。木材的使用是森林管理委员会(Forest Stewardship Council，FSC)认证或者等效标准的产品，97%的材料为天然资源。建筑的屋顶上种了植被(图 3-29)，可以提升热性能，并且隔绝噪声。

图 3-27　La Garenne 动物园大门

(图片来源：Wirz Heinz，2017)

图 3-28　上扬的屋顶线

(图片来源：Wirz Heinz，2017)

图 3-29　建筑屋顶上的植被

(图片来源：Wirz Heinz，2017)

3.4　主题性园林建筑

3.4.1　主题性园林建筑的功能类型

在标志性园林建筑体系中，主题性园林建筑作为主景的有机组成部分，是园林中最为突出醒目的建筑之一。它体现了园林的性质、特点、规模大小，且具有一定的地域文化色彩。每一座主题性园林建筑都各具特色，形式丰富多样。根据不同的情况，主题性园林建筑的分类方法也有所不同。

1. 按功能划分

主题性园林建筑按功能关系分类包括两大类，即纯景观功能的主题性园林建筑和兼使用功能及景观功能的主题性园林建筑。

(1)纯景观功能的主题性园林建筑　纯景观功能的主题性园林建筑是指本身没有实用性，纯粹作为观赏与美化环境之用的建筑。这些建筑一般没有使用功能，却有很强的精神功能，可丰富建筑空间，渲染环境气氛，增添空间情趣，陶冶人们的情操，在环境中展现出强烈的观赏性和装饰性，如中国香港九龙公园主题性景观(图 3-30)、中国香港完善公园主题性景观(图 3-31)。

纯景观功能的主题性园林建筑的设计和设置必须关注作品的主题是否与整个环境的内容相一致；造型方法是否符合形式美的原则；文化内涵是否能为环境创造出恰当的文化氛围；作品的风格是否与环境的整体风格相一致。不适当的纯景观功能的主题性园林建筑不但达不到美化环境的效果，而且会破坏整个环境

图 3-30　中国香港九龙公园主题性景观

(图片来源：许焯文，2009)

图 3-31　中国香港完善公园主题性景观

(图片来源：赵心怡，2017)

的精神品位。

(2)兼使用功能及景观功能的主题性园林建筑　兼使用功能及景观功能的主题性园林建筑主要是指具有一定实用性和使用价值的建筑，在使用的过程中还能体现一定的观赏性和装饰作用。它们既是环境设计的重要组成部分，具有一定的实用性，又能起到美化环境、丰富空间的作用，如新加坡滨海湾公园的主题性景观(图 3-32)、湖南省吉首万榕江风景区的桥廊(图 3-33)。

兼使用功能及景观功能的主题性园林建筑是园林体系的标志之一，直接关系到空间环境的质量与游客的体验感，其设计与设置既要服从整体园林环境，符合整体园林的基调和氛围，又要考虑不同文化层次、不同年龄人在使用时的心理、生理、意愿等需求，应符合人性化的要求。

图 3-32　新加坡滨海湾公园主题性景观

(图片来源：Lim Choon Keang，2013)

图 3-33　湖南省吉首万榕江风景区内兼作步行与美术馆一体的桥廊

（图片来源：张永和，2023）

2. 按艺术形式划分

(1)具象主题性园林建筑　具象主题性园林建筑是园林建筑的一种艺术表现形式，具有形象语言清晰、表达意思确切、容易与观赏者沟通等特点，如新加坡圣淘沙公园鱼尾狮(图 3-34)。具象主题性园林建筑既有纯观赏性，又有兼使用功能和景观功能。为方便使用、增强识别性，使用功能的需求应放在首位。具象主题性园林建筑的造型设计基本是写实和再现客观对象。在满足使用要求、保证真实形象的基础上，对具象主题性园林建筑进行恰当的夸张与变形处理，能让建筑形象更具有典型性。

图 3-34　新加坡圣淘沙公园鱼尾狮建筑

（图片来源：Bravo Bessin Marianne，2015）

(2)抽象主题性园林建筑　抽象主题性园林建筑一般是指纯景观功能的主题性园林建筑所采用的艺术表达形式。抽象主题性园林建筑具有强烈的视觉震撼力，易成为视觉中心、几何中心和场地中心，如中国香港梳士公园主题性景观(图 3-35)。抽象主题性园林建筑虽有基本形象，但造型设计更为大胆、独特，多运用点、线、面等抽象符号并加以组合，彻底改变自然中的真实形象。抽象主题性园林建筑无论是其基本构成方式还是其表现形式，都具有强烈的现代意识。由于几何形体、色彩形象都比较突出，抽象主题性园林建筑一般都设置在视觉中心或人们经常停留的地方，起到活跃环境气氛、增强环境情趣和丰富空间的作用。

图 3-35　中国香港梳士公园主题性景观

（图片来源：李怡蓁，2015）

3.4.2　主题性园林建筑的设计技巧

无论是大范围风景区还是小型园林，都有各自的中心，即主题。主题性园林建筑的设计需综合考虑所处园林的性质、规模、地形环境等因素，同时具备一定的艺术美感。

1. 基址选择

主题性园林建筑的位置应优先考虑园林总体规划，按各景区的布局、游览路线及景点的要求等来确定其建筑的位置。由于主题性园林建筑的位置与园内各种活动安排、人流量疏密与集散以及各种服务、管理等均有密切关系，所以应从公园总体规划着手。一般来说，各个园林的园址形状、游客量及主景区位置是确定主题性园林建筑位置时率先考量的因素。

2. 遵循原则

进行主题性园林建筑设计时，外形、符号、图案和色彩都应遵循一定的原则，这是形成最终形象的基本要素与途径。在不同的环境中进行设计时，应遵循两个原则。一方面，根据环境的特色，设计与之风格相统一的建筑。在建筑的设计过程中，应充分考虑整体景观设计的风格理念，分析设计中自然环境与历史文脉对建筑的影响，在统一的设计风格中寻求变化，使其产生独具魅力的文化个性。另一方面，拟定故事情节。设计与故事情节所处年代及背景相吻合的主题性园林建筑。在某些历史风景名胜区和主题游园中，当地的历史传统或风土人情往往蕴含大量特殊且有意义的故事，将这些耳熟能详的故事情节转化为平面化的设计语言，贯穿整体建筑的设计。置身其中，历史与现实的交错往往会产生意想不到的效果。

3. 布局设计

在进行主题性园林建筑的设计与布局时，应注意以下几个方面。

(1)繁简得当 建筑的设置要以层次清晰、醒目明确和少而精为准则。主题性园林建筑一般采取集中布局，避免铺陈繁杂。主题性园林建筑的造型应强调整体统一，在统一的前提下求变化，建筑细部与周边环境设施，如园椅、栏杆、园墙等，应力求统一，给游客提供整体和谐的体验。

(2)造型优美，协调统一 艺术化、多样化的主题性园林建筑是环境的点睛之笔。在园林中，它通常起到统领风景的作用，成为观赏对象或景观场所。主题性园林建筑的设计应简洁大方、色彩鲜明，创造简明易懂的视觉效果，充分发挥标志性的作用。

(3)交通空间组织 主题性园林建筑物通常作为重点布置在整个园林的中心节点或尽端处，控制整个园林的节奏。在交通空间组织中，应充分利用借景、对景等处理，既能引导流线，又能丰富园林景观的层次。在地形起伏较大的园林中，还要考虑俯瞰、仰视等多维的观景效果。主题性园林建筑一般在园林的交通流线处理中力求曲折变化，参差错落，以追求空间流动、虚实穿插、相互渗透，并通过空间的划分，形成大小空间的对比，增加层次感和扩大空间感。运用空间的“围”与“透”，达到内外、远近空间的融合。如苏州虎丘，沿游览山道西侧建有拥翠山庄、台地小园路，路的尽端有一片开阔的岩石台地；北部有陡峭的峡谷、山涧、剑池，山坡上下，依势建石亭、粉墙及其他游赏建筑物，山巅处耸立着八角七级的云岩寺塔作为结束，造型雄浑古朴、形象突出，成为重点和高潮所在。

4. 案例分析

(1)区位关系 香港回归纪念塔(图 3-36)位于大埔海滨公园内，是庆祝 1997 年香港回归中国而兴建的大型建筑地标。于 1997 年与大埔海滨公园同步开放，以纪念香港政权移交。香港回归纪念塔建塔的位置就是英国在接管新界时首次登陆的位置。香港回归后，特建香港回归纪念塔，铭记历史、激励未来。

图 3-36 香港回归纪念塔

(图片来源：许廷锋，2010)

(2)设计特点 香港回归纪念塔在平面布局上位于大埔海滨公园圆形广场的中心，景观绿化、人行铺装路皆呈放射状向四周发散，视觉冲击力强，借动态艺术气息提升游客赏景的情趣。香港回归纪念塔塔高32.4 m，塔下附有碑记说明兴建意义。基址依山面海，整个塔身呈海螺状，依托于中部矗立的塔柱，观景步道绕柱盘旋而上，直至塔顶眺望平台。整体造型与布局充分展现了其作为标志性园林建筑的特点(图3-37)。

图3-37 香港回归纪念塔鸟瞰图

(图片来源：许廷锋，2010)

习题

1. 简述标志性园林建筑的概念。
2. 简述标志性园林建筑的分类与作用。
3. 标志性园林建筑的设计思路有哪些？
4. 风景区入口有哪些类型？
5. 公园大门的功能类型及设计技巧有哪些？
6. 公园大门有哪些类别？
7. 主题性园林建筑特点是什么？
8. 主题性园林建筑如何分类？
9. 主题性园林建筑设计原则有哪些？

第4章 休憩类园林建筑

【学习目标】

1. 了解休憩类园林建筑的主要特征；
2. 理解休憩类园林建筑功能类型；
3. 掌握休憩类园林建筑的主要类型、形态特征。

【学习重点】

1. 亭、榭、舫、廊的选址布局因素与方法；
2. 休憩类园林建筑与园林环境的关系；
3. 休憩类园林建筑的形态设计方法。

4.1 休憩类园林建筑的功能与类型特征

4.1.1 休憩类园林建筑的功能

休憩类园林建筑是指在游览和欣赏园林的过程中，供人们驻足欣赏、休息的小型建筑。休憩类园林建筑包括亭、榭、舫、廊等。相对于实用性建筑而言，休憩类园林建筑在功能上除观景和休憩外，基本不承担其他的具体功能，建筑体量小巧、空间开敞、布局灵活、姿态万千，又常与园林中的山水、花木相结合，成为园林的重要景点。休憩类园林建筑在物质方面和精神方面的功能归纳起来主要有下列五点。

①满足人们休憩和文化娱乐生活的需求，艺术性要求高，具有较高的观赏价值，富于诗情画意。

②由于休憩类园林建筑受休憩、游乐等生活多样性的影响，且具有较强的观赏性，其在设计方面具有很大的灵活性。一座供游客观赏景色，短暂休息、停留的园林建筑物在设计上受到的制约较小。在面积大小和建筑形式的选择上，休憩类园林建筑或亭或廊，或圆或方，或高或低。在设计时，应充分考虑其灵活多样的形态特征给园林环境带来的影响。

③休憩类园林建筑所提供的空间要符合游客在动中观景的需要，务求景色富于变化，做到步移景异，并可在有限的空间中产生变幻莫测的感觉。因此，推敲休憩类园林建筑的空间序列、组织观赏路线比其他类型的建筑更加重要。

④出于对自然景色固有美的向往，无论在风景区，还是在市区内造园，都应使建筑达到增添景色，与园林环境相协调的目的。

⑤组织休憩类园林建筑空间的物质手段，除建筑营建设计师外，筑山、理水、植物配置也极为重要。它们之间并非彼此孤立，应该紧密配合构成一定的景观效果。在我国传统造园技艺中，为创造富于艺术意境的空间环境，尤其要重视因借大自然中的各类具有动态效果的组景元素。休憩类园林建筑空间在花、木、水、石的点缀下，再结合水声、风啸、鸟语、花香等动态组景因素，常可产生奇妙的艺术效果。

4.1.2 休憩类园林建筑的类型

休憩类园林建筑类型丰富，主要有亭、榭、舫和廊等。亭是休憩类园林建筑的主要类型。在我国园林中，亭的运用最早可追溯至史料记载的南朝和隋唐。从敦煌莫高窟唐代修建的洞窟壁画中，我们可以看到那时亭的形式已相当丰富，有四方亭、六角亭、八角亭、圆亭；有攒尖顶、歇山顶、重檐顶；有独立式的，也有与廊结合的。此外，在西安碑林现存的宋代摹刻的《唐兴庆宫图》中，沉香亭就是面阔三间的重檐攒尖顶方亭。这些资料都说明唐代的亭基本与沿袭至明清时期的亭相同。在唐代园林及游宴，场所中，亭是使用很普遍的一种建筑，在官僚士大夫的邸宅、衙署中，筑亭甚多。明清以后还在陵墓、庙宇、祠堂等处设亭。此外，还有路亭、井亭、碑亭等，现存实物很多。园林中的亭在造型、形制、使用等各方面都比以往有了较大发展。目前，在古典园林中，看到的大多数亭都是明清时期的遗物。《园冶》还辟有专门的篇幅论述亭的形式、构造及选址等。

在园林建筑中，榭与舫、亭与轩等属于性质比较接近的建筑类型。它们的共同特点是除满足人们休息、游赏的一般功能要求外，主要用于观景与点景，是园内景色的"点缀"品，从属于自然空间环境。虽然它们不作为园林内的主体建筑物，但丰富了园林景观和游览内容。其在建筑的风格上也多以轻快、自然为基调，并与周围环境和谐共生、紧密配合。它们的不同点是榭与舫多属于临水建筑，在选址、平面及体形的设计上都需要特别注重与水面和池岸相协调。

在南方的园林中，水边常建水榭以观水景。由于在私家园林中，水池面积一般较小，水榭的尺寸也不大，形体应与水面相协调，以水平线条为主。建筑物的一半或全部沉入水中，下部以石梁柱结构支承或用湖石砌筑，让水深入石梁底部。临水的一侧开敞，或设栏杆，或设鹅颈靠椅。屋顶多为歇山回顶式，四角起翘轻盈纤细。建筑装饰比较精致、简洁。苏州拙政园的"芙蓉榭"、藕园的"山水间"、网师园的"濯缨水阁"、上海南翔古猗园的"浮筠阁"等都是一些比较典型的实例。

舫是参照船的造型在园林的湖泊中建造的一种船形建筑物，可供游玩宴饮、观赏水景，身临其中有乘船荡漾于水上的感受。舫的前半部多三面临水，船首一侧常设平桥，与岸相连，仿跳板之意。通常舫的下部船体用石材建造，上部船舱多为木质结构。虽然像船，但不能动，舫也被称为"不系舟"。

4.1.3 休憩类园林建筑的特征

休憩类园林建筑广泛出现在我国传统园林和现代园林中。它们或伫立于山岗之上，或依附在建筑之旁，或坐落在水池之畔，以玲珑美丽、丰富多彩的形象与园林中的其他建筑、山水、绿化等相结合，共同构成一幅幅生动的画面。这些亭、榭、舫、廊均是为满足人们"观景"与"点景"的需求而选用的建筑类型。休憩类园林建筑的主要特点有以下几点。

1. 在造型上

休憩类园林建筑一般小而集中，具备相对独立且完整的建筑形态。建筑的立面可划分为屋顶、柱身和台基三个部分。柱身部分比较空灵；屋顶形式变化丰富；台基随环境而异。它的立面造型的比例关系比其他建筑能更自由地按设计者的意图来确定。因此，从各个角度看，休憩类园林建筑都显得独立完整、玲珑而轻巧，很适合园林布局的需求。

2. 在构造上

休憩类园林建筑的结构与构造大多比较简单，施工也比较方便。通常传统的砌筑以木构瓦顶为主，体量不大，用料较小，建造方便。现在休憩类园林建筑多用钢筋混凝土结构，也有用预制构件及竹、石等地方性材料。现代园林景观还多用不锈钢、耐候钢等作为构筑材料，在增强了其耐久性的同时，又赋予了建筑现代气息。

3. 在功能上

休憩类园林建筑主要是用于解决人们在游赏活动的过程中，驻足休息、纳凉避雨、纵目眺望的需求，对使用功能没有严格的要求。休憩类园林建筑与主体建筑的联系较弱。因此，从园林建筑的空间构图出发，自由安排，最大限度地发挥其园林艺术特色。

4.2 休憩类园林建筑的设计要点

4.2.1 选址与布局

1. 休憩性园林建筑选址的因素

休憩类园林建筑是创造与大自然相协调并具有某种典型景观的空间载体。如果休憩类园林建筑选址不当，不但不利于艺术意境的创造，而且会降低观赏价值，削弱景观的效果。影响该类建筑选址的因素除所在的园林环境、设计者的立意外，还与园林构图形式、景观组织、自然地理因素等有很大的关系。

以亭为例，历代名园中的亭，如圆亭、方亭、六角形亭、八角形亭、半壁亭、双环亭、单檐亭和重檐亭等，大小不同、形状各异，不可胜数，而真正留下深刻印象成为名亭的，除亭本身造型外，更加重要的是选址恰当。长沙岳麓山山腰的爱晚亭（图 4-1）处于进入陡峭山区的前哨，是登山的必经之地。爱晚亭建立在一小块较平坦的高地上，从山下仰视高峻清雅，在亭内往外眺望莽莽苍苍，山路、小桥、池塘蜿蜒曲折于茂林中更富幽趣。同样，承德避暑山庄内的“南山积雪”“四面云山”“锤峰落照”等。虽然只是一座造型简单的矩形亭，但是由于其建造在山巅、山脊的高处，亭的立体轮廓十分突出，登亭远野极其辽阔。随着时节晨昏的变化，游客可以在亭中细细玩味积雪、云山、落照、锤峰等优美景色。“相地合宜，构园得体”是进行休憩类园林建筑空间布局的一项重要准则。在一些城市公园中，若没有现成的风景可供利用或虽然有山林、水泊等造园条件，但是景色平淡，还需要考验建筑师的想象力，对其进行改造以提升园址的品质。

图 4-1 长沙岳麓山山腰的爱晚亭

传统造园大体可分为自然式园林和规则式园林两种。自然式园林又称山水式园林、风景式园林或不规则式园林。其特点与规则式园林不同，主要模仿自然景观、景物、景点，多以自然形态为主，一般无明显的中轴线，主体不一定是建筑，主体两侧也不要求对称。我国古典园林多为自然式园林。从环境和用地来看，自然式造园多强调自然的野致和变化，在布局中几乎是离不开山石、池沼、林木、花卉、鸟兽、虫鱼等来自山林、湖泊的自然景物。因此，自然式园林的选址最好是山林、湖沼、平原三者兼备。承德避暑山庄、北京颐和园所选园址都是如此。山林地势有曲有伸，有高有低，有隐有显，自然空间层次较多，只要因势铺排，便可使空间有所变化。傍山的建筑借地势起伏错落来组景，借山林为衬托，所成画面多为天然风致。清乾隆帝在《御制避暑山庄三十六景诗・序》中所提“而半窗半轩，领略各异”道出了在山林地造园的优点。同样，在湖沼地造园中，临水建筑若被波光倒影衬托，视野相对会显得平远辽阔，画面层次也会有丰富动态的观景效果。

规则式园林人工气息浓厚，多采用对称平面布局，一般建在平原上和坡地上，园中道路、广场、花坛、水池、喷泉、雕像等按几何图案布置，林木排列成行，甚至树形轮廓也按几何图形修整。园林风格多追求豪华和气魄，这种规则式园林的设计手法现在多用于城市广场、街心花园等地方。

规则对称的空间布局在我国古代自然式园林中的某些景区也会使用，植物、山石的配置则完全采用天然形态。从构图技法上，规则和自然是相对的，采用何种形式取决于功能和造景的要求。从环境和用地来看，平原地区较适合规则式的园林布置。

历来我国在传统上造园喜爱山水，在没有自然山水的地方，多采取挖湖堆山的办法改造环境，使园内具备山林、湖沼和平原三种不同的地形或地貌。北京北海公园的塔山，苏州拙政园、留园、怡园的水池假山都采取这种造园手法来提升园址的造景效果。

园林建筑相地和组景意境与匠心是分不开的，峰、峦、丘、壑、岭、崖、壁、嶂，山形各异；湖、池、溪、涧、瀑布、喷泉，水局繁多；松、竹、梅、兰，植物品种、形态更是千变万化。在造园组景时，建筑师需要结合环境条件，因地制宜地综合考虑建筑与堆山、引水、植物相配置等问题，既要凸显各种自然景物的特色，又要做到宜亭则亭，宜榭则榭，恰到好处。如人工模拟天然的山形、水势，则务必做到神似逼真、提炼精辟，切忌粗制滥造、庸俗虚假。

休憩类园林建筑选址在环境条件上也要注意细微因素，即一切饶有趣味的自然景物，一树、一石、清泉、溪涧以及古迹、传闻，对选址均十分有用。以借景、对景等手法把它们纳入画面或专门为之布置富有艺术性的环境，供游客观赏，如苏州虎丘剑池中的可中亭。建筑师在洞穴深处设石桌凳供游客憩息纳凉，在左侧山崖石壁交会处架筑洞门、梯级，使景区空间分隔明确；游客步入亭内，顿觉清凉不已。可中亭的成功就在于选址极妙。可中亭（图 4-2）的规模和造型受地形条件的限制，是一座体量不大，造型古朴石亭。亭内空间十分局促，只能设置一张小石桌与两个石凳供游客对弈。因亭建在奇山怪石之间，游客需要攀岩才能抵达，增添了游览的趣味性。

图 4-2　苏州虎丘剑池中的可中亭

相对于其他地理因素而言，在进行休憩类园林建筑选址时，应考虑土壤、水质、风向和方位等因素。这些因素对绿化质量和建筑布局均有影响，如向阳的地段。阳光阴影的作用有助于加强建筑立面的表现力，即含碱量过大的土质不利于花木生长；华北地区，冬季西北寒风凛冽，建筑入口的朝向忌取西北方向等。

2. 休憩类园林建筑选址的类型

休憩类园林建筑经常选择的有以下几种地形环境。

(1)选址于山上　将亭、廊等休憩类园林建筑选址于山上，特别是山顶，能获得宜于远眺的空间环境。在山顶、山脊上，眺望的范围大、方向多，可为游客提供欣赏和休息的环境。在山上建设休憩类园林建筑不仅丰富了山的立体轮廓，实现建筑与山体的融合，还为人们观望山景创造了合宜的视角。

我国著名的风景游览地常常在山上最好的观景点处设亭。各代名人经常根据亭的位置及观赏的风景特色而吟诗题字，使亭的名称与周围的风景联系得更紧密，在实景的观赏与虚景的联想之间架起了桥梁。例如，桂林的叠彩山是鸟瞰整个桂林风景的最佳观景点。从山脚到山顶，不同高度分布着三个形状各异的亭，最下面的亭是叠采亭，游客在此拉开观景的序幕，亭中悬挂“叠彩山”的匾额点明主题。亭侧的崖壁上刻有名人的题字“江山会景处”，让人一望便知，这就是风景荟萃的地方。行至半山，望江亭，青罗带似的漓江就在山脚下盘旋而过。登上明月峰绝顶，“拏云亭”“明月”“拏云”的称呼不仅让人想见其高，且站在亭中，极目千里，真有“天外奇峰挑玉笋”“如为碧玉水青罗”之胜，整个桂林的城市面貌及玉笋峰、象鼻山、穿山的美景尽收眼底。

北方地区的皇家园林也不乏在山上建亭来取胜的优秀案例。承德避暑山庄是康熙为消夏选中的兼具山区、平原与水面的地段。建园初期，建造者决定在最接近平原和水面的西北部山峰建造“北枕双峰”“南山积雪”“锤峰落照”三座亭，随着山区园林建筑的发展，又在山庄西北部的山峰制高点建造了“四面云山”亭。这样就大致在空间的范围内把全园的景物控制在一个立体交叉的视线网络中，把平原风景区与山区建筑群在空间上关联起来。乾隆年间，在山庄最北部的山峰最高处建造了古俱亭，其目的在于俯视北宫墙外狮子沟的北山坡上建起的罗汉堂、广安寺、殊象寺、普陀宗乘庙和须弥福寿庙等，与古俱亭等建筑群在空间上呼应，这五个亭子就成为控制整个景区天际轮廓线和空间联系的点睛之笔。

(2)选址于水边　在我国园林中，水是重要的构成因素。山石、建筑相对静止，水却灵动，在各种光影的作用下，水随光线的变化不断变化着色调，水的透明性还能产生各种倒影。这种“静”与“动”的对比增加了园林景物的层次和变幻效果。水是构成丰富多变的风景画面的重要因素，同时，清澈、坦荡的水面能给人以明朗、宁静的感觉。在水边设亭、榭、舫等休憩类园林建筑，不仅为观赏水面景色提供了空间，还可丰富水景效果。

在水边建造休憩类园林建筑一般都尽量贴近水面，宜低不宜高，让建筑三面或四面环水。如扬州瘦西湖中的吹台是个攒尖顶的四方亭，亭子三面临水，一面由长堤引入水中，行至亭子的入口处，可见亭子洞门中的五亭桥及白塔正好嵌入其中，宛如两幅天然图画(图4-3)。

此外，还有一种深入水中或完全驾临于水面之上的亭、榭，它们常独立于岛、半岛或水中石台，以堤、桥与岸相连，如颐和园的知春亭、苏州西园的湖心亭、绍兴剑湖的鹤亭、武汉东湖的湖心亭和上海城隍庙的湖心亭等。完全临水的休憩类园林建筑应尽可能贴近水面。为营造漂浮水面的视觉效果，建筑师还应尽可能地把亭下部的柱墩缩到挑出的底板边缘的后面，并在亭边的沿岸和水中散置叠石，以增添自然情趣。如苏州拙政园中的塔影亭(图 4-4)就架在湖石柱墩之上，

图 4-3　扬州瘦西湖中的四方亭和五亭桥

图 4-4　苏州拙政园中的塔影亭

石板桥与岸相连，虽然前后水面小，但是已具水亭的韵味，成为拙政园西部水湾的生动结尾。

在水边设置休憩类园林建筑，体量的大小应由其所面对的水面的大小而定。如苏州各园林临池的亭，其体量一般不大。有些亭是由曲廊变化而成的半亭，这种亭适合较小的空间和水面。而位于开阔湖面的亭的尺度一般较大，有时为强化一定的气势，满足园林规划的需求，建筑师会把几个亭组织起来，成为一个亭子组群，层次丰富、体型多变。例如，北京北海公园中的五龙亭、承德避暑山庄中的水心榭、扬州瘦西湖中的五亭桥和广东肇庆星湖公园中的湖心五亭等。它们都成为公园中的著名风景点，突出于水中，桥与岸相连，在园林中处于构图中心的位置，从各个角度都能看到其生动丰富的形象。拙政园中的芙蓉榭（图 4-5）立面开敞，三面廊柱间均上设挂落，下砌半墙，墙上为砖砌坐槛与吴王靠，游客凭坐于此，是雨中观景极佳之处。

(3)选址于平地　如果没有山水环境的映衬，一些休憩类园林建筑的设置通常与交通重要节点相联系，作为标志或节点处空间的放大，设在桥头、桥上、廊端、路口、入口等处。如颐和园中的廓如亭（图 4-6）就立于十七孔桥东端，重檐歇山、体量较大，与十七孔桥相匹配，很好地起着提示作用。又如，颐和园西堤的柳桥、练桥都是在桥中设亭，亭体量小巧、造型别致，锦上添花。还有一些亭、廊通常位于道路的交叉口或路侧的林荫之间，有时为一片花圃、草坪、湖所围绕或位于厅、堂等主体建筑旁，供户外活动之用。有的自然景区进入主要景区前会在路边建设亭、廊和花架等作为一种标志和点缀。亭的造型、材料、色彩均应结合其所处的具体环境，统筹进行综合考量。

图 4-5　拙政园中的芙蓉榭

图 4-6　颐和园中的廓如亭

另有一些园林建筑并未安置在显要的位置，而是位于主景区的边角区域或处于一些独立的小院落，为花木、山石所环绕，营造出私密幽静的空间氛围。拙政园中的嘉实亭（图 4-7）位于中部景区的西南角，与院墙、廊共同围合成私密小空间，环境清幽；拙政园小沧浪后院在水院中设亭，凭栏观水，别有一番风味。此外，还有些亭设在墙拐角处或围廊的转折处，以此活跃易于刻板的转角。尤其是大多江南庭园建在城市平地的人工造园中，空间范围有限，视域与视距较小，亭的布置应讲究互相的对位关系。江南古典园林中的亭常建在主厅对面的假山之上，与主厅形成对景。借助对景、借景、框景等设计手法，在咫尺园林中创造多层次的风景画面，进而达到“小中见大”的效果。

图 4-7　拙政园中的嘉实亭

3. 建筑布局

布局是休憩类园林建筑设计方法和技巧的核心问题。即便有好的组景立意、地址和环境条件，但布局零乱、不合章法，则该建筑就不可能成为佳作。休憩类园林建筑的艺术布局内容广泛，涉及总体规划以及局部建筑处理等多个方面。休憩类园林建筑空间组合形式常见的有以下几种。

(1)由独立的建筑和环境结合的开放空间　这种空间组合形式多用于某些点景的亭、榭或单体式平面布局的建筑。点景，即用建筑来点缀风景，让自然风景更加生动别致。这种空间组合的特点是以自然景物衬托建筑。建筑是空间的主体，所以它对建筑自身的造型要求较高。建筑可以是对称的布局，也可以是非对称的布局，视环境条件而定。例如，在颐和园中，分割昆明湖的长堤桥亭以绰约的风姿矗立于拱桥之上，既为游客提供了赏景、休憩的空间场所，又为烟波浩渺的昆明湖增添了无穷的景致（图 4-8）。古代西方园林建筑空间组合最常用的是对称开放式的空间布局，即以房屋、宫殿、府邸为主体，用树丛、花坛、喷泉、雕像、规则广场、道路等陪衬和烘托建筑。

(2)由建筑群自由组合的开放空间　这种空间组合与前一种组合形式在视觉上的开放程度基本相同，但前者一般规模较大，建筑组群与园林空间之间可形成

图 4-8　颐和园桥亭与昆明湖的开放空间

多种分隔和穿插。由建筑群自由组合的开放空间在古代多见于规模较大、采取分区组景的帝王苑囿和名胜风景区，如北京北海公园的五龙亭，承德避暑山庄的水心榭、三潭印月，成都望江楼公园中的望江楼（图4-9）等，其布局多采用这种空间组合形式。由建筑组群自由组合的开放空间多采用分散式布局，并用桥、廊、道路、铺面等连接各个建筑物，但不围成封闭性的院落，空间围合可就地形高下，随势转折。此外，建筑物之间有一定的轴线关系，能彼此顾盼、互为衬托，有主有从。

图4-9 成都望江楼公园中的望江楼

(3)由建筑围合而成的庭园空间 这是中国古代休憩类园林建筑普遍采用的一种空间组合形式。庭园可大可小，围合庭园的建筑数量、面积、层数均可伸缩，布局可以是单一庭园，也可以由几个大小不等的庭园相互衬托、穿插、渗透，形成统一的空间。这种空间组合有众多的房间可以用来满足多种功能的需求。

从景观方面来说，庭园空间在视觉上具有内聚倾向。在一般情况下，庭园设计不是突出某个建筑，而是借助建筑和山水、花木的配合来突出整个庭园空间的艺术意境，通过观鱼、赏花、玩石等来激发游客的情趣。有时庭园中的自然景物，如山石、池沼、树丛、花卉等反而会成为空间的主体和人们的兴趣中心。由建筑围合而成的庭园在传统设计中大多由厅、堂、轩、馆、亭、榭、楼阁等单体建筑，通过廊、院墙连接围合而成。在庭园内，或设置池沼，或堆砌假山，或铺设草坪、种植花卉树丛，或数者兼而有之，相互配景。对于由建筑围合的庭园空间而言，一方面要让单体建筑配置得体、主从分明、重点突出，在体形、体量、方向上应有区别和变化，位置上能彼此呼应顾盼，但距离避免均等；另一方面要善于运用空间联系手段，如廊、桥、汀步、院墙、道路、铺面等。

从抽象构图方面来说，厅、堂、亭、榭等建筑空间可视作点，廊桥、汀步、院墙、道路等联系空间可视作线。点、线结合为面，点、线、面结合为体。处理好点、线关系，能让构图既富于变化，又和谐统一。

(4)混合式空间 由于功能或组景的需要，有时可把以上几种空间组合的形式相结合，这种空间组合方式称混合式空间。如颐和园中的云松巢（图4-10）依山势高低而起伏，建筑主体为西侧庭园，庭园东侧用廊把亭和另一个单体建筑连接成统一的建筑群。承德避暑山庄中的烟雨楼（图4-11）建筑群建在青莲岛上，主轴线上为一座长方形庭园，东翼配置八角亭，四角亭和三开间东西向的硬山式小室各一座，三个单体建筑物彼此靠近，形成一体；西翼紧接主庭园为一个小院，并于岛南端叠山，山顶建一座六角形翼亭，这样的建筑群让整体构图更为平衡和完美。

图4-10 颐和园中的云松巢

图4-11 承德避暑山庄中的烟雨楼

这几种空间组合一般属于园林建筑规模较小的布局形式。规模较大的园林既需要从总体上根据功能、地形条件，把统一的空间划分成若干各具特色的风景区或风景点来处理，又能在构图布局上互相因借，巧妙联系，有主从和重点，有节奏和韵律，进而取得和谐统一。古典皇家园林，如圆明园、避暑山庄、北海公园和颐和园、古典庭园，苏州拙政园和留园等，均为采用统一构图、分区组景布局的经典范例。

4.2.2 尺度与质感

1. 尺度与比例

1）尺度

尺度在休憩类园林建筑中是指建筑空间各个组成部分与具有一定自然尺度的物体的比较，这是设计中不可忽视的重要因素。功能、审美和环境特点是决定建筑尺度的依据。正确的尺度应该与功能、审美要求相一致，并与环境相协调。休憩类园林建筑是供人们休憩、游乐、赏景的所在。空间环境的内容一般应该具有轻松活泼、富于情趣的艺术气氛，其尺度必须亲切宜人。

在设计休憩类园林建筑的尺度时，要仔细推敲门、窗、墙身、栏杆、踏步和柱廊等的尺寸及其相互关系，确保符合人体尺度和人们习见的尺寸，给人们以亲切的感受。在休憩类园林建筑的空间环境中，除房屋外，还有山石、池沼、树木、雕像等。研究园林建筑的尺度，不仅要推敲房屋和景物本身的尺度，还要考虑它们之间的尺度关系。这类建筑适合于室内小空间景物的尺度，不能应用于庭园中的大空间。浩瀚的湖泊和狭小的池沼、高大的乔木和低矮的灌木丛、小巧玲珑的曲桥和平直宽阔的石拱桥在尺度效果上完全不同。

休憩类园林建筑空间尺度是否正确，很难有绝对的标准，因为不同的艺术意境有不同的尺度感。要取得理想的亲切尺度，一般除适当地缩小房屋构件的尺寸，使房屋与山石，树木等景物配合协调外，室外空间大小也要处理得当，不宜过分空旷或闭塞。例如，中国古典园林中的游廊多采用小尺度的做法。廊的宽度一般为 1.5 m 左右，高度伸手可及横楣，坐凳栏杆低矮，游客步入其中倍感亲切。在建筑庭园中，还常借助小尺度的游廊突出较大尺度的厅、堂等主体建筑，通过这样的尺度处理可获得更为生动活泼的效果。此外，还可以把房屋上的某些构件，如柱子、屋面、基座、踏步等直接用自然的山石、树枝、树皮等来替代，使房屋和自然景物相互交融。苏州拙政园中的见山楼（图 4-12）为了符合园林环境的尺度要求，楼的体量较小，楼上檐高仅为 2.6 m，三面外廊均设美人靠，便于凭台远眺。楼梯设在假山上，跨阁道到达二楼，既节省了室内面积，又使房屋和自然景物融为一体。

控制园林建筑室外的空间尺度可避免空间过分空旷或闭塞而削弱景观效果，此时，要注意这些视觉规律：一般情况下，在各主要视点赏景的控制视锥为 60°～90°或视角比值 $H:D$ 为 1：(1～3)（H 为景观对象的高度，其在园林建筑中，不只是房屋的高度，还包括构成画面中的树木、山丘等配景的高度；D 为视点与景观对象的距离）。在庭园空间中，如果各个主要视点景观的视角比值都大于 1：1，则会在心理上产生紧迫和闭塞的感觉；如果都小于 1：3，这样的空间又会产生散漫和空旷的感觉。一些优秀的古典庭园，如苏州的网师园，北京颐和园中的谐趣园、北海的画舫斋等的庭园空间尺度基本上都是符合这些视觉规律。故宫的乾隆花园以堆山为主的两个庭园，四周被大体量的建筑所环绕，在小面积的庭园中堆砌的假山过满过高，致使处于庭园下方的观景视角偏大，给人们以闭塞的感觉。当人们登上假山赏景时，由于景观视角的改变，不仅觉得亭的尺度适宜，而且整个上部庭园的空间尺度也显得亲切，不再有紧迫、压抑的感觉。

2）比例

园林建筑设计与研究空间尺度同时，另一项重要内容是推敲建筑比例。比例是各个部分在尺度上的相互关系及其与整体的关系。尺度和比例紧密关联，都涉及处理空间各部位的尺寸关系。好的设计应该做到比例良好、尺度正确。休憩类园林建筑在推敲比例时，与其他类型的建筑有所不同。一般建筑类型通常只需推敲房屋本身内部空间和外部体型从整体到局部的比例关系；而园林建筑除房屋本身的比例外，园林环境中的水、树、石等各种景物因需人工处理，也存在需要推敲其形状、比例等问题。不仅如此，为了整体环境的协调，还特别需要重点推敲房屋与水、树、石等景物的比例关系。

休憩类园林建筑很难采用数学比率或模数度量等方法归纳一定的建筑比例规律，只能从其功能、结构特点和传统园林建筑的审美习惯去认识和继承。在我国江南一带，古典园林建筑造型轻盈清秀，木构架用材纤

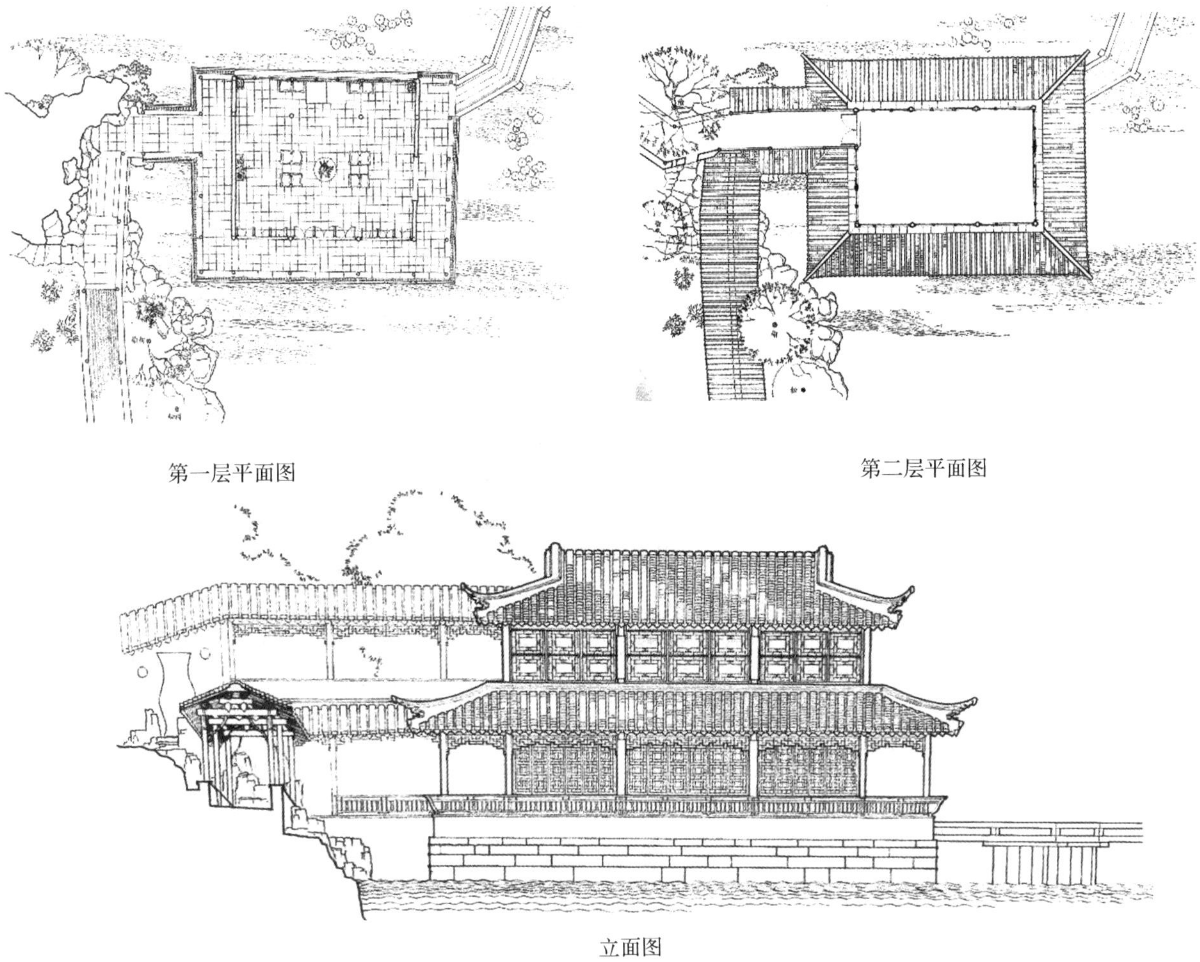

图 4-12　苏州拙政园中的见山楼

（图片来源：潘谷西，2001）

细，屋顶轻薄，屋角高翘，门窗栏杆纤细，这是因为建筑师在细部处理上采用了尺度较小的比例。与之相对，粗大的木构架用材、较粗壮的柱子、厚重的屋顶、低缓的屋角起翘和较粗实的门窗栏杆细部纹样等采用了尺度较大的比例，从而构成了北方皇家古典园林浑厚端庄的造型式样与豪华的气势。现代园林建筑在材料结构上已有显著发展，以钢、钢筋混凝土、砖石结构为骨架的建筑物的可塑性很强，除非特殊情况，不必抄袭和模仿古代的建筑比例和式样，而应进行新的创造，展现现代园林建筑的性格特征。

园林建筑环境中的水形、树姿、石态优美与否与它们本身的造型比例以及与建筑物的组合关系紧密相关。水本无形，或池或溪，或涌泉或飞瀑，因地势而别；树则有形，树种繁多，或高直或低平，或粗壮对称或袅娜斜探，姿态万千；山石亦然，或峰或峦，或峭壁或石矾，形态各异。这些景物虽属天然，但在人工园林建筑环境中，其形态比例的确定取决于与建筑物的配合需求。在自然风景区，情形相反，是以建筑物配合山水、树石为前提。例如，强调端庄气氛的厅堂建筑宜取方整规则比例的水池组成水院；强调轻松活泼气氛的庭园宜曲折组织池岸，也可模仿曲溪清泉，但都需要在高低、大小、位置上与建筑物相配合、协调。树石设置，或孤植、群栽或散布、堆叠，都应根据建筑画面构图的需要，认真推敲其造型和比例。

2. 色彩与质感

色彩与质感的处理与园林空间的艺术感染力有密切关系。形、声、色、香是园林建筑艺术意境的重要组成部分，其中形与色的影响范围更广、作用更大。在园林建筑空间中，建筑物、山石、池水、花木等都以形和色打动人。园林建筑风格的主要特征也大多表现在形和色两个方面。中国传统园林建筑以木结构为主，南方传统园林建筑体态轻盈、色泽淡雅；北方传统园林建筑则造型浑厚、色泽华丽。现代园林建筑采用玻璃、钢材等各种新型建筑装饰材料，造型简洁、色泽明快，使建筑的色彩发生了重大变化，展现出全新的建筑风格。

休憩类园林建筑中的色彩、质感不仅涉及房屋的各种材料性质，还包括山石、水、树等自然景物。色彩有冷暖、浓淡之分，色的感情和联想及象征的作用能给人以各种不同的感受。质感体现在景物外形的纹理和质地两个方面。纹理有直曲、宽窄、深浅之分，质地有粗细、刚柔、隐显之别。虽然质感不像色彩那样能引发多种情感联想、象征意义，但质感可以强化某些情调气氛。园林建筑展现的苍劲、古朴、柔媚、轻盈等性格特点与质感处理密切相关。色彩与质感是建筑材料表现的双重属性，两者相互依存。只要善于去发现各种材料在色彩、质感上的特点，并用其组织节奏、韵律、对比、均衡等各种构图变化，就有可能获得良好的艺术效果。

以构成休憩类园林建筑主体的墙面为例。建筑的墙面处理一般分为粉墙、砖墙和石墙等几种。由于材料(砌筑、修饰方法)不同，色彩和质感展现了迥异的情感效果。绿林深处隐露出的洁白平整的粉墙会产生清幽宁静的情趣；小空间庭园饰以光洁、华丽的釉砖、马赛克墙面可增添几分高贵典雅的气息；灰褐、青黄、表面粗犷、勾缝明显的石墙用于庭园，则富有古拙质朴的韵味。再以石墙为例，由于天然石材品种多，又可任意配色、造斧琢假石，石墙造法很多，呈现的效果差异很大，设计时需因地制宜地选用。

在园林自然景物中，山石、池水、树木等质感各不相同。多数山石纹理以直线条走向为主，质地刚而粗；池水涟漪呈波形纹理，质地柔滑且有动感；而树木则介于两者之间。因此，在组景中，水和石一般表现为对比关系，水和树、石和树多为微差关系。如在广州的一些现代园林建筑中，华南国家植物园的接待室水庭、白云山庄内庭均于池中散置几块顽石，对比强烈，为周边的景物增色不少。建筑物与自然景物的对比也包括色彩与质感。采用汉白玉、大理石等精雕细刻的栏杆，搭配闪闪发光的琉璃瓦屋顶与色彩艳丽的彩画装修是皇家园林建筑的特色，其与自然景物在色彩与质感上的对比均十分强烈。漂浮在碧绿池水上的廊、桥、汀步通过彼此在色彩与质感上的对比显得格外生动。小天井式的庭园组景宜用平整光洁的白色粉墙来衬托色彩丰富、质地纹理粗犷的花、木、山、石，通过对比可取得良好的效果。休憩类园林建筑借助色彩与质感对比营造美好氛围，所得的景观往往用白纸点染而成的手段来呈现，需要注意下列几点。

第一，作为空间环境设计的园林建筑，在处理色彩与质感时，不仅要考虑建筑物本身，还必须同时考量各种自然景物之间的协调关系。这一定要立足于空间整体的艺术质量和效果。处理色彩与质感的方法主要通过对比或微差取得协调，以此突出重点，提升艺术的表现力。

色彩、质感的对比与它们的处理原则基本一致。在具体组景中，各种对比方法经常综合运用，仅在少数情况下，才根据不同条件有所侧重。有些作品主要靠色彩或质感对比取胜，如桂林榕湖饭店四号楼餐厅室外的小天井庭园，对着餐厅的墙面采用大型彩色洗石壁画(图 4-13)装饰。壁画题材取意桂林山水，墙下设池，池边以绿草连接，墙脚两端放置石种竹、灌木，靠餐厅的地方用鹅卵石铺地，洗石壁画在水石植物的烘托下，真假山水交相错杂，格外生动鲜明。在风景区布置点景建筑，如要突出建筑物，除选择合适的地形方位和塑造优美的建筑空间体形外，其色彩最好与树丛、山石等形成明显对比；若要表达富丽堂皇、端庄华贵的气氛，建筑物可选用暖色调、高彩度的琉璃砖瓦、门窗、柱子，使其与冷色调的山石、植物形成良好的对比效果。

图 4-13　桂林榕湖饭店的洗石壁画

第二，休憩类园林建筑追求亲切、宁静、雅致和朴素的艺术气氛，多运用微差手法来营造协调且独特的艺术意境。如成都的杜甫草堂、望江亭公园，青城山风景区和广州的兰圃公园的一些亭、茶室采用竹柱、草顶或墙、柱以树枝、树皮建造，使建筑物的色彩与质感尽可能与自然环境中的山石、树丛保持一致，尽显古朴、清雅、自然之美。不仅单体园林建筑可以这样处理，像踏步、坐凳、园灯、栏杆等建筑小品也可以仿造自然的山与植物，与环境相协调。

第三，在考虑色彩与质感时，视线距离是重要影响因素。在色彩效果方面，视线距离和空间中彼此接近的颜色因空气尘埃的影响容易变成灰色，而在对比强烈的色彩中，暖色会更加鲜明。在质感方面，距离越近，质感对比越强烈，反之，逐渐削弱。如太湖石是具有透、漏、瘦特点的质地光洁，呈灰白色的山石，因其玲珑多姿，造型奇特，适宜散置近观。若在大型庭园的空间中堆砌大体量的峰峦，就可能会在视线较远时，看不清形状脉络，这样不仅达不到气势雄伟的景深效果，反而会给人以虚假、矫揉造作之感。

此外，在处理建筑物墙面质感时，要考虑视线距离。如果视点很远，无论墙面是用大理石、水磨石、水驰石还是普通水泥色浆，只要色彩一样，分格线条的宽窄和深度都会影响效果。视线距离缩短、材料不同以及分隔嵌缝宽度、深度等差异带来的质感效果就会显现。设计时，不顾视线距离是否恰当，盲目选用高级材料的做法，只能造成经济上的浪费，对于艺术效果收效甚微。

4.2.3 建筑与环境

在进行休憩类园林建筑设计时，为了避免单调并获得空间的变化，不仅要讲究建筑本身的尺度与比例、色彩与质感等要素，还要将建筑与周围的环境统一考虑，通过空间组织达到多样统一，实现在有限空间中“小中见大”的艺术效果。建筑与环境的关系主要依托借景、渗景、对景等方式构建。

1. 借景

借景在休憩类园林建筑规划设计中占有特殊且重要的地位。借景的目的是把外在形、声、色上能增添艺术情趣的景物，巧妙地融入空间，让景色更具特色和变化，丰富画面构图的外界因素，提升园林建筑的艺术效果。昆明西山三清阁道观是清朝末期建于滇池旁悬崖上的道观。在园林空间选景上，它把祀神的功能和观赏景色巧妙地融合，对选址借景的处理也尽显章法。自普陀胜境云华洞抵达天阁，一段几十米、半封闭的洞穴空间组景是整个艺术布局的高潮。隐约蜿蜒的洞穴山道开凿在千仞悬崖之上，远望滇池，但觉天色迷蒙，远山如黛，舟帆点点出没于云霞缥缈间，景色极佳。云华洞有副对联：“洞外云舒霞卷，海中日往月来”，横额“蓬莱仙境”。由此可见，借景之妙——以云霞、日月、海水等自然景象为素材，经过辗转攀登，获致“蓬莱仙境”。借景的方法包括远借、邻借、仰借、俯借和应时而借，核心是为创造艺术意境服务，通过其扩大空间，来达到丰富景观的效果。借景的方法有以下几种方式。

(1)借形组景 园林建筑中主要采用对景、框景和渗透等构图手法，把远、近建筑物，建筑小品以及山、石、花草等自然景物纳入画面。南京瞻园的布局以静妙堂为中心，布置南北两区山水。通过假山、水池以及其他元素，大自然的美景被组成了一幅南北呼应、相映成趣的画卷(图4-14)。

(2)借声组景 在园林建筑设计中，借声组景运用得当将会对创造别具匠心的艺术空间起到积极的作用。自然界的声音多种多样，园林建筑所需要的是能激

图4-14 南京瞻园北假山建筑园林群体立面图

(图片来源：张蕾 等，2008)

发感情、怡情养性的声音。在中国古典园林中，远借寺庙的暮鼓晨钟，近借溪谷泉声、林中鸟语，秋夜借雨打芭蕉，春日借柳岸莺啼，这些声音均可为园林建筑的空间增添几分诗情画意。例如，白云山庄中的三叠泉和双溪别墅中的流泉借叮咚的滴泉声来增添室内清幽宁静的艺术氛围。又如，杭州西子湖畔的“柳浪闻莺”在初春和煦的阳光下，水波荡漾，柳絮花飞，黄莺鸣唱，景色自然动人。再如，昆明圆通寺的水庭游廊茶座利用黄莺、八哥、鹦鹉在笼中鸣唱也取得了借声的美妙效果。

(3)借色组景　在夜景中，对月色的因借在园林建筑中十分重要。杭州西湖的“三潭印月”“平湖秋月”、避暑山庄的“月色江声”“梨花伴月”等都以借月色组景而闻名。例如，皓月当空是赏景的最佳时刻，除月色外，天空中的云霞也是极富色彩和变化的自然景色。所不同的是，月亮出没具有一定的规律，可以在园景构图中预先为它留出位置。云霞出没的变化却十分复杂，偶然性很大，常被忽视。实际上，云霞在许多名园佳景中的作用很大，特别是在高阜、山巅，不论其是否建有亭台，建筑师都应该预估在各种季节、气候条件下云霞出没的可能性，并把它组织到画面中。武夷山风景区游览的最佳时刻是“翠云飞送雨”时：雨中或雨后远眺“仙游”，满山云雾萦绕，飞瀑天降，亭阁隐现，顿添仙居神秘气氛。河北承德避暑山庄“四面云山”“一片云”“云山胜地”“水流云在”四景因云霞点缀而增色。此外，借色观景对建筑风景点的命名作用很大。在休憩类园林建筑中，随着不同的季节变化，各种树木和花卉的色彩也会随之变化。嫩柳桃花是春天的象征，迎雪的红梅给寒冬带来春意，秋来枫林红叶满山是北方园林入冬前赏景的良好时机。月、云、树木、花卉有色又有形，组景因借应同时考虑。

(4)借香组景　在造园中如何利用植物散发的幽香增添游园的兴致是园林建筑设计中不可忽视的因素。广州的兰圃以“兰”著称，每当微风轻拂，兰香馥郁，为园景增添了几分雅韵。古典园林池中的每喜植荷，除取其形、色的欣赏价值外，尤为可贵的是夏日散发的阵阵清香。苏州拙政园中的“荷风四面亭”就是借荷香组景的佳例。

以上这些形、声、色、香还不足以概括因借对象。在大自然中，因借对象还有待建筑师做进一步的寻觅发掘。设计前，相地需要考虑借景的可能性和效果，除认真考虑朝向对组景效果的影响外，在空间收放上，还要结合人流路线设门、窗、洞口收景或置山石、花木补景。建筑空间是人流活动的空间，静中观景，视点位置固定，借景所得画面基本固定不变。动中观景，视点不断移动，建筑和借景对象之间的相对位置也随之变化，画面会出现多种构图变化。颐和园中的桥亭与远处的玉泉山借景（图 4-15）就是在临湖廊墙上设置一组形状各异的漏窗，采用流动框景的手法，远借昆明湖上的龙王庙、十七孔桥、知春亭等许多秀丽的景色，借景时机、视点位置和角度都很精妙。广阔的昆明湖景色跃入眼前，可起到对园林空间景点的预示作用。

图 4-15　颐和园中的桥亭与远处的玉泉山借景

2. 渗透

这种方法主要是利用门、窗、洞口、空廊等作为相邻空间的联系媒介，使空间彼此渗透，增添空间层次。在渗透运用上，其主要包括对景、流动框景、空廊渗透、错落变化和内外渗透。

(1)对景　它是指在特定的视点，通过门、窗、洞口，眺望另一个空间的特定景色。对景能起到引人入胜的诱导作用，其效果和对景景物的选择、处理密切相关，组成的景色画面构图必须完整、优美，视点、门、窗、洞口和景物之间为固定直线联系，门、窗、洞口的形状和式样可加强画面的装饰效果。门、窗、洞口的式样繁多，选用何种式样、大小应服从艺术意境的需求，切忌公式化的随便套用。此外，不仅要注意景框的造型轮廓，还要留意尺度的大小，推敲其与景色对象的距离和方位，让主要视点位置能获得最理想的画面，如拙政园借北塔寺为背景（图 4-16）。

(2)流动景框　它是指人们在流动过程中利用连续变化的景框观景，获得多种变化的画面，进而取得扩大空间的艺术效果。李渔在《一家言・居室器玩部》中

图 4-16　拙政园借北塔寺为背景

提及，坐在船舱内透过一扇固定的花窗，观赏流动的景色可获取多种画面。在陆地上，由于建筑不能流动，如果要达到这种观赏效果，就可在人流活动的路线上，设置一系列不同形状的门、窗、洞口去摄取景框外的各种不同画面。这种处理手法与《一家言・居室器玩部》提到的流动观景有异曲同工之妙。

(3)空廊渗透　廊不仅在功能层面能够起到交通联系的作用，还可作为分隔建筑空间的重要手段。通过空廊分隔相邻空间，两者互相渗透，把对方空间的景色吸收进来，丰富画面，进而增添空间层次，取得交错变化的效果。如广州白云宾馆的底层庭园面积不大，但在水池中部增添了一段紧贴水面的桥廊，通过它把庭园分隔为两个不同组景特色的水庭。利用空廊的互相借景，增添了空间的层次，营造出似分似合、若即若离的艺术情趣(图 4-17)。利用廊分隔空间形成渗透效果时，要推敲视点的位置、透视的角度以及廊的尺度及造型的处理。

图 4-17　白云宾馆庭园桥廊的渗景效果

(图片来源：广州市建设局园林处 等，1979)

(4)错落变化　在园林建筑空间组合中，常常采用高低起伏的曲折墙、曲桥、弯曲的池岸等，化大为小分隔空间，增添空间渗透与层次。同样，在整体空间布局上，建筑师也常常把各种建筑和园林环境布置得曲折错落，以获得丰富的空间层次和变化。一些由厅、堂、亭、榭、楼、馆等单体建筑围合的庭园空间，如果缺少曲折错落，无论空间多大，都会给人以单调乏味的感觉。错落处理可分为远近、高低、前后、左右四类，又可互相结合，视组景的需要而定。在处理曲折、错落变化时，不可为曲折而曲折、为错落而错落，必须以功能合理，能获得视觉景观的优美画面和高雅情趣为前提。为此，设计时，需要认真仔细推敲曲折的方位角度和错落的距离、高度与尺寸。在中国古典园林建筑中，很多巧妙利用曲折错落变化增添空间层次，并取得了良好的艺术效果的实例，如苏州网师园的主庭园、拙政园中的小沧浪和倒影楼水院；杭州三潭印月、小瀛洲；承德避暑山庄万壑松风(图 4-18)、天宇咸畅；北海白塔南山建筑群，静心斋；等等。

(5)内外渗透　建筑空间室内、室外的划分由传统的房屋概念形成。所谓室内空间一般是针对具有顶、墙、地面围护的房屋内部空间而言的，其外的空间称作室外空间。通常，建筑空间的利用方式也不尽相同，有

图 4-18 承德避暑山庄万壑松风

(图片来源:李景瑞,2009)

时甚至没有区分它们的必要。在以建筑物围合的庭园空间布局中,中心的露天庭园与四周的厅廊亭榭,前者一般被视作室外空间,后者被视作室内空间。从更大的范围来看,这些厅、廊、亭、榭也可视作与围合单一空间的门、窗、墙面一样的手段,用它们来围合庭园空间,以形成一个更大规模的半封闭(没有顶)的室内空间,室外空间相应的就是庭园以外的空间。苏州拙政园将建筑组群围合的整个园内空间视作室内空间,园外空间视作室外空间。扩大室内空间和室外空间的含义和目的是说明所有的建筑空间均为采用一定的手段围合起来的有限空间,室内、室外是相对而言的。在处理空间渗透时,建筑师可以把室外空间引入室内,或者把室内空间扩大到室外。这样的处理即使处于有限面积的休憩类园林建筑之中,也能够体会"一花一木一世界,一山一石一菩提"的无限意境。

3. 序列

在创作休憩类园林建筑时,需从整体推敲空间环境的序列组织,使之在功能和艺术上均能获得良好的效果。在建筑总体布局中,要重视空间序列的组织,其空间序列组织与文学艺术构思类似,要考虑主题思想和各种情节安排,主题思想是空间序列组织和布局的前提和依据,各种情节安排是保证和促使主题思想得以圆满体现的方法和手段。经过精心组织的园林空间,会通过安排序幕、主要情节,次要情节、重点、高潮和尾声等环节,像一首抒情诗、一幅风景画,借动人情节与形象的有机关联,获得美感。

北京北海公园的白塔山东北侧有一组建筑群,其空间序列的组织先由山脚攀登至琼岛春阴,次抵圆形见春亭,穿洞穴上楼为敞厅、六角小亭与院墙围合的院落空间,再穿过敞厅旁曲折洞穴至画廊,可眺望北海西北隅的五龙亭、小西天、天王殿和远处钟鼓楼的秀丽景色,沿弧形陡峭的爬山廊再往上攀登,空间序列至此结束,这是一组沿山地高低布置的建筑群体空间。在艺术处理手法上,这组群体空间随地势高低采用了形状、方向、隐显、明暗、收放等多种对比处理手法来获得丰富的空间和画面。其主题思想是赏景寻幽,功能为登山的交通道,无须特别集中的艺术高潮,利用别具匠心的各种空间安排就能让人获得美的感受,如北京北海公园中的爬山廊(图 4-19)。

图 4-19 北京北海公园中的爬山廊

有些风景区为赏景和短暂歇息而设置亭、榭。它们的空间序列很简单,主题思想是点景、兴题,中心多集中于建筑,四周配以山石、溪泉、板桥、树丛、草坪、石级,但需要推敲道路、广场的走向和形态,研究人流活动的规律,追求多样的优美画面。这种以开门见山的手法突出主题的空间序列与静物写生画的艺术构思和画面布局十分相似。休憩类园林建筑在空间序列的组织上主要采用以下几种手法。

(1)时间与空间的结合 园林建筑空间是供人们自由活动的场所。人们对建筑空间艺术意境的认识往往需要经历从室内到室外或从室外到室内的过程,进行全面的体验后,才能取得某种感受。因此,建筑空间序列在一定程度上是时间与空间相结合的产物。在其他艺术中,画面层次、情节安排和观赏程序基本固定不变;而在园林建筑空间中,人们可从各个不同的位置、角度自由观景，这就会产生一个问题：设计时构建的空间序列意图如何与实际观景效果相一致。

建筑师虽然不能强制人们必须按照设计的布局程序进行观赏，但可在设计时仔细分析人流活动的规律，以此确定空间围合的方式和观赏路线，并在一定的人流路线上，预先规划好获取最佳画面的理想位置和角度，从而贯彻布局意图。如桂林的芦笛岩风景区在总体上把大自然的景色和建筑布点串联成环形观赏路线，巧妙地凸显出桂林山水的山清水秀、洞奇石美的自然风貌。其空间序列先从市内出发，沿江先睹桃花江两岸的山水及农村景色，行至通往停车场的路段时，可望见芦笛岩光明山、芳莲岭全景，从上山入口起，景色进一步展开：先是登山道上的山林野趣，继而是钟乳石洞奇观，再往后是田园风趣。从接待室往东南方向眺望，水际观鱼，从曲桥朝西北望去，湖光山色，最后沿堤返回停车场。芦笛岩风景建筑的空间序列发挥着控制空间、组织观赏画面并对风景进行“剪裁”的作用。在这个相当长的空间序列中，为让各个景区既有联系又有分隔，各个建筑之间的距离为五六十米至一百多米，各风景点之间的高差不大，仅有几米至十几米。单体建筑结合地形或依山或傍水或架空，建筑形态各不相同，互为对景。芦笛岩风景区的建筑（图 4-20）数量不多，画面却丰富多彩、美不胜收。

图 4-20　桂林芦笛岩风景区建筑群

桂林盆景园（图 4-21）的设计采用增加空间转折与层次的手法，延长展览的路线，将展览盆景与观赏建筑融为一体。无论游客是按照展出路线观景，还是自由往来观景，由于建筑师预先推敲过各个必经之地的最佳画面的理想位置与角度，各个风景点都能达到预期的效果。在组织观赏路线时，一条重要的原则是尽量避免游客在观赏景色过程中走回头路。此路来，此路回，重复观赏同一景色会让游客失去兴趣；此路来，彼道去，景色逐一展开，层出不穷，游客自然会游兴倍增。组织观赏路线均按环状布局，规模较大的园林可同时设置几条观赏路线，分散人流，形成“环套环”或“环中有环”的格局。采用环状布置的观赏路线要适当开辟支道通向其他景点，让园林空间富于变化，避免单调。

(2)观赏、功能与艺术融合　建筑空间的处理不仅要考虑观赏价值，还要兼顾各种性质建筑的功能要求。园林建筑的空间序列需要把艺术意境和功能巧妙地融为一体，才能真正取得良好的效果。重庆北温泉石刻园（图 4-22）的空间序列处理是把三组罗汉石刻沿西北侧山坡、高地、石壁，自由布置，南端池一座曲桥穿过伏

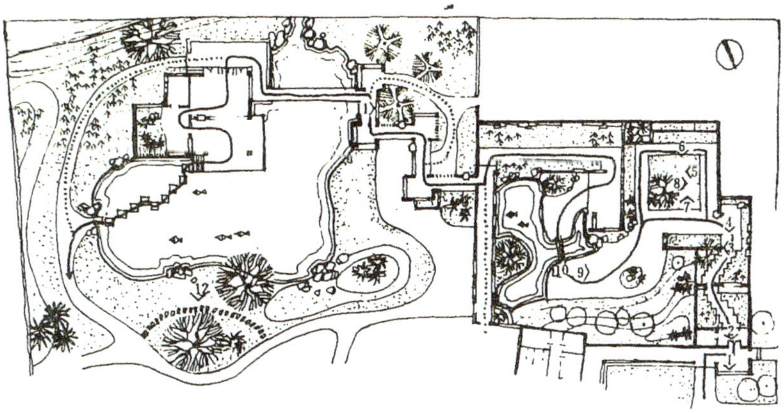

图 4-21　桂林盆景园

（图片来源：郑玉昆，2005）

卧断开的巨石形成序幕，迎面石壁“石刻园”三字作点题，高潮设于高皇台，殿堂内立碑刻。游客在园中游览，画面逐一展开，能收到步移景异、风趣别饶的景效。石刻园把陈列罗汉浮雕的功能和观赏景色相融合，成为一座园林化的露天“博物馆”。

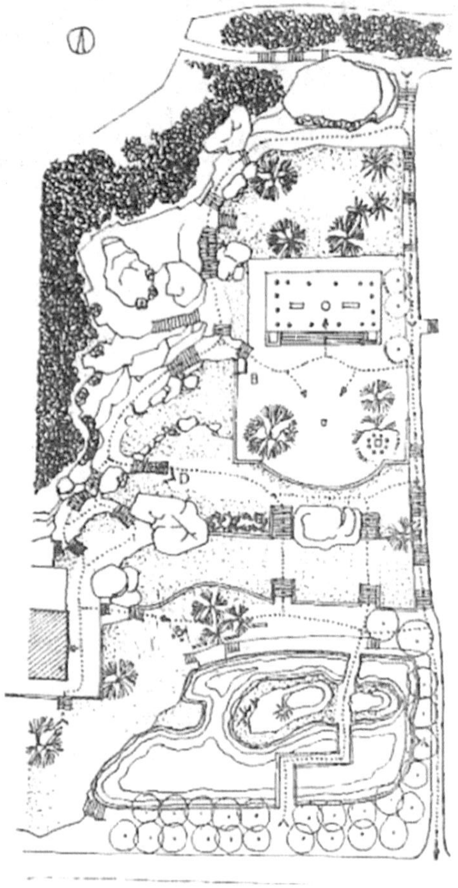

图 4-22　重庆温泉石刻园

（图片来源：郑劲松 等，2024）

功能合理、建筑空间环境优美、观赏路线组织恰当是空间序列成功的重要因素。休憩类园林建筑的空间序列通常分为规则对称和自由不对称两种空间序列形式。前者多用于功能和艺术思想意境要求庄重严肃的建筑和建筑组群的空间布局；后者多用于功能和艺术思想意境要求轻松愉快的建筑和建筑组群的空间布局。规则与自由、对称与不对称的应用在设计中并非绝对。在实际工作中，由于建筑功能和艺术意境的多样性，以上两种建筑组群的空间序列形式常混合使用或整体采取规则对称的形式，而局部细节改用自由不对称的形式，或者与之相反。无论采用何种空间序列，具体处理都要考量空间对比、层次的问题。空间轴线有竖有横，彼此有规律地交织，使建筑空间的各个部分相互顾盼，形成和谐的整体。利用空间的明暗对比、层次变化来取得艺术效果，多用暗的空间来衬托明亮的空间，明亮的空间一般是艺术表现的重点或兴趣中心。利用大小不同的建筑体量获取艺术效果，较大的体量容易构成兴趣中心；造型精美、体量小但位置高的建筑同样可以构成兴趣中心。借助空间地势高低的对比来取得艺术效果，处于高地势的空间易形成艺术高潮和兴趣中心，但还是要结合上述其他手段进行综合考量。

总之，铺排园林建筑的空间序列要慎重考虑功能的合理性和艺术意境的创造性。处理空间时，从整体着眼，从室内到室外，从室外到室内，从这一部分到另外一部分，从局部到整体，都要反复推敲，让观赏流程清晰明确、有条不紊，使空间序列有机完整，既富有特色，又高度统一。

4.3　亭、榭、舫的设计

4.3.1　亭的类型与造型

亭即“停”，精准体现了休憩类园林建筑的性质。虽然亭的体量不大，但造型变化多样灵活。亭的造型主要取决于平面形状、平面组合及屋顶形式等。中国古代亭起初的形式是四方亭，木构草顶，结构简易，施工方便。随着技术水平的提高，亭的形式逐渐发展为多边形、圆形和十字形等较复杂的形体。在单体建筑平面寻求多变的同时，建筑师又在亭与亭的组合，亭与廊、墙、屋、石壁的结合以及立体造型上进行了创造，并出现了极为绚丽多彩的形式，达到了园林建筑创作的高峰。在世界园林建筑中，中国园林建筑中的亭、廊、墙等类型最为丰富多样、最富民族特色，是园林建筑艺术中的珍贵遗产。

1. 亭的类型分类

亭的平面形状大致可分为单体式、组合式以及与廊、墙等结合的形式。最常见的亭的类型有下列几种。

(1)单体式亭　正多边形亭，如正三角形亭、正方形亭、正五角形亭、正六角形亭、正八角形亭和正十字形亭等。一般四方亭最为常见，如苏州拙政园中的梧竹幽居亭(图 4-23)以及圆亭、蘑菇亭、伞亭等;长方形亭、圭角形亭、扁八角形亭和扇面形亭等也较为多见。

(2)组合式亭　如双三角形亭、双方形亭、双圆形亭、双六角形亭以及其他各种形体的互相组合等。

(3)与墙、廊、屋、石壁等结合的亭　如半亭等。

从层数看,亭的立体造型可以分为单层和两层。我国古代的亭本为单层,两层及以上的亭应算作楼阁。后来人们把两层或三层类似亭的阁也称为亭,并发展出一些新的两层的亭。

亭的立面既有单檐和重檐,又有三重檐。屋顶的形式则多采用攒尖顶、歇山顶,也可采用盝顶式。在现代园林建筑中,钢筋混凝土材质的平顶式亭较普遍,也保留了不少仿攒尖顶、歇山顶等形式的亭。

亭的屋顶形式以攒尖顶居多,其构造比较特殊。一般攒尖顶应用于正多边形的亭(三角、四角、五角、六角和八角等)和圆形平面的亭。攒尖顶的各戗脊自各柱向中心上方汇聚成尖顶,用"顶饰"来结束,呈伞状。屋顶的檐角一般反翘,北方起翘较轻微,显得平缓持重;南方戗角兜转耸起,似半月形高翘,轻巧雅逸。

2. 亭的造型和体量

(1)三角攒尖亭　三角亭只有三根支柱,最为轻巧。三潭印月的三角亭(图 4-24)是个桥亭,它位于一组折桥的拐角,与东南面正方形攒尖顶亭在构图上形成不对称的效果。从北部船码头上岸,经折桥,两座碧水凌空、玲珑剔透、形状各异的桥亭漂浮在开阔的水面之上,在折桥的转折处,又从水中立起一块造型生动、爬满藤萝的山石。亭与石共同构成了水中之景,给初登该湖的游客以意想不到的感觉。

(2)正方形、六角形、八角形单檐攒尖亭　这种类型的亭是最常见的形式——形态端庄、结构简易。苏州拙政园的荷风四面亭(图 4-25),亭名因荷而得,坐落在园中部池中的小岛,四面皆水,莲花亭亭净植,岸边柳枝婆娑、姿态挺秀,局部和细部都很精致。

(3)重檐攒尖顶亭　该类亭有两重屋檐及三重屋檐。重檐在轮廓线上比单檐更加丰富,结构也稍复杂。亭与廊的结合往往采用重檐形式。在北方的皇家园林中,园林的规模大,对建筑要求丰富且持重,采用重檐式亭较多。比较有名的重檐式亭,如颐和园中的知春亭、长廊中间的"留佳亭""寄澜亭""秋水亭""清遥亭"四个八角亭、西堤六桥的桥亭,北京北海公园中的五龙亭,景山公园景山上的五方亭,承德避暑山庄水心榭三个亭等。其中,北京景山公园正中的万春亭是三重檐

图 4-23　拙政园中的梧竹幽居亭

(图片来源:潘谷西,2001)

四方亭，两边的“富览亭”“周赏亭”为重檐八角亭，“湒芳亭”“观妙亭”为重檐园亭。

图 4-24　三潭印月的三角亭

图 4-25　拙政园中的荷风四面亭

(4)圆亭、扇亭　圆亭，如北京北海公园中的山际安亭(图 4-26)。扇亭属于自由变体式亭，是由长方形变化为扇面形、方形变化为斜方梯形等而来的。扇亭多用梁架系统建成歇山顶形式，一般设置在池岸、道路、游廊的转折处，把开敞的一面对着景色，以扩大视野；短的一面做成实墙，墙面上多饰有什锦花窗，如苏州狮子林中的扇子亭、拙政园中的“与谁同坐轩”扇亭等(图 4-27)。

图 4-26　北京北海公园中的山际安亭

图 4-27　拙政园中的“与谁同坐轩”扇亭

(5)复合式亭 复合式亭是同一类型的亭在平面上的组合，构造并不特殊。北京颐和园万寿山东山脊上的荟亭，其平面是两座六角形亭的并列组合，单檐攒尖顶。从昆明湖上望上去，仿佛是两把并排打开的大伞，亭亭玉立在山脊之上，显得轻盈；南京太平天国王府花园的一组双亭，其平面为两个套着的正方形，屋顶呈半月形翘起，顶饰为琉璃宝瓶，柱子修长，细部精致。从各个角度看，这两个亭子互相陪衬，丰富完整。

(6)半亭 亭依墙建造，自然形成半亭。半亭有单独的，也有位于围廊中间或其一端的。靠墙的半亭多为方亭、长方亭。若是多角亭，则会截去倚墙一面的屋檐，其屋顶有攒尖式和歇山式。若亭位于墙角或围廊的转折处，则处理成多角形亭或扇亭，也有做成 1/4 圆亭的。例如，苏州网师园入口处庭园中的一个半亭，屋顶呈歇山形式，两个戗角翘得很高，一侧与矮墙相连，另一侧为假山围绕。在两层高、明、快的白粉墙背景的衬托下，其轮廓线条非常秀丽，乌黑的片片青瓦，赭黑色的梁枋构架宛若墨笔勾勒一般，清逸淡雅(图 4-28)。

图 4-28 网师园的入口半亭

在自然风景区中，还有一些亭与天然岩壁、石洞结合，顺自然形势，就地取材，从而与环境完美融合。近年来，亭的造型出现一些新的形式，如伞亭、蘑菇亭、草亭等。重庆市园博园贵州园中的伞亭以圆石盘为柱子，古朴大方。洛阳园的四角亭主体结构采用钢筋混凝土结构，四角攒尖。其他材料的亭子如图 4-29 所示。

A

B

C

A. 眉山见山亭草亭；B. 贵州园石亭；C. 洛阳园混凝土亭。

图 4-29 其他材料的亭子

4.3.2 榭的类型与造型

在中国园林中，榭是人们在水边休息的重要场所。《园冶》记载：“榭者，藉也；藉景而成者也，或水边，或花畔，制亦随态。”榭凭借周围景色构建，其结构会因自然环境的不同而呈现多种形式。从宋代以及明清园林现存的实例来看，水榭的传统形式是在水边架起一个平台，平台一半伸入水中，一半架立于岸边，平台四周以低平的栏杆围绕，然后在平台上建起一个木构单体建筑，建筑平面通常为长方形，其临水一侧开敞，有时建筑的四面都设有落地门、窗，空透、畅达。屋顶常用卷棚歇山式样，檐角低平轻巧，檐下玲珑的挂落、柱间微微弯曲的鹅颈靠椅和门、窗、栏杆等，整个建筑显得轻盈、通透。

在南方园林中，扬州瘦西湖中的水榭(图 4-30)极具代表性。它们位于湖畔，拥有深远的视野，是园林景区的重要点景建筑。暮春时节，夹岸桃红柳绿，景色醉人；夏日赏荷，此处尤凉。水榭形如鹅颈靠椅，供游客休憩凭依。平台上部为歇山顶建筑，内圈用漏窗、粉墙围合落地坪分隔，外围形成回廊，四周立面开敞、简洁、轻快，与环境十分协调。

当水榭运用于北方皇家园林时，不仅保留了它的基本形式，还增加了宫廷建筑的色彩，建筑风格比较浑厚持重，尺度相应增大。有些水榭已做成一组建筑主体，失去了水榭的原有特征，如北京颐和园谐园的“洗秋”“饮绿”水榭；“对鸥舫”和“鱼藻轩”；北海的“濠濮涧”水榭；圆明园中也有许多以这种水榭为主的建筑。

在岭南园林中，由于气候炎热、水面较多，建筑师打造出一些以水景为主的“水庭”空间。所建“水厅”“船厅”等临水建筑，多位于水旁或完全跨入水中，平面布局与水面造型都力求轻快舒畅、贴近水面，有时还建成两层，这也是水榭的一种形式。

现代风格的园林建筑将水榭这种传统园林建筑形式予以继承和发扬。在功能上，有的现代风格的水榭比较简单，仅供游客坐憩、游赏，形体简洁；有的功能多样，可作为休息室、茶室、接待室、泊船码头等，形体比较复杂；还有的园林建设把水榭的平台扩大，用作节日演出舞台，平面布局更加多变。一方面，这是适应现代游园活动的需要和新的活动方式；另一方面，现代钢筋混凝土的结构方式为这种建筑空间的互相穿插和变化提供了可能性。

图 4-30　扬州瘦西湖中的水榭

4.3.3　舫的类型与造型

舫是仿照船的造型在园林湖泊中建造的船形建筑，可供人们在内游玩饮宴、观赏水景，置身其中，颇有乘船荡漾于水中之感。舫的前半部多三面临水，船尾一侧常设平桥，与岸相连，仿佛跳板。通常下部船体用石建造，上部船舱则多木构。

舫多出现于江南各种园林中。江南地区气候温和，湖泊罗布，河港纵横，自古以来就以船舶为重要的交通工具。以前还有一种画舫专供富人在水面上荡漾、游玩，画舫装饰华丽，还绘有彩画等。江南园林造园又多以水为中心，园主人很自然地希望能创造一种类似舟舫的建筑形象，即便因狭小水面划不了船，也能让人似有置身于舟楫之感。在江南的园林中，苏州拙政园中的香洲(图 4-31)、成都武侯祠桂荷池船舫轩(图 4-32)是典型的实例。此外，苏州狮子林、南翔古猗园、南京太平天国王府花园及四川等一些地方园林均可以看到明清时期舫的遗迹。

图 4-31　苏州拙政园中的香洲

图 4-32　成都武侯祠桂荷池船舫轩

（图片来源：赵长庚，1989）

舫的基本形式与真船相似，宽约丈余，船舱分为前、中、后三个部分。中间最矮，后部最高，一般做成两层，类似阁的形象，四面开窗，以便远眺。船头做成敞篷，中舱是主要的休息、游赏、宴客场所，两边做成通长的长窗以便观赏。尾舱下实上虚，形成对比。屋顶一般做成船棚式样或两坡顶，首尾舱顶则为歇山式，轻盈舒展，在水面上形成生动的造型，成为园林中的重要风景点。

北方园林中的石舫是从南方引进的，清朝乾隆皇帝六次下江南，对江南园林非常欣赏，希望在北方园林中也能营造出江南水乡的风致，因此在圆明园、颐和园等皇家园林的湖面上修筑石舫，以满足“雪掉烟篷何碍冻，春风秋月不惊澜”的意趣。北方著名园林中的石舫，如北京颐和园中的清宴舫（图 4-33），全长为 36 m，船体由巨大的石块雕造而成，上部的舱楼原本是木构的船舱式样，分前舱、中舱、后舱，局部为楼层。它的位置选得很妙，从昆明湖望去，很像正从后湖驶来的大船，为后湖景区的展开起着预示的作用。1860 年，清宴舫被英法联军烧毁，重建时改成现在的西洋楼建筑式样。成都武侯祠桂荷池的船舫轩在桂荷池西岸，在此可以俯观鱼水，仰望诸葛陵墓，视线正好贴近水面，池水光影摇曳，格外诱人，渲染出极为动人的环境氛围。

济南章丘百脉泉公园中的清照园易安楼（图 4-34）全部为钢筋混凝土现浇结构，一前一后，前面一只供游客进餐、小吃，后面属厨房供应处。船舱为两层，后部稍高，可通顶部平台，整个造型仿船模样，头、尾部位都仿船形做成斜面，建筑形象空透、轻巧，设有莲叶形蹬步与岸相连，清新生动。

图 4-33　颐和园中的清晏舫

图 4-34　济南章丘百脉泉公园中的清照园易安楼

4.3.4 亭、榭、舫的设计方法

1.设计立意

以亭、榭、舫为代表的园林建筑，是一种占有时间、空间，有形有色，甚至有声有味的立体空间塑造形式。与一般建筑设计相比，它更加需要意匠。“意”指立意，“匠”指技巧，立意和技巧相辅相成，不可偏废。立意的优劣对整个设计的成败至关重要。所谓立意，就是建筑师根据功能需要、艺术要求、环境条件等，经过综合考量形成的总的设计意图。

立意既关系到设计的目的，又是在设计过程中采用各种构图手法的依据。“意在笔先”是古人从书法，绘画艺术创作中总结的名言，同样适用于园林建筑设计创作。如果组景没有立意，构图将会是空洞的形式堆砌。一个好的设计不仅要有立意，还要善于抓住设计中的主要矛盾，让立意既能较好地解决建筑功能的问题，又能具有较高的艺术思想境界。在亭、榭、舫的设计中，要追求新意、不落俗套，建筑格局不宜千篇一律，更不应标准化。

在中国古代园林中，亭、阁、榭、舫常因地制宜地选择建筑式样，巧妙配置水石、树丛、桥等，构建各具特色的空间。绍兴兰亭（图 4-35）曾是著名书法家王羲之等集会作序的场所，整个长堤建设在田园风光秀丽的郊野，建筑群以“曲水流觞”亭、水榭、八角攒尖亭等休憩类建筑为主。在建筑组群中，借助山岩地形的高低错落进行组景，成为空间组合的共同特色。这里在布局立意上结合功能、地形特点，采用对称与不对称等多种处理手法，让全园各景各具特色，总体布局既统一，又富于变化。

图 4-35　绍兴兰亭鸟瞰图

（图片来源：潘谷西，2001）

2.位置选择

在园林建筑的设计中，亭、榭、舫的设计需处理好两个问题：位置选择和自身造型。其中，位置选择是园林空间规划的首要问题。选址确定后，需根据所在地段及周围环境，进一步研究建筑自身的造型，使其能更好与环境融合。建筑位置的选择有两个目的：一是观景，即供游客驻足休息，眺望景色；二是点景，即点缀风景。眺望景色时，主要应满足观赏距离和观赏角度的要求。不同的观赏对象，所需要的观赏距离与观赏角度差异很大。例如，在素有“天下第一江山”之称的江苏镇江北固山上，百丈悬崖陡壁的岩石边建有一座凌云亭，又名祭江亭。北固山三面突出于长江之中，人们站在这“第一江山第一亭”中，低头可俯视万里长江奔腾而过，感受“洪涛滚滚静中听”；极目远望，可见“行云流水交相映”；左右环顾，能看到金、焦二山像碧玉般浮在江面，气势极大。通过“俯视”“远望”“环眺”这些不同观赏角度与观赏距离，凌云亭成了观望长江景色的著名风景点。

亭、榭、舫在使用功能上没有严格要求，体量小巧，建造自由、灵活，选址受到的约束较小。例如，《园冶》关于亭的位置描述为：“亭胡拘水际？通泉竹里，按景山颠。或翠筠茂密之阿，苍松蟠郁之麓”，可见，亭的选址非常多样，花间、水畔、山巅、溪涧、苍松翠竹间均可置亭，且各具情趣。与水相关的亭在设置上有多种模式：紧邻水边建亭，亭常凸于水中，三面或四面为水所环绕；若伸入水体建亭，可在水中架设平台，再以曲桥

等与岸相连。例如，四川新都桂湖的交加亭就建在水中平台之上，有桥与岸衔接，是桂湖北岸的重要风景点，也有不设平台而立于水中巨石上的情况。重庆江津白沙古镇聚奎书院的鉴止、夜雨、问梅三亭（图 4-36）就立于水中的黑石之上，别有一番风味。水体中央建亭，称为湖心亭，例如，苏州西园寺的湖心亭设在池中，由曲桥连接；还有将亭建于水中小岛之上。例如，四川眉山三苏祠的瑞莲亭（图 4-37），位于西面水体中狭长小岛的端部，成为景观的焦点；苏州拙政园的荷风四面亭也位于水中小岛之上。

图 4-36　重庆江津白沙古镇聚奎书院的三亭

山上建亭不仅丰富了山的主体轮廓，让山色更有生气，还为远眺、观赏全景创造了良好条件。位于山巅、山脊上的亭具有眺览范围大、方向多的优点，如北京景山公园的万春亭就立于景山之巅，亭重檐三层，是山体的焦点。在江南私家园林中，常在假山顶上建亭，既可休憩，又可眺望全景，如苏州留园的可亭，拙政园的宜两亭、雪香云蔚亭、绣绮亭等。登山路旁，山腰上也常设亭，为游客提供了歇息、观景的场所。

图 4-37　眉山三苏祠的瑞莲亭

（图片来源：眉山三苏祠博物馆，2022）

桥上置亭是中国园林艺术处理的常见手法，设计得好，锦上添花。北京颐和园西堤六桥中的柳桥、练桥、镜桥、豳风桥和石舫近旁的荇桥上均建有桥亭。贵州镇远青龙洞祝圣桥上建有一座三重檐六角亭（图 4-38），它与桥身十分协调，成为从山西麓延伸到河流最南端的对景。从东岸望去，桥亭增加了空间层次，丰富了整体景色。

榭、舫不仅要仔细安排好功能的需求，还必须特别处理好建筑与水面、池岸的关系以及建筑与园林整体空间环境的关系。作为一种临水建筑物，榭、舫一定要实现建筑与水面、池岸的完美融合，使其衔接自然、贴切且有机。建筑在可能的范围内宜突出于池岸，呈现三面或四面临水的态势。如果建筑不宜突出于池岸，

图 4-38　贵州镇远青龙洞祝圣桥的六角亭

（图片来源：重庆大学建筑与城市规划学院，2015）

也应以伸入水面上的平台，作为建筑与水面的过渡，为人们提供身临水面之上的宽广视野。例如，南京煦园中的不系舟（图 4-39），建筑突入湖中，三面临水，后部以短廊与长廊相衔接，置身水榭之中，不仅可观赏正面坦荡的水面，而且能向西透过烟波浩渺的朦胧水景，视野异常开阔，是游客休息、摄影的理想之处。

3. 形态设计

亭、榭、舫形态的设计归纳起来应注意下面几个要点。

（1）按照规划意图选点布局 无论是山顶、高地、池岸水旁，还是茂林修竹、曲径深处，建筑均应置于特定的景物环境中。发挥园林建筑基地小，受地形、方位影响小的特点，运用"对景""借景"等手法，能充分发挥亭的位置的点景作用。

（2）根据环境确定体量与造型 在较小的庭园中，建筑不宜过大。若该建筑作为主要景物中心，则体量也不宜过小，且造型要丰富。在大型园林的大空间中，建筑要有足够的体量。有时为突出特定的气氛，还会将其成组布置，形成组群。在山顶、山脊上的建筑，造型应力求高耸向上，丰富山体与亭的轮廓。当周围环境平淡、单一时，建筑造型可更丰富；当周围环境丰富、变化多样时，建筑造型宜简洁。总体而言，建筑体量与造型要与周围的山石、绿化、水面及邻近建筑巧妙搭配、组合，相互协调。

（3）就地选用地方性材料 这样不仅加工便利，还易于融合自然。对竹木、粗石、树皮、茅草等材料进行巧妙设计与加工，可打造别具一格的建筑，不必过分追求人工雕琢。在现代园林中，玻璃、钢材也被大量用于亭的设计，可获得与传统材料截然不同的质感和形式，如中国香港完善公园中以钢、玻璃、木为材料的现代亭（图 4-40）。

（4）处理好个体与整体的空间关系 造园，即造景。从艺术层面而言，园林建筑不仅要自身比例协调、造型美观，还应在体量、风格、装修等方面，与它所在

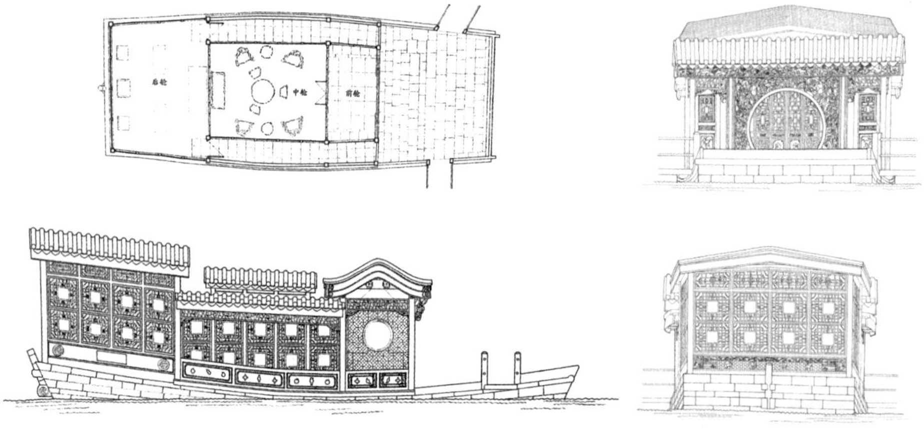

图 4-39 南京煦园中的不系舟

（图片来源：陈月华，2015）

图 4-40 中国香港完善公园中以钢、玻璃、木为材料的现代亭

的园林环境协调与统一。在处理时，要恰当、要自然。

知识链接：形态设计常用方法——对比

对比是实现多样统一，取得生动协调效果的重要手段。即使缺乏对比的空间组合有所变化，也仍容易流于平淡。在园林建筑中，对比是把两种具有显著差别的因素，通过互相衬托，突出各自的特点，同时强调主从和重点的关系。“万绿丛中一点红，动人春色无须多”的诗句恰好说明了对比的意义。“绿”和“红”在色彩上是对比关系，“万”和“一”在数量上也是对比关系，“一点红”是重点，“绿”和“红”不是各占一半、生硬与呆板的关系，而是通过突出一点对比，来营造协调效果，进而取得的动人春色。除色彩与质感于另节论述外，园林建筑的空间运用主要包括体量、形状、虚实、明暗和建筑与自然景物等。

(1)体量对比　园林建筑的空间体量对比包括各个单体建筑之间的体量大小对比关系以及由建筑围合的庭园空间之间的体量大小对比关系。通常运用小体量来衬托和突出大体量，让空间富于变化，有主有从、重点突出。北京颐和园中的佛香阁、北京北海公园的白塔之所以能成为全园构图主体和重心，除位置因素外，主要得益于它们的巨大体量与四周小体量建筑的对比关系。在总体规划上，许多传统名园，如苏州的留园、沧浪亭、网师等，它们都有一个相对大得多的院落空间，与园中其他小院落之间形成了强烈的空间对比，进而突出主体空间。

巧妙地利用空间体量大小的对比还可以取得“小中见大”的艺术效果。其方法是采用“欲扬先抑”的原则。“小中见大”的“大”是相对的概念。当人们通过小空间再转入大空间时，由于瞬时的大小强烈对比，会让原本不太大的空间显得特别开阔。例如，广州矿泉客舍对庭园空间的处理就颇具匠心。在进入大的庭园空间前，设置了一段低矮的通廊，该通廊放在狭长的小院中央，把空间加以压缩。当游客进入第一道院门时，会有强烈的局促感和压抑感，随之往左，从月洞门透过来的主庭园的明亮光线预示了主庭园的景色，穿过月洞门，空间顿时豁然开朗，步入了另一个境界，跃入眼帘的庭园空间显得十分广阔。苏州的古典园林利用空间大小的强烈对比来获得“小中见大”艺术效果的范例有很多。

(2)形状对比　园林建筑的空间形状对比主要体现在两个方面：一是单体建筑之间的形状对比；二是建筑围合的庭园空间的形状对比。形状对比主要表现在平面和立面形式上，如方与圆、高直与低平、规整与自由。在设计时，可以利用这些空间形状上互相对立的因素，来取得构图的变化，突出重点。从视觉心理上说，规矩方正的单体建筑和庭园空间易于形成庄严的氛围；而比较自由的形式，如按三角形、六边形、圆形和自由弧线组合的平面、立面形式，则更易形成活泼的氛围。同样，对称布局的空间容易给人留下庄严的印象；而非对称布局的空间则多带来活泼的感觉。庄严或活泼主要取决于功能和艺术意境的需求。以私家传统庭园为例，主人日常生活的庭园多取规矩方正的形式；憩息玩赏的庭园则多取自由形式。从前者转入后者时，由于空间形状对比变化明确，艺术气氛突变而倍增情趣。形状对比需要明确的主从关系。在一般情况下，明确的主从关系主要由体量大小的不同来决定。例如，北京北海公园的白塔和紧贴前面的重檐琉璃佛殿，体量的大与小、形状的圆与方、色彩的洁白与重彩、线条的细腻与粗犷，对比强烈，艺术效果极佳。在运用形状对比中，一个关键因素是两者在体量上应存在较大的差异，若两者体量对等，则将失去主从关系，进而削弱其艺术效果。

(3)明暗虚实对比　利用明暗对比关系以求空间的变化和突出重点，是塑造园林景象的常用手法。在光线作用下，室外空间与室内空间(包括洞穴空间)存在着明暗对比现象。室内空间越封闭，明暗对比越强烈。在室内空间中，光的照度不均匀也能形成一部分空间和另一部分空间的明暗对比关系。在利用明暗对比关系上，园林建筑多以暗托明，明亮的空间往往为艺术表现的重点或兴趣中心。在传统园林建筑中，常常利用由天然或人工洞穴所造成的暗空间作为联系建筑的通道，并以之衬托洞外的明亮空间，通过一明一暗的强烈对比，人们在视觉上可以产生奇妙的艺术情趣。

有时建筑空间的明暗关系又表现为虚与实的关系，如墙面和洞口。在光线作用下，门窗的虚实关系从室内往外看，墙面是暗，洞口、门、窗是明；从室外往里看，则墙面是明，洞口、门、窗是暗。在园林建筑中，非常重视门、窗、洞口的处理，着重借用明暗、虚实的对比关系来突出艺术意境。园林建筑中的池水与山石以及建筑之间也存在着明与暗、虚与实的关系。在光线作用下，有时水面与山石、建筑的比较，前者为明，后者为暗，但有时又恰好相反。在设计中，建筑师可以利用它们之间的明暗对比关系，借室内空间的倒影、动态效果，营造各种艺术意境。

如果室内空间的大部分墙面、地面、顶棚均为实面处理(即采用各种不透明材料做成面)，而在小部分采用虚面处理，这种虚实的对比作用就将视觉重点集中于虚面处理，反之亦然。如果虚实各半，则会因注意力分散而失去重点，进而削弱对比的效果。

空间的虚实关系也可以扩大为空间的围放关系，围即实，放即虚，围放取决于艺术意境的需要。如果想取得空间构图的重点效果，形成某种兴趣中心，在处理空间围放对比时，就要尽量做到围得紧凑，放得透畅，并须在被强调突出的空间中，精心布置景点，让景物扣人心弦。

(4)建筑与自然景物对比 在园林建筑设计中，严整规则的建筑与形态万千的自然景物之间包含着形、色、质等各种对比因素，并通过对比，突出构图重点，获得景效。建筑与自然景物的对比有主有从，包括以自然景物烘托建筑或以建筑烘托自然景物，两者应结合为一个协调的整体。风景区的亭、榭的空间环境，建筑是主体，四周自然景物是陪衬，亭、榭起着点景作用。云南石林的望峰亭建在密集如林的奇峰怪石之巅，形、色对比强烈，画面十分优美和谐。有些用建筑围合的庭园的空间环境，如池沼、奇石、树丛和花木等自然景物是赏景的兴趣中心，建筑反而成了烘托自然景物的屏壁。

对比是园林建筑布局中提升艺术效果的重要方法。以上列举的几种空间对比并非彼此孤立，而是需综合考虑——既是大小、体量的对比，又是形状的对比；既是体量、形状的对比，又是明暗、虚实的对比；既是体量、形状和虚实的对比，又是建筑与自然景物的对比等。在运用对比时，要注意比例关系，形状、明暗、虚实、色彩和质感等一定要主次分明、配置得当，防止滥用而破坏园林空间的完整性和统一性。此外，为加强对比效果，突然性的呈现也很重要，突然发生的强烈对比更有助于增加艺术效果。

4.3.5 案例分析

1.江南古典园林亭的设计

江南的庭园多半是在陆地上由人工建造的以建筑为基础的综合性园林，常借直接景物形象和间接联想境界，互相影响、互相衬托。在园林建筑的构图手法上，特别讲究互相之间的对应关系，运用对景、借景、框景等手法来创造各种形式的美好画面。亭的位置的选择十分关键，需满足园林整体构图的要求及自身观景的需求。以苏州拙政园西面的扇亭——“与谁同坐轩”为例，它位于一个小岛的尽端转角处，三面临水，一面背山，前面正对“别有洞天”的圆洞门入口，彼此呼应。在扇面前方180°的视角范围内，能看到水池对着的曲曲折折的波形廊飘动在水面上。扇亭两侧实墙上开着两个模仿古代陶器形式的洞口，一个对着“倒影楼”，另一个对着“三十六鸳鸯馆”，从平面上确定了它们之间的对应关系及观赏的视野范围(图4-41)。亭及其他园

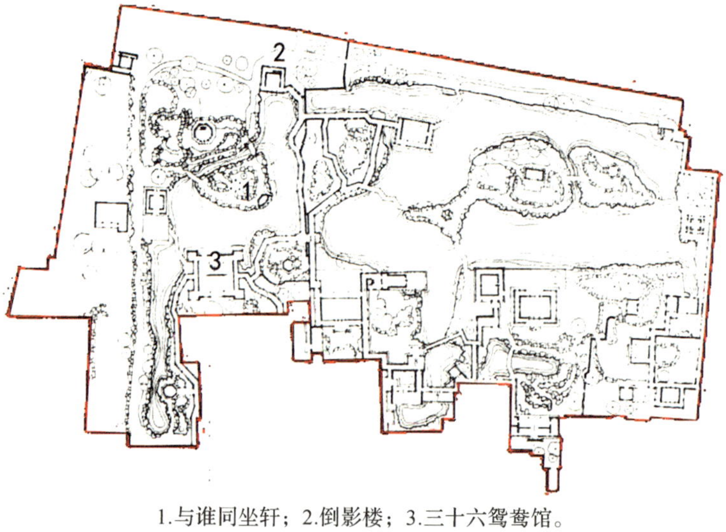

1.与谁同坐轩；2.倒影楼；3.三十六鸳鸯馆。

图4-41 苏州拙政园与谁同坐轩与周围的建筑

(图片来源：刘敦桢，2019)

林建筑经营位置的确定不能仅从平面图进行推敲，还必须依据游客在主要游览路线上所能看到的“透视画面”来确定。有时，在苏州一些园林的平面图中，某些亭及建筑并不是正南、正北，而是变换角度，廊、墙等也曲曲折折，看似很不规则，但身临其境，从视觉的“静观”与“动观”中，便能逐步领悟它们的奥妙。

拙政园的标志性园林建筑——香洲（图 4-42），临水而建，形如一艘船，是典型的舫。这种船形建筑不仅丰富了水景，其设计理念也体现了无拘无束、无为而治的老庄思想及道家哲学，是文人写意山水园钟爱的建筑形式。香洲位于水边，正当东、西水流和南、北向河道的交汇点，三面环水、一面依岸，可通过由三块石条所组成的跳板登船。站在船头，波起涟漪，四周开敞明亮，满园秀色，令人心旷神怡。即便烈日酷暑，此地也是荷风阵阵、举目清凉。香洲船头上悬有文徵明写的题额，后人还专门为之题跋。这条香洲旱船的建筑手法典雅精巧、引人入胜，营造出一种追寻高贵品格的意境。

图 4-42　苏州拙政园的标志性园林建筑——香洲

（图片来源：陈从周，2016）

苏州园林网师园中的濯缨水阁（图 4-43），绕水池的亭榭结构各殊，景观互异，可静赏一日四时——朝、午、夕、晚的变化以及春、夏、秋、冬四季景物的流转。濯缨水阁纤巧柔美，基部全用石梁柱架空，池水出没于下，宜夏日在此纳凉，旧时还作为戏台使用。水阁尽可能贴近水面，当池岸地坪离水面较高时，水榭建筑的地坪会相应地下降高度，让水榭在水面上轻轻架起，支撑水榭的下部石梁柱仅露出一小部分。建筑自身比例得当，侧畔以石砌，营造临水巉岩的氛围，衬托了水榭有凌空架于水面的轻快之感。此外，为让水榭贴近水面，驳岸也采用湖石砌边，在浅色平台下部形成深色阴影，通过光影的对比，增添平台外挑的轻快感。

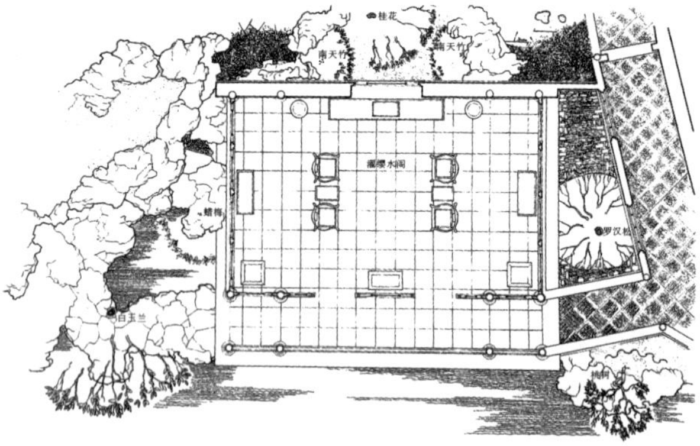

平面图

北立面图

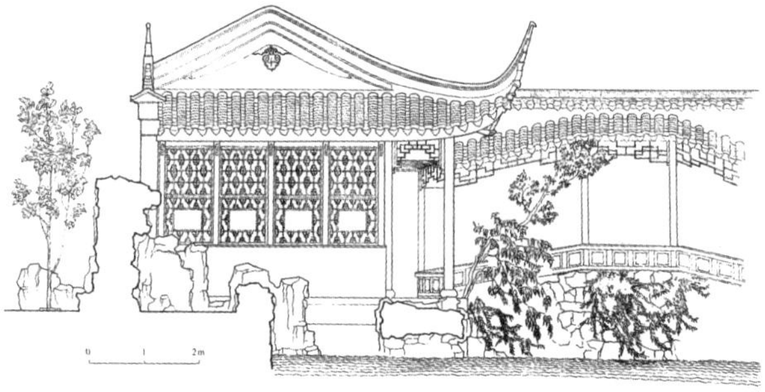

东立面图

剖面图

图 4-43　苏州网师园中的濯缨水阁

（图片来源：潘谷西，2001）

峨眉山清音阁前的牛心亭是充分融入自然环境，营造自然飘逸的建筑风格的典型案例。峨眉山清音阁位于溪涧间，结合地形，建有听瀑赏瀑的亭台。其他建筑，如清音阁、清音亭、洗心亭、洗心台和神功亭等，多以声得景而命名，密林深谷终年不息的瀑泉声为整个空间环境增添了浓厚的宗教艺术氛围，佛门“四大皆空”的思想得到了充分体现。牛心亭位于建筑群前导区的登山途中，坐落在双飞桥中间的岩石上，正对牛心石。牛心亭不仅为人们提供了观看“黑白二水洗牛心”的绝佳视角，还巧妙地提示了游览线路，丰富了游览感受。清音阁前的牛心亭是一座六角攒尖顶亭，位置处于两条溪水的交汇处，牛心亭的左右横跨着两座石拱小桥。坐在牛心亭内，可见两股飞瀑直泻而下，冲击着前面水潭中的牛心怪石，溅起层层水花，两侧石壁陡峭、繁密丛林，有深处大自然怀抱之感。牛心亭的顶饰、翼角、花牙子和扶手靠椅等细部装修均采用了典型的四川民间做法，轻巧精致（图 4-44）。

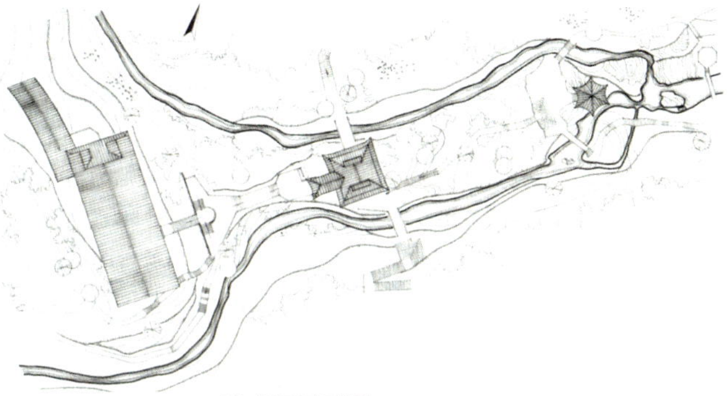

清音阁平面图

清音阁立面图

牛心亭立面图

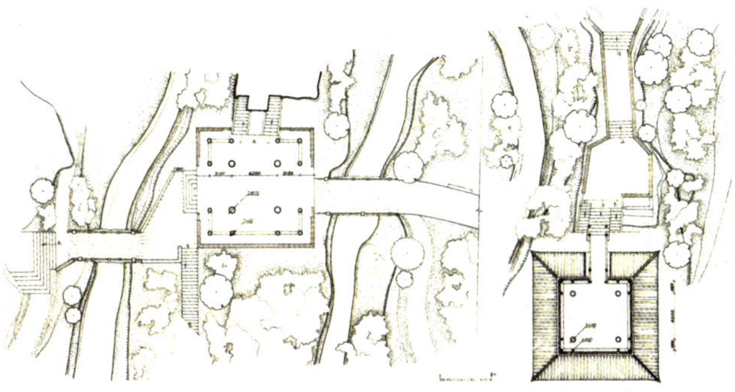

牛心亭平面图

清音阁与牛心亭地形剖面图

图 4-44　峨眉山三山夹两涧景区

（图片来源：重庆大学建筑城规学院，2023）

2. 现代园林亭的设计

在现代园林中，用于休憩的亭类建筑仍然是重要组成部分。与古典园林亭相比，现代园林亭的造型更加简洁、多样，构成材料更加多元化。模块化、标准化通常为建造现代园林亭的流行做法。重庆市城口县沿河乡的北坡村是秦巴山区中的一个典型依水而建的小村落，北坡桥曾是进村的必经之路。新修的公路开通后，北坡桥的功能被取代，逐渐成为供游客休憩、观景的场所（图 4-45）。

在乡村进行实践时，把控施工质量是建筑设计的前提条件。针对乡村施工条件相对简陋的情况，建筑师确定了模块化的建造策略：依靠单元空间、预制构件和现场组装。预制模块提高了构件的精确度，降低了施工难度，减少了建筑师现场指导的次数，同时保障了施工质量。预制构件也大幅度缩短了现场作业的时间，发挥了装配式作业的优势。

建筑师最大限度地保留了原桥，并在桥面上用单元模块“伞下的座椅”来满足遮阴、避雨和休憩的需求。“伞”适配当地多雨的气候。选择向上翻转的屋面是因其比传统下沉的坡顶与桥面围合出相对封闭的空间时，拥有更开放的视野和更轻盈的姿态。向内聚拢“斗”状的屋面收集着民间象征财富的雨水。小雨时，雨水沿着中心的雨链，流入石块，渗进排水系统；雨势大时，雨水由隐藏在钢构内的排水管排出。由六个独立的单元模块共同托起一个连续的屋面，屋檐下、座椅之间相互独立，其间的“空格”形成有韵律的停顿，邀人入座。空间单元被置于桥的中心，将沿着桥前进的势能转向两侧。行人过桥时，视线沿着飞扬的屋檐，抬眼望向远山深处，慢下来，独坐观雨。

建造材料采用当地的“白夹竹”，将其铺设在新增的卵石地面，由重到轻、纵向生长。此外，还有竹材纹理的混凝土座椅，与竹材尺寸相近但更耐用的钢管，一字排开的竹竿和保护着竹竿的钢板。整个竹亭既传达了传统亭的精神韵味，又体现了现代材料、现代施工工艺的时代精神。

通常现代亭为简洁、流畅的外部造型，并将绿色生态的理念贯穿其中。西班牙巴塞罗那某现代景观亭（图 4-46）由六边形组成基本框架。结构不会阻碍地面

立体图

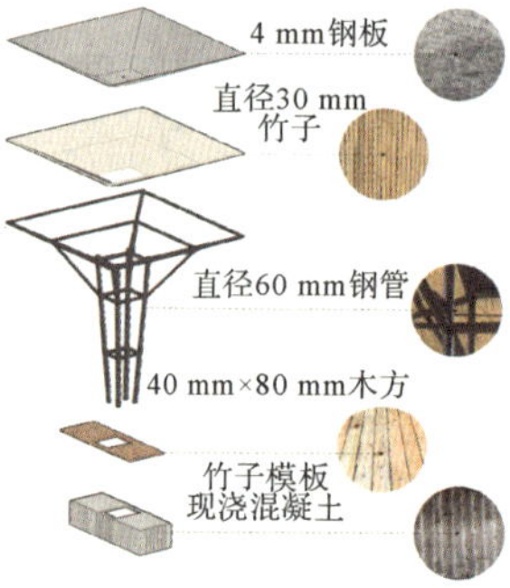

剖面图

图 4-45　北坡桥的休憩亭

（图片来源：孙家驷，2011）

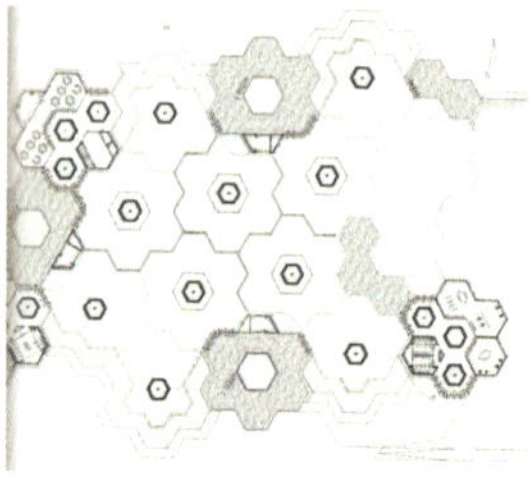

建造方式

立体图

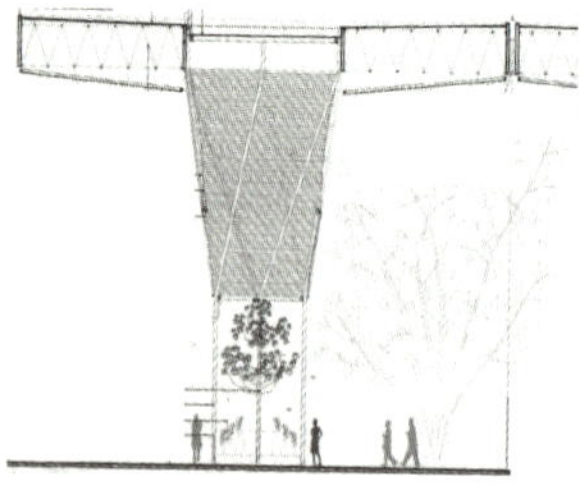

剖面图

图 4-46　巴塞罗那某现代景观亭

（图片来源：樋口正一郎，2002）

植被的生长，六个六边形结构构成一个模块，建筑师借此构筑空间、建筑和创造生物气候条件。景观亭便于安置，能灵活运用，可控制植物的生长速度且不会损伤原来的树木。在模块中，用一个六边形作为核心构造，好像空心的树干一般，庭园中的技术网络（建筑、电力和雨水收集）、有机网络、热排气口、雨水收集口和湿度控制处都在其中。

4.3.6 廊

1. 廊的功能

廊在园林建筑中具有重要作用，不仅将各个厅房有机联系，使之成为整体，还是游览路线的一个有效组织者。它不但具有避雨休憩、来往交通的功能，而且在园林艺术上起着分隔园林空间、组织园林景观、增加园景层次的重要作用，同时还常作为建筑物从室内空间到室外空间的过渡。廊在园林建筑中的作用主要有以下几个方面。

（1）景点与院落空间的串联　廊的设置要考虑能够将主要景点和多组院落空间串联组织起来，同时要综合考虑地形条件及游览体验的变化。廊或沿墙而行，或临水而游，或跨水而越，或依山而上，与地形有机结合，不断引领行进路线上景观的变化，为游览者带来丰富的游览体验。

在园林设计中，自廊被运用以来，它的形式和设计手法就更为丰富多彩。如果把整个园林作为一个“面”，那么亭、榭、轩、馆等建筑在园林中可视作“点”，而廊、墙这类建筑则可视作“线”。通过这些“线”的连接，各分散的“点”能连成有机的整体。在园林“面”的总体范围内，它们与山石、绿化、水面相配合，形成一个个独立的景区。

通常，廊布置在两个建筑或两个观赏点之间，是空间联系和空间分划的一种重要手段。它不仅具有遮风避雨、交通联系的实用功能，还对园林中风景的展开和观赏层次的组织起着重要作用。苏州环秀山庄就是通过廊将主体建筑相连接的典型案例（图 4-47）。

（2）游览路线的指引　在小型的园林空间中，廊常附设于建筑周边或沿墙，以“占边”的形式布置，在形制上有一面、二面、三面，也有四面形成回廊的情况。在皇家园林中，采用回廊将各组建筑连接的形式比较常见，如颐和园中的谐趣园（图 4-48）、承德避暑山庄中的烟雨楼等都属于该种类型。而在苏州园的主景区中，廊则多沿墙设置，为了避免廊围绕一圈所形成的呆板和单调，廊通常只在园林一边或两边出现。与此同时，为了加强空间体验的丰富性与趣味性，廊与墙的关系时分时合，形态曲折多变，营造了许多颇具情趣的小空间，如沧浪亭水院（图 4-49）。

当游廊用以登山观景和联系山坡上下不同高度的建筑时，廊常依山势蜿蜒转折而上，营造出丰富的山地建筑空间，特别是在大型皇家园林中，爬山廊的设置非常普遍。北京北海公园的濠濮间山环绕，树木茂密，四座殿宇位于山体不同的标高之上，因此，建筑之间的联系以爬山而上的折廊进行连接，廊从起到落，跨越起伏的山丘，结束于临池的水榭，手法自然，富于变化。

（3）园林空间的划分　廊在组织游览路线中经常担负着划分空间的作用。在规模较大的皇家园林中，廊通常被用于界定院落空间，进而对园林进行分区。例如，承德避暑山庄的万壑松风巧妙地利用廊把几个个体建筑物串联起来，形成了几个大小不同的院落空间。

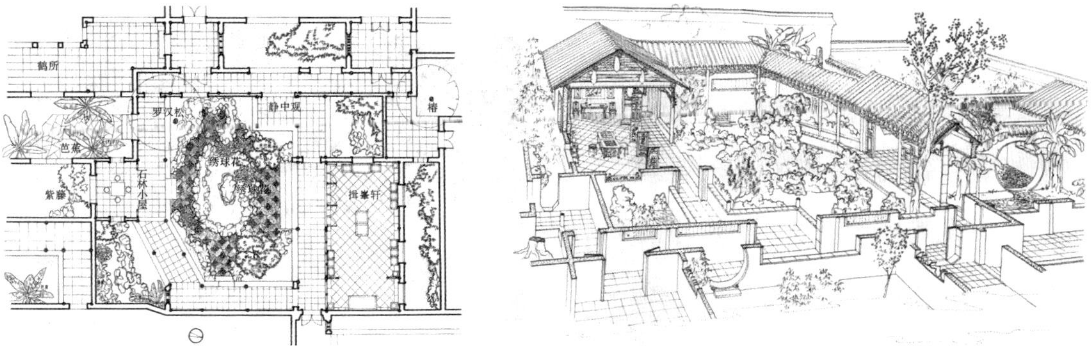

图 4-47　苏州环秀山庄廊的运用

（图片来源：金学智，2024）

图 4-48　颐和园中的谐趣园

图 4-49　沧浪亭水院

（图片来源：蒋晖，2016）

在小型的园林中，廊同样被用来划分空间，以此增加空间的层次。四川眉山三苏祠西面水体就是用中部通透的桥廊和亭将狭长水面划分为两个部分，从而大幅度增强了空间景观层次的丰富性；三苏祠启贤堂与来风轩则是通过中间的连廊将原来的庭园一分为二。环秀山庄中部景区南侧水体上的桥廊既连接了两个厅堂，又围合出一处较为静谧的小景区（图 4-50）。临水而设是游廊常见的设置方式，既供游客欣赏水景，又能联系水上建筑。水边设廊既有位于岸边的，又有完全与水面紧密贴合的。颐和园的临湖设置长廊就属于前者，廊立于岸边，为游客观看湖景提供了良好的空间；拙政园西面景区著名的波形水廊（图 4-51）则完全紧贴水面，廊在自然的转折中还设置了起伏变化，游客漫步其上，宛若置身水面，别有风趣。

2. 廊的类型

廊在整个园林中以“线”的形态呈现，通过这些“线”，各厅堂、楼阁、亭等分散的“点”能有机串联起来。具体来说，廊的平面形态包括直线、折线、曲线等。

在寺观园林中，空间关系通常严谨规整，因此，廊多以直廊、回廊形式呈现，用于连接各个建筑，成为各个建筑室内与庭园空间的过渡。在游览区，廊的设置相对灵活，除用于院与院连接的回廊、直廊外，也常采用曲尺形廊或随空间形式变化做成曲廊。例如，香山静宜园中的见心斋的中心是一座半圆形水池，池的东、南、北三面回廊随水池形状呈弧形；颐和园长廊贯通于前山山麓临湖的平坦地带，结合地形变化，廊的平面形

图 4-50　环秀山庄桥廊的空间划分作用

（图片来源：孟兆祯，2023）

图 4-51　波形水廊

态直中有曲，丰富了行走体验；北京北海公园的濠濮间的四座建筑分别置于不同标高，用曲尺形廊回转而上，将建筑有机连接。

在江南私家园林主景区中，廊多以不规则的折线形态出现。这是因为曲折的形态能在有限的空间有效增加游览长度，延伸游览时间，同时曲折的形态使廊与墙时分时合，并与墙体（图4-52）共同围合出一些特色的小角落，增加了空间层次，大大提升了行走体验的丰富性和趣味性。此外，不规则的折线形态避免了直廊的呆板，更加符合私家园林的整体氛围。

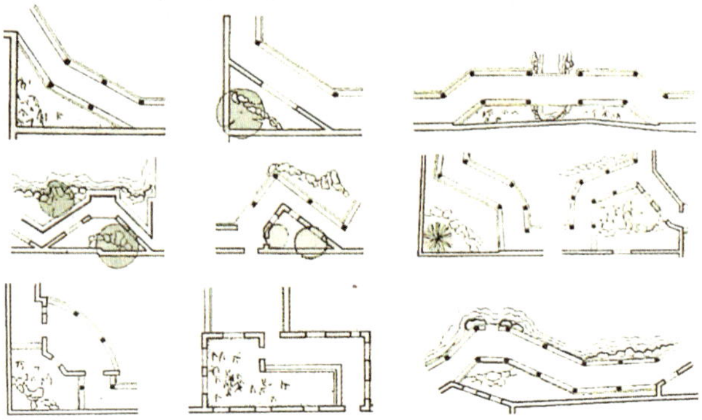

图4-52 廊与墙体的关系

（图片来源：童寯，2014）

廊的平面较为简单，除复廊有两间宽度外，通常其他廊进深仅一间，开间数不限，长度随需要而定。从其平面形态来看，廊的平面形态（图4-53）主要分为直廊、曲廊、抄手回廊等。在具体使用上，廊的形态常"随形而弯，依势而曲"，在适应地形的同时，还兼顾游客在游览行进路线上行走和观赏体验的丰富性，从而呈现灵活多样的线性形态。

从廊的横断面来分析，廊的基本类型大致可分成四种形式：双面空廊、单面空廊、复廊和双层廊。其中，最基本且运用最多的是双面空廊。单面空廊是在双面空廊的一侧列柱间砌实墙或砌漏花砖墙或完全贴靠墙或建筑边沿。有时单面空廊屋顶做成单坡的形状，以利于排水。在双面空廊的中间夹一道墙就形成了复廊的形式，也称为"内外廊"。在复廊内分成两条通道，廊的跨度一般要宽一些，把廊做成两层，上、下都是廊道，即变成了双层廊或称"楼廊"。此外，现代有用钢筋混凝土结构打造的"单支柱式廊"，仅中间设一排列柱，屋顶两端略向上反翘，落水管设在柱子中间，形式新颖。

①双面空廊。在建筑物之间按一定的设计意图联

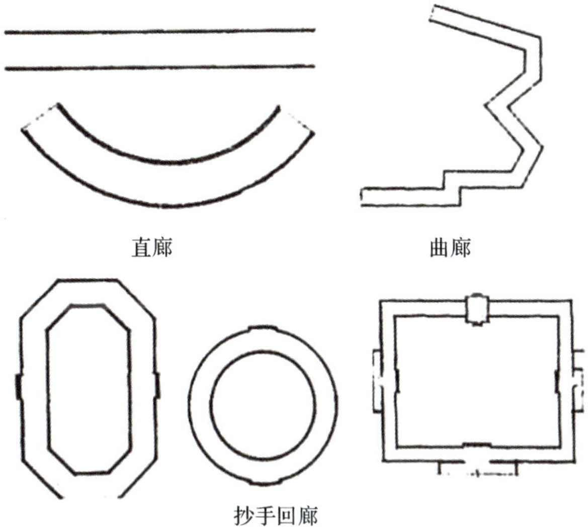

图4-53 廊的平面形态

（图片来源：童寯，2014）

系起来的直廊、折廊、回廊、抄手廊等，多采用双面空廊的形式。无论是在风景层次丰富的大空间，还是在曲折灵巧的小空间，它均可运用，还能呼应廊道的主题。北京颐和园的长廊是这类廊的突出的实例。它始建于1750年，1860年被英法联军烧毁，清朝光绪年间重建。它东起邀月门，西至石丈亭，共273间，全长为728 m，是我国园林中最长的廊。整个长廊北依万寿山，南临昆明湖，穿花透树，曲折蜿蜒，横向连接起万寿山前十几组建筑群，不仅增加了景色的空间层次和整体感，还成为交通纽带。同时，它可作为万寿山与昆明湖的过渡空间。在长廊上漫步，一侧是整片松柏葱茏的山景和掩映在绿树丛中的一组组建筑群，另一侧是开阔坦荡的湖面。通过长廊伸向湖边的水榭及伸向山脚的建筑，游客能从不同角度和高度欣赏变幻的自然景色。为避免单调，长廊中间还建有四座八角重檐顶亭，丰富了整体景观。

②单面空廊。单面空廊一侧为通透空廊，面向主要景色；另一侧沿墙或附属于其他建筑，形成半封闭的效果。如果其相邻的空间需要完全隔离，则做实墙的处理；如果要增添次要景色，则须隔中有透、似隔非隔，做成空窗、漏窗、什锦灯窗、格扇、空花格及各式门洞等。即使仅以几竿修篁、数叶芭蕉、三二石笋为衬景，也饶有风趣。

以颐和园中的静心斋廊（图4-54）为例，其处于由大门通道作为进入主要园林空间的起点，建筑师不希望游客一眼就看穿整个景色，故而，敞廊的空柱廊对着

小院，院中以朴拙苍劲的古树为主景，而面向主要庭园的一侧是一排漏窗，山容水态依稀可见，预示着即将展开的风景中心。行至"绿荫"敞榭，整个湖光山色呈现在面前。这种利用廊的墙面来营造敞开的空间效果是非常巧妙的处理方法。

③复廊。复廊是在双面空廊的中间隔一道墙，形成两侧单面空廊的样式。中间墙上多设有各种漏窗，游客在廊的一侧可透过空窗看到另一侧的景色。这种复廊一般设置在两侧都有不同景物的地方，借助复廊将两个不同景色的空间相连。此外，用墙的分划与廊的曲折变化也可延长游览线，增添游廊观赏的趣味性，达到"小中见大"的效果。

图 4-54　颐和园中的静心斋廊

位于苏州园林沧浪亭东北面的复廊(图 4-55)是运用借景手法处理空间环境的佳例。沧浪亭本身无水，但其北部园外有河有池。园体布局时，建筑尽可能移到河边，并在北部沿弯曲河岸建造空透的复廊，西起园门东至观鱼处，以砌筑河岸，使山、水、建筑紧密结合。这样处理可以让游客还未进园，就有"身在园外，仿佛已在园中"之感。进园后，在曲廊中漫游，行于临水一侧可观水景，恰似河、池是园林不可分割的一部分，通过漏窗，园内苍翠古木丛林隐约可见。同样，水景也可从漏窗透至南面廊中。通过复廊，园外的水和园内的山互相借资，连成一气。

④双层廊。双层廊可提供人们在上、下两层不同高度的廊中观赏景色。有时，它便于联系不同标高的建筑或风景点，以组织人流。同时，由于在层次上富于变化，它也有助于丰富园林建筑的体型轮廓。依山、傍水或平地上均可建造双层廊。

图 4-55　苏州沧浪亭的复廊

北京北海公园琼岛北端的"延楼游廊"就是呈半圆弧形的双层廊，共 60 个开间，面对着北海公园的主要水面，呈东西对称布置。它东起"倚晴楼"，西至"分凉阁"，从湖的北岸看过来，这条两层长廊仿佛把琼岛北麓各组建筑群都兜抱起来，连成一个整体，很像是白塔及山上建筑群的一个巨大基座，将整个琼岛簇拥起来。游廊、塔、山倒映水中，景色奇丽。廊外沿着湖岸有长约 300 m 的白玉栏杆，蜿蜒如玉带。从廊上望五龙亭一带，水天空阔，金碧照影。

⑤爬山廊。爬山廊既可供游山观景，又可联系山坡上下不同标高的建筑，还可用来丰富山地建筑的空间。有的爬山廊位于山之斜坡，有的爬山廊依山势蜿蜒转折而上。廊的屋顶和基座有斜坡式和层层叠落的阶梯式两种。

颐和园的排云殿和画中游所在位置山势坡度较大，所建爬山廊动用了较多的土方砌筑石壁，以构成斜廊的坡度和梯级，它除具有联系不同标高的建筑的作用外，还增强了建筑群的宏伟感。顺着排云殿西侧的爬山廊登高至德辉殿，再往上围在 38 m 高的佛香阁外圈的四方形回廊，建筑在粗大石块砌起的石台上。无论从它在佛香阁一组建筑群中所起的艺术作用，还是从它本身为游客提供休息与观赏价值来看，其设计都是十分成功的。

由于廊体积小，构造施工简易，廊在总体造型上比其他建筑物有更大的自由度。它本身可长可短、可直可曲，又因可顺地形变化之势，使其造型自然呈现高低起伏。有时，为打破行走时的单调感，平地上也会特意设置一定的高差变化，使其外形有所改变(图 4-56)。

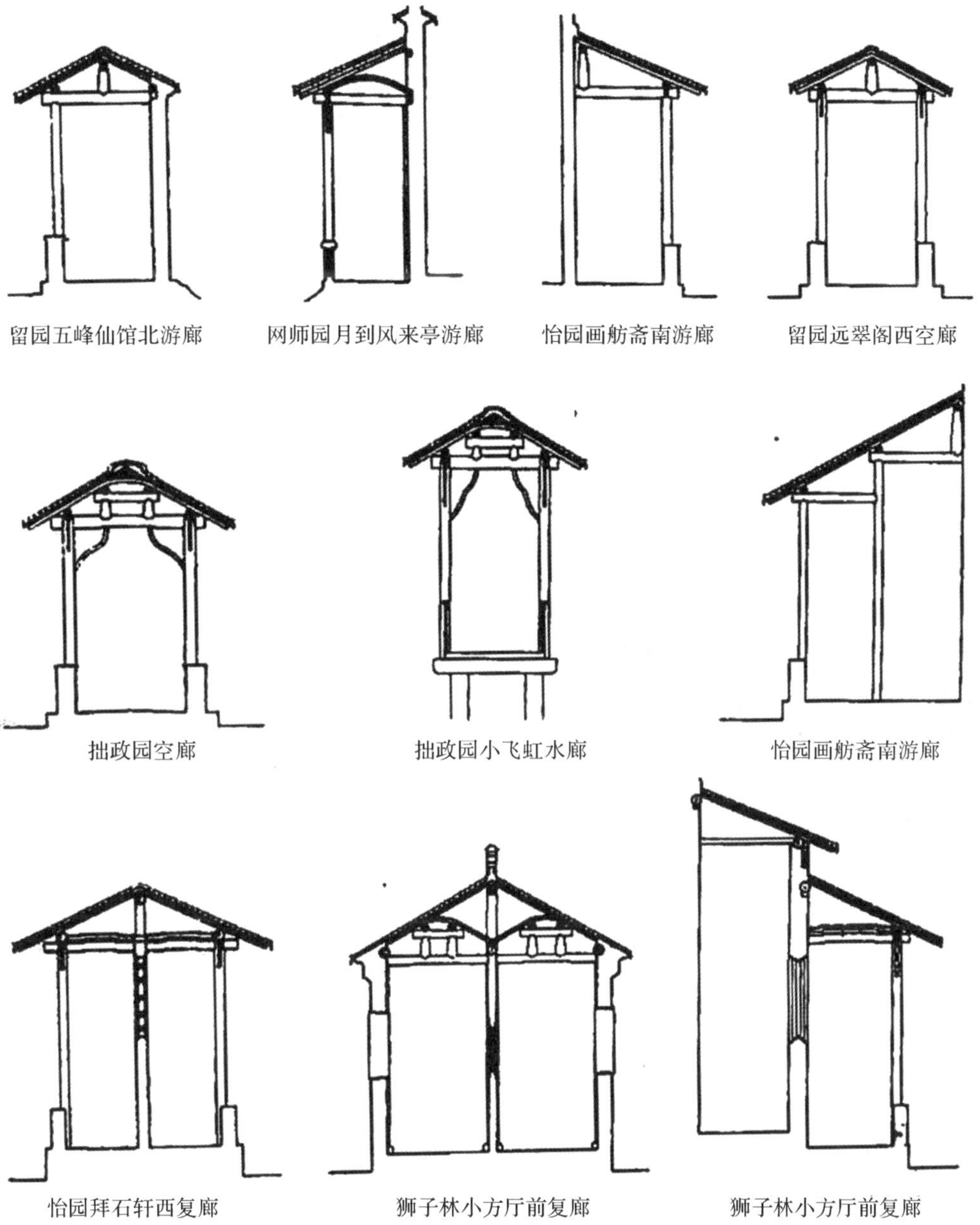

图 4-56　廊的立面形态

(图片来源:童寯,2014)

3. 廊的设计技巧

廊在园林中是以“线”的形态融入空间环境的。在进行设计时,首先,要考虑其位置的选择和空间的组合;其次,尺度与材料也是廊的设计中需要重视的关键因素。

(1)选址　廊的选址通常有平地建设、水边建设等。通常,廊在平地建设时,以占边的形式布置于围合起来的庭园中部组景。这样易于形成四面包围的向心布局,以争取中心庭园的更开阔空间。廊在平地建设还作为动态的导游路线来设计,被用于连接各个风景点。廊在平面上的曲折变化要完全视其两侧的景观效果与地形环境来确定,随形而弯,依势而曲,蜿蜒逶迤,自由变化。有时为分划景区,增加空间层次,让相邻空间呈现既有分割,又有联系的效果,通常廊也被用于空间分划，将墙、花架、山石、绿化互相配合。近年来，在新建的一些公园或风景区的开阔空间环境中，建游廊主要着眼点在于利用廊来围合空间（图 4-57）、组织空间，并于廊两侧的柱子间设置座椅，营造休息的环境（图 4-58），且廊的平面方向会面向主要景物。

廊的选址有两种形式：一是位于岸边；二是完全凌驾水上。岸边水廊的廊基一般紧邻水面，廊的平面也大体贴近岸边，尽量与水接近。例如，南京瞻园沿界墙的一段水廊，其北段为直线形，廊基即池岸，廊的一面倚墙，一面临水；廊的端部入口处突出水榭，并作为空间起点，在南面转折处则跨越水头，形成跨水游廊。廊的布置不但克服了界墙的平板单调，丰富了水岸的构图效果，而且充分利用了水池与界墙之间的狭窄通道。由于廊的穿插、联络作用，假山、绿化、建筑、水体结合为一个美观的整体。当水岸曲折自然时，廊多沿着水边，形成自由式格局，顺自然之势与环境相融合。重庆园博园平湖上的桥廊（图 4-59），其中间的重檐阁三面凌空，突出于水池之中，紧贴水面，轻盈跳跃。为让廊呈现轻快、自由的气质，除注意使其尺度较小外，廊下部的支承处理也格外用心，有时选用天然湖石作为支点，有时从墙上伸出挑板作隐蔽支撑，以增加廊漂浮于水面的视觉效果。为接近水景，有时还会在水中心设置一组长廊，为游客打造水上休憩、遮阳的场所。此时，廊周围需要设置好护栏，护栏的形式也应与廊的风格相呼应和一致。

图 4-57　用廊来围合空间

图 4-58　廊与休息座椅结合形成休憩空间

图 4-59　重庆园博园平湖上的桥廊

(2)尺度 廊的尺度处理要因地制宜。在通常情况下,单廊宽度为 1.5 m 左右;苏州园林廊开间为 3.0 m 左右,檐高为 2.5 m 左右,出檐为 0.45～0.5 m。复廊在廊内被分成两条通道,其廊的宽度比单廊要宽一些,檐高则相差不多。此外,廊的尺度也应考虑使用者,例如,儿童游乐区的廊可做得相对低矮些,以获得亲切宜人的尺度(图 4-60)。

(3)廊的材料 除上述木材外,廊的建造也越来越多地采用现代材料(图 4-61)。其中,混凝土材料是最常见的材料,基础、柱、梁皆可按要求设计。廊所需柱体量多因距离近,且受断面影响,宜用光模、高标号混凝土一次性捣制成型,以求轻巧挺拔。金属材料常用于独立的花柱、花瓶等,造型活泼、通透、多变、现代、美观,尤其是金属材料的门廊呈现出简洁流畅的造型风格,展现了现代景观的魅力。

图 4-60 儿童游乐区的廊的尺度

图 4 61 廊的材料

4.3.7 花架

花架是园林,尤其是现代园林中常见的元素。花架有三种作用:第一,遮阳功能。花架作为攀缘植物的棚架,是人们消夏庇荫的场所,可供游客休息、乘凉,坐赏周围的风景。第二,景观效果。花架在造园设计中往往具有亭、廊的作用。当花架作长线布置时,其就像游廊一样发挥着建筑空间的脉络作用,形成导游路线;也可用于划分空间,增加风景的深度。当花架作点状布置时,就像亭一般,形成风景观赏点,并在此组织对环境景色的观赏。除供植物攀缘外,有时花架在现代园林中取其形式轻盈的特点,用来点缀园林建筑的某些墙段或檐头,使之更加活泼和具有园林的性格。花架本身优美的外形也能对周围的环境起到装饰作用。第三,纽带作用。在建筑方面,花架可以联系亭、台、楼、阁等,具有组景的功能。

一般花架是一种“虚”的建筑元素，由两排细细的列柱，顶着木制或混凝土梁构成。在花架的一侧，人们可透过柱子之间的空隙，观赏另一侧的景色，它像一层“帘子”，似隔非隔，若隐若现。两边的空间有分又有合地联系起来，达到一般建筑元素达不到的效果。

在近现代建筑中，花架不仅被大量地用于园林，还经常地被运用于旅馆、展览馆、学校、医院等的庭园。一方面，它作为交通联系的通道；另一方面，它充当一种室内外联系的“过渡空间”。这类“过渡空间”为庭园空间增添了层次感，仿佛在绘画中除“白”与“黑”的色调外，又添了层“灰调子”。这种“灰色空间”紧密地联系在一起，互相渗透、融合，形成生动诱人的空间环境。

花架的结构构造及施工一般比较简单。在中国传统建筑中，花架多为木构架系统，屋顶多为平顶形式。在现代园林建筑中，花架多采用钢筋混凝土结构，还有完全用竹子做成的竹廊等，其结构与施工难度都不大。

1. 花架的类型

花架是最接近于自然的休憩类园林建筑。花架的构成元素可以是一组花钵、一座攀缘棚架、一片供植物攀附的花格墙，等等。花架的造型简洁，却也因物简而意深，起到画龙点睛的作用，能够创造室内与室外、建筑与自然相互渗透、浑然一体的效果。

花架的设计不仅要展示其在绿荫掩映下的美观，在植物落叶后也要保持形态优美，因此，充分考虑比例尺寸、选材和装修很有必要。通常，花架被视为建筑艺术品，体型比较轻巧，尺度宜人，避免因不易隐蔽而显得空旷。花架四周一般都较为通透开畅，除作支撑的墙、柱外，没有围墙、门和窗。花架的铺地和屋顶的两个平面也并不一定对称和相似，可以自由伸缩、交叉、相互引申，从而让花架置身于园林之内，融于自然之中。

同时，花架的形体要根据攀缘植物的特点、周围的环境来构思，包括攀缘植物的生物学特性，来设计花架的构造、材料等。在一般情况下，一个花架配置一种攀缘植物，配置2～3种相互补充的花草等。

(1)按照植物类型分类

①紫藤花架。紫藤枝繁叶茂、老态龙钟，尤宜观赏。在北京恭王府中，有二三百年前藤萝架；圆明园“慈云普护”中有“一径界重湖间，藤花垂架”。紫藤花架采用能承重的永久性材料，造型古朴、简练。

②葡萄架。葡萄浆果有许多耐人深思的寓言和童话，可作为构思参考。种植葡萄需要充分的通风、光照条件，还要翻藤、修剪，因此，要考虑合理的种植间距。

③猕猴桃棚架。猕猴桃属有30余种为野生藤本果树，广泛生长于长江流域以南的林中、灌丛、路边，其枝叶左旋攀缘。这种棚架的花架板最好为双向，或者在单向花架板上临时加“石竹”，以适应猕猴桃只绕而不攀爬的特点。整体造型纤细，不宜过于粗犷、乡土。茎干草质的攀缘植物往往借助牵绳攀爬，如葫芦、茑萝、牵牛等，因此，种植池要近，花架柱的梁板之间也需要有支撑和固定物，才能让植物爬满全棚。

(2)按照结构方式分类

①双柱花架(图4-62)。这种花架好似以攀缘植物作顶的休憩廊。供植物攀缘的花架板平面排列可等距(每个50 cm左右)，也可不等距，板间嵌入花架砧，取得光影和虚实的变化。其立面不一定是直线，也可以是曲线、折线，甚至可从顶面延伸至两侧地面，如滚地龙一般。

图4-62　双柱花架

②单柱花架。当花架宽度缩小，两柱接近成一柱时，花架板变成中部支撑，两端外悬。为确保整体的稳定和美观，单柱花架在平面上宜做成曲线、折线形。各种供攀缘用的花墙、花瓶、花钵、花柱等如图4-63所示。近年来，单柱花架也流行用经过处理的木材做材料，以求真实、亲切。

2. 花架的设计技巧

花架的构造简单是园林中能够取得较为活泼、灵动效果的建筑元素。在现代园林建筑中，通常采取以下的方法让花架既源于传统，又充满现代气息。

(1)提取与拼贴　这一方式通过对传统建筑构件的解构、镶拼和重新组合来实现。将传统建筑的典型

图 4-63　单柱花架

符号运用于现代园林建筑，以此强调民族传统、地方特色和乡土风格。当一个地区存在大量传统建筑共同反映某种特色时，该地区的特性才得以凸显。这样的符号或从传统建筑中提取的有代表性的“视觉模式”恰好反映了地区大量传统建筑的共性特征要素。当它们被拼贴于新园林建筑时，新建筑与传统建筑之间就建立了视觉和情感的联系，符合人们约定俗成的习惯。例如，某意大利风格公园借鉴了意大利典型的喷泉广场，提取其中心喷泉、环形廊等元素，转化为现代简洁的钵状涌泉及砖石与木梁组合成的花架。花架的砖石砌筑形式能让游客联想到意大利托斯卡纳地区砖石建筑的传统肌理，如某公园中的现代意式园(图 4-64)。

(2)简化和提炼　这是在深入理解和研究传统园林花架形式的基础上，对传统建筑的结构、屋顶形式、整体形象、细部处理等进行简化、抽象，进而提炼新的形式。在运用时，要注重保持适宜的比例、尺度，以获得传统的气质和现代的表现。在设计中，抛弃了烦琐的装饰，用现代的结构形式和材料塑造简洁的现代园林建筑形象。由于保留了传统廊架的比例、尺度，古典神韵犹存。例如，南方某风景区车行通道的遮阳花架简化了传统木构建筑梁架相互叠合的构筑形式，采用粗细一致的木梁交错拼接，并以钢结构柱作支撑。这样既保留了廊架轻巧的效果，又以现代的钢木结构塑造出现代简洁的形象，如某公园中的休憩花棚(图 4-65)。

图 4-64　某公园里的现代意式园

图 4-65　某公园中的休憩花棚

(3)变形与转化　这是运用现代的材料和建造手段重新诠释和演绎园林建筑的传统要素，而非复制园林建筑的传统形式和材料。这就要求园林建筑既包含传统建筑的某些特征，又要与传统建筑保持一定的距离，体现创造性。这涉及对传统形式的概括、变形、重构、解构，从而完成形式上的“差异性转变”。例如，某公园休憩地采用花棚的形式，夏日牵牛花等藤蔓植物攀爬于玻璃棚上，形成斑驳的遮阳场地；冬日花木凋谢，玻璃棚又可以接纳阳光，如某风景区入口的钢木花架(图 4-66)；南国花苑一处花架将传统折线廊予以变形，以自由曲线的玻璃花架形式呈现，凸显了由现代结构和材料带来的新颖特点，令人耳目一新(图 4-67)。在多数情况下，廊、花架、景墙整合为一体，并运用多种材料组织。它们在不同季节为人们提供了休憩和遮阳的场所，是现代园林建筑中必不可少的景观要素，如现代园林建筑中的廊与花架（图 4-68）。

图 4-66　某风景区入口的钢木花架

图 4-67　现代曲线形花架

图 4-68　现代园林建筑中的廊与花架

习题

1. 休憩类园林建筑有哪些类型？
2. 休憩类园林建筑在立意上需要注意哪些方面？
3. 抄绘拙政园荷风四面亭和香洲的平面图、立体图及剖面图。
4. 廊的平面与立面类型有哪些？
5. 用现代手法处理廊与花架主要体现在哪些方面？
6. 徒手设计一个长 5 m、宽 1.8 m 的廊架，比例为 1∶100。

第5章 服务类园林建筑

【学习目标】

1. 了解服务类园林建筑的基本概念、选址与总体布局的基本手法、服务类园林建筑的设计原则及分类；
2. 理解不同类型服务类园林建筑的功能需求与组成、选址与布点要求、建筑造型与风格特色；
3. 掌握服务类园林建筑在总体布局时，利用地形的设计手法，服务类园林建筑的平面布局、流线组织等要点。

【学习重点】

1. 服务类园林建筑在总体布局时利用地形的设计手法；
2. 服务类园林建筑的设计原则；
3. 不同类型服务类园林建筑的设计方法。

服务类园林建筑是现代景观园林的重要组成部分，包括游客接待中心、贵宾接待室、餐厅、茶室、小型展览馆、售卖亭、泊船码头、园厕等不同功能的建筑。该类建筑一般体量不大、功能相对简单，在园林用地中所占的比例很小。然而，由于它们处于景园内，直接服务于游客，服务类园林建筑的选址与设计是否得当、功能是否合理，和增添景区与公园的优美景色密切相关。因此，在设计服务类园林建筑时，应遵守组分结合、因地制宜、妥善隐藏、明确主从、协调统一、利于赏景及内外渗透的原则。

5.1 接待类园林建筑

5.1.1 贵宾接待室

规模较大的风景区或公园通常会设一个或多个专用接待室，用于接待贵宾或旅行团。这类接待室主要供贵宾休息、赏景，也兼具小吃营业功能。

贵宾接待室的选址多结合风景区的主要风景点或公园的主要活动区域，一般要求交通方便、环境优美且宁静。即使周围景观环境欠佳，也需营造出幽静而富于变化的庭园空间。贵宾接待室的空间功能一般包括入口部分、接待部分和辅助设施部分。其选址特色与设计要点主要包括以下几个方面。

1. 因地制宜，天然成趣

桂林芦笛岩接待室（图 5-1）建于芳莲山陡坡，建筑依山而筑，高低错落，颇有新意。主体建筑为两层，局部为三层，每层均设一个接待室，可同时接待数批来宾。第一层和第二层均有一个敞厅，可供游客休憩和享用小吃。登接待室，纵目远眺，正前方是开阔的湖山风光，两山间飞架的新颖天桥，山麓濒池的水榭、遥遥相对的洞口建筑以及四周的田园风光，这些景致均为接待室创造了良好的赏景环境。

在建筑构造上，接待室底层敞厅筑有一方小池，模拟涌泉，基址岩壁保留天然原样，建筑宛似根植其上。这样的处理不仅让天然的片岩块石成为室内空间的有机组成部分，还与室外重峦叠嶂的景色遥相呼应，充分体现了因地制宜、景致天成的效果。

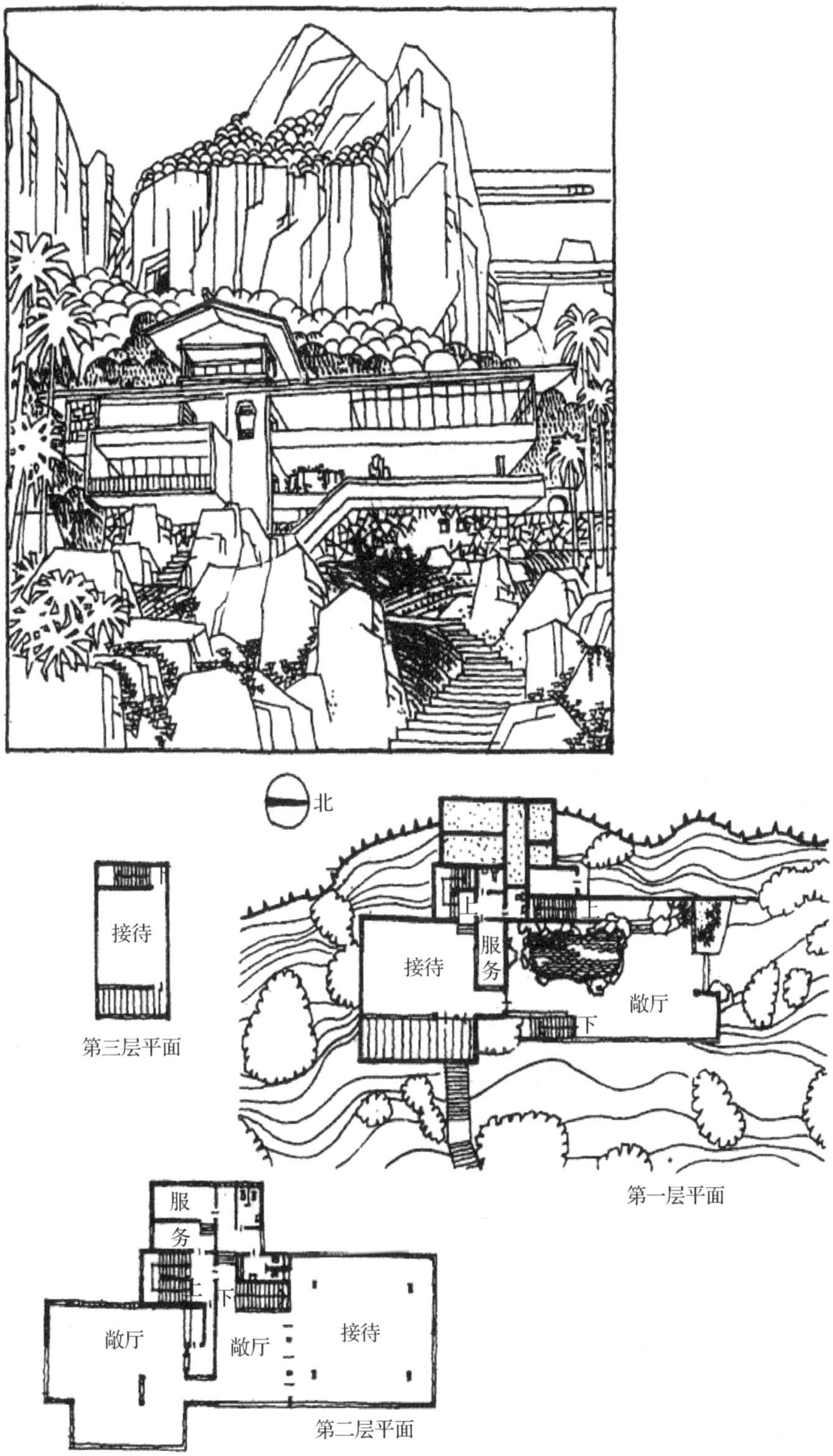

图 5-1　桂林芦笛岩接待室

桂林伏波山接待室（图 5-2）筑于陡坡悬崖之上，借岩成势，因岩成屋。建筑分两层，供贵宾休息和赏景。虽然建筑的室内空间简单，但巧妙利用山岩半壁，与入口前的悬崖陡壁相互渗透，颇富野趣。由于楼筑山腰，居高临下视野开阔，凭栏可远眺漓江，秀美山水得以饱览无遗。

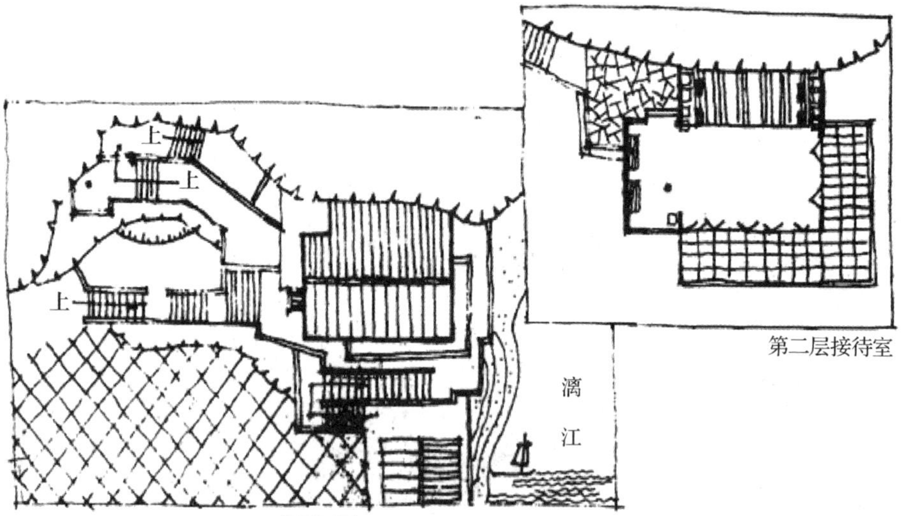

总平面图

图 5-2　桂林伏波山接待室

2. 突出主题，吻合园意

广州兰圃是以兰花为主题的专业性花园。虽然它邻近闹市，但经造园者一番经营，成为一个浮香储秀、闹处寻幽的好去处。由兰圃景门折西，跨小石板桥，便是其接待室（图 5-3）。室前临池，侧放小溪，平台卧波，清流咽石，绿荫曲径，环境幽雅。室内巧置兰草数丛，坐于窗前品茗，兰香沁人心脾。建筑的室内外空间虚实相映，墙垣质感对比强烈，色彩明快和谐。壁面分青砖、粉墙或石壁，形朴质雅，颇为得体。这种充满幽旷野趣的建筑风格与兰花生长环境的相互协调，完美契合

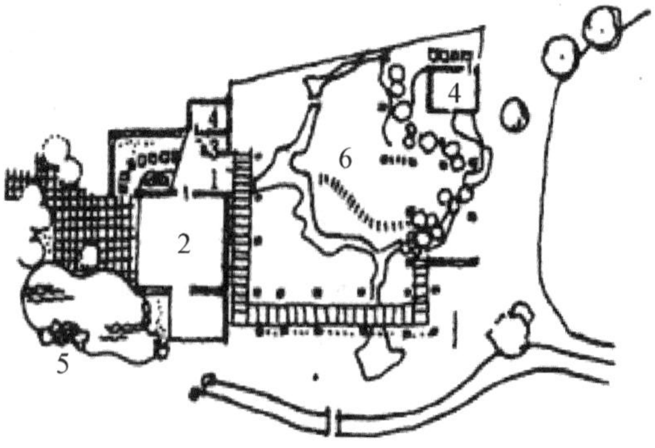

平面图

1.过厅；2.接待室；3.卫生间；
4.管理用房；5.叠石山泉；6.植物园。

图 5-3　广州兰圃接待室

了兰圃本身的主题。

3. 发挥环境素质，创造丰富空间

以华南国家植物园临湖的接待室(图 5-4)为例，虽然其南面靠近园内主要游览道，但因被竖向花架绿壁遮挡，即便游览者鱼贯园道，也无碍室内的宁静。接待室采用敞轩水榭的形式濒湖而建，不仅充分利用了其较佳的环境优势，错落安置水榭、敞厅、眺台和游艇平台，还精心组织好室内外的建筑空间。例如，通过绿化与建筑的穿插、虚与实的适宜对比，达到敞而不空的效果；又采用园内设院、湖中套池的方式增添景色层次，使面积不大的小院空间朴实自然且富有变化。

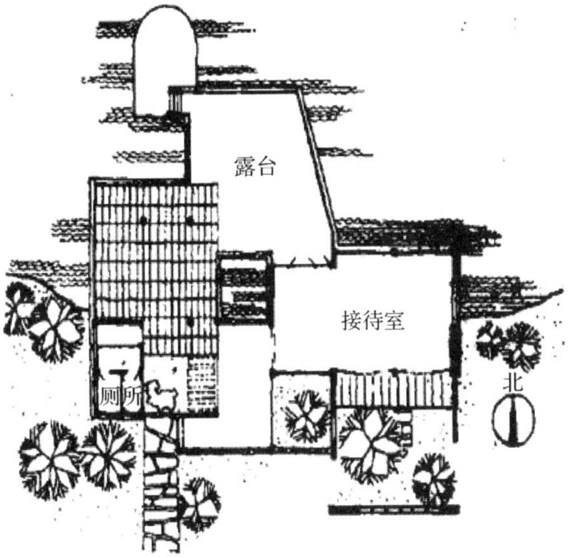

图 5-4 华南国家植物园临湘的接待室

南京中山植物园的前身为孙中山先生纪念馆，建于 1929 年，是我国著名植物园之一。该园地处紫金山南麓，背山面水，丘陵起伏，是南京主要风景点之一。南京中山植物园中的李时珍馆(图 5-5)主要用于接待、会议和陈列中草药等。该馆设计吸取了江南园林的处理手法，采用中国传统建筑形式，较好地结合了基地周围环境，建筑体型和空间显得朴实且丰富。

5.1.2 游客接待中心

游客接待中心是旅游景区设立的，为游客提供信息咨询、游程安排、讲解教育、休息等旅游设施和服务功能的场所。修建接待中心的目的是向游客提供有关旅游和风景名胜区的信息，同时给予必要的服务和帮助，甚至包括住宿及娱乐设施。

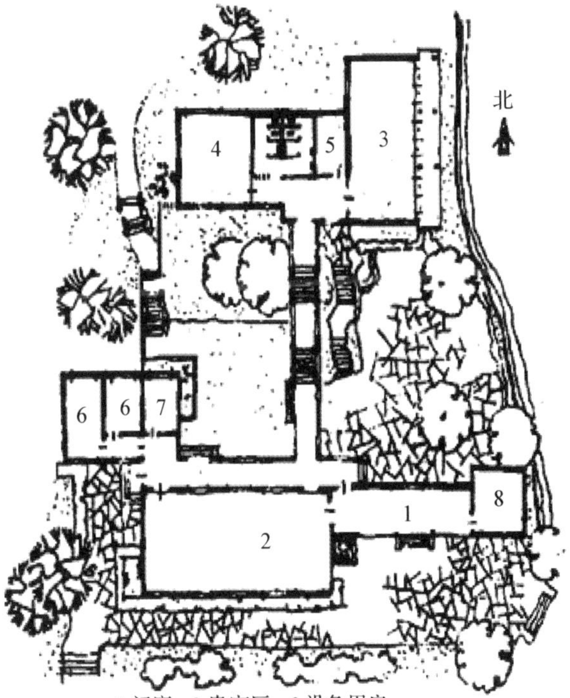

1.门廊；2.贵宾厅；3.设备用房；
4.女卫生间；5.开水间；
6.电话机房；7.男卫生间。

图 5-5 南京中山植物园中的李时珍馆

1. 功能作用

游客接待中心有三大主要功能：展示、服务和管理。建筑的功能要求决定着其功能组成、平面组合、空间布局以及室内空间的分隔形式。在进行建筑设计时，不仅要满足相应的功能，还要组织好便捷的交通流线，并塑造舒适宜人、底蕴丰富的室内外空间环境。

游客接待中心的功能还决定着其外部的形态特征和大众的审美意象。同时，其建筑风格又受风景名胜区的地理环境、民俗文化以及经济技术条件的影响。因此，游客接待中心建筑应当体现地域文化特色，并与外部景观相协调。

2. 选址与布局

游客接待中心的选址与布局应符合风景名胜区的规划要求。《风景名胜区条例》对风景区内的建设进行了严格规定：“风景名胜区规划未经批准的，不得在风景名胜区内进行各类建设活动。”“禁止违反风景名胜区规划，在风景名胜区内设立各类开发区和在核心景区内建设宾馆、招待所、培训中心、疗养院以及与风景名胜资源保护无关的其他建筑物”。游客接待中心应按照风景名胜区的规划要求确定基地位置和基地范围，要有合理的服务半径，不仅要根据近期规划，还应结合风景区的远期和远景规划。近期规划时间段是5年以内，远期规划是5～20年，远景规划是大于20年。此外，这些规划还会对建筑高度、建筑风格等有具体的要求。

对基地的分析是游客接待中心设计的第一步。基地以自身的形态和条件成为设计的制约因素。对于中心的选址来说，不但需要对基地的地理位置与人文环境条件以及基地自身的地形、地貌、日照、景观等多方面进行考量，而且应对用地进行现场勘察，在地形图上详细标注目光范围以内的自然造物及其视角和视距（主要包括山的高度、仰角等），尽可能地标注树木、地貌、景观以及它们的相互关系，以求建筑与基地相吻合。

(1)气候特征 在建筑设计中，日照是重要的自然因素。日照会影响游客接待中心的采光、朝向设计以及各个功能空间的建筑布局。对日照的分析要把握太阳的运动规律，而一天内太阳的运动轨迹和一年四季中太阳的高度角变化。除此之外，风向、温度、空气质量也是选址需要考虑的因素。

(2)地质、地貌特征 地貌条件包括基地现有的建筑物、树木、植物、石头等现存的物质因素。通常，这些地貌因素限定了平面的形状和布局。如果在理想的游客接待中心建造现存的建筑，这些现存的建筑是拆过新建，还是另外择址，就要从总体规划的角度来考虑。如果在理想位置有无法移动的巨石、不能伐倒的古树，则可以考虑把它融入建筑设计。例如，古树放在庭园中可形成内部视觉焦点。总之，设计与地形固有的特征应有机地融合。

(3)基础工程条件 游客接待中心的选址还应具备相应的水、电、能源、环保、抗灾等基础工程条件，靠近交通便捷的地段，依托现有服务设施及城镇设施；避开有自然灾害和不利建设的地段，还要分析所选位置的生态环境，因地制宜，充分顺应和利用原有地形，尽量减少对原有地物与环境的损伤或改造。

(4)服务设施 游客接待中心是游览区与城市的交通连接点，对来往的游客具有集散作用。游客接待中心建筑作为服务设施之一，同样要考虑这个问题。由于风景区的面积很大，服务设施一般可以设置在风景区、风景点、景群或与其相对应的旅游城镇和旅游村。游客接待中心的建筑物所承担的作用是给游客提供游览信息和相关服务。因此，游客接待中心应设置在人流集中的位置。通常来说，游客容量相对集中的地点主要在风景区的入口处、风景区内部交通换乘处和重要的节点处。因此，游客接待中心常位于风景名胜区的检票入口处附近，或者索道下站附近，规模相对较大，功能也最完善。例如，九寨沟游客接待中心就位于九寨沟的沟口一侧，是游客进入风景区的必经之地。无论是参观、休息、购物，还是购票，都可以实行一体化服务。一般来说，游客接待中心的整体规划布局要遵循以下原则。

①恰当处理设置于各级风景点的游客接待中心与风景区结构的关系。

②设计时，各级游客接待中心的作用、设计风格、布局特点应有机结合并相互补充。

③适时调整游客接待中心的布局，以利于风景区的良好发展，两者相互促进，进而使游客接待中心能更好地发挥作用。

④设计独特，能够体现本景区和旅游目的地的特点。

⑤游客接待中心的规模、功能、配套设施、开发状况要与旅游风景区的级别相匹配。

游客接待中心规划布局的模式主要有块状型、散点型等几种模式。块状型布局主要是指游客接待中心单独设置在风景区的一处地方，一般设置在风景区的出口。这种布局对土地的占用较大，适合于面积广阔、地势平缓的风景区。散点型布局主要是指根据风景区规划和风景区的地理状况，将游客接待中心分别设置于风景区的重要地段。这种布局形式适合于景观集中、占地狭小的风景区。

3. 平面组织

(1)游客接待中心平面组织的基本要求 游客接待中心平面组织的基本要求包括以下几点。

①满足风景区的总体规划要求。

②分区明确、布局合理、联系方便、互不干扰。从使用和管理层面，游客接待中心可分为游客活动区、后勤管理区。前者主要是为游客服务的场地，后者是行政办公。在布置总平面时，两者应有明显的界定。分区界定用地功能的目的是游客活动的场地能与内部工作人员、货物车流出入的场地明确分开，以确保内外有别、互不干扰和使用安全。因此，应有各自的独立通道

和出入口。

③组织好人流交通和车流交通流线，为避免干扰，各部分应有单独设计的便捷入口。因此，统筹组织交通流线显得格外重要。人流路线应当短捷，在出入口前应预留一定的用地，作为集散缓冲所需的空间。

④留有发展用地。应考虑必要的远景发展：如果所选的基地较小，无法预留发展用地，当因游客数量增加而导致现有设施无法满足要求时，就会给改建或扩建带来麻烦。

⑤有利于创造优美的空间环境。在总平面规划时，建筑基底的平面形态和尺度设计应充分考虑其建筑界面与相邻建筑和景观所产生的视觉效果，把握好外部环境对建筑实体形态与尺度所产生的总体影响；充分考虑基地客观自然条件及人文景观，做到与周围环境相协调，与环境共生共存，把对风景区环境的影响降到最低；有效利用自然地形，不仅能减少土、石方工程量，节省投资，还能因地制宜，创造错落有致、富于变化的建筑空间。

(2)游客接待中心总平面的设计要点 游客接待中心的总平面设计需满足道路、停车、管理、景观和安全等多种需求。基地设计和建筑设计不应割裂，应以游客活动规律和便于管理为原则，对各区的功能特点、环境要求、各个组成部分的相互关系等进行合理安排。一个良好的设计不仅能提供心理的开放性和生态的连续性，还充分考虑了环境的承载量，保证生态的平衡。在总平面设计中，应考虑的主要因素包括以下几方面。

①入口广场。入口广场是人流和车流的主要集散地，应预留适当的缓冲空间，并可布置自行车、机动车辆停放场地以及必需的环境绿化用地。场地既能传递触觉，又能传递视觉。场地的质感修饰有助于形成其视觉特征，不但能使景观和谐统一，表现地面活动的布局，而且对人的行为具有一定的指示与引导作用。例如，可以用铺砌带引导人们进入广场。入口广场的地面质地的差异可以提示空间、地域的划分，特殊的质地总会诱人趋近观赏等。平面标高的变化也起着限定空间的作用。

②建筑基底和庭园用地。这是建筑自身空间结构所占有的用地区域。其作用是提供室内外活动的空间，并创造富有特色和魅力的建筑形象。建筑基底主要包括建筑的主体部分和附属部分：主体部分集合了游客接待中心的主要功能；附属部分可以包括餐馆、旅馆等。庭园的设计应结合地形、地貌及建筑功能分区的需求。

③绿化、建筑小品等室外场地。室外环境包括绿化、美化等。例如，树木、草坪、花坛和水池等能创造优美的外部空间环境，改善小气候，烘托气氛。在设计中，建筑师一般就在建筑周围和道路旁点缀些树木。尽管有些著名的景观中并没有树，甚至广场可能没有任何植物，但植物是室外空间组织的要素之一，是最基本的材料，这就要求建筑师在总体设计时要把握好植物的群体特征和种植地段。因为乔木、灌木和花草在不同的环境下都有其特定的效果。

④内院杂物用地。这是内部业务及辅助用地部分，用于安排仓库、配电间、锅炉房等辅助用房的卸货、修整用地。

⑤停车场。当驾车到达某一地点时，如何进入建筑是要解决的一大问题，还有减速、入口和停车等问题。在基地内，应设置自行车和机动车辆停放场地，可根据基地情况考虑地面广场停车。停车场可以分散设置、分层布置或者与吸引人流的活动或造景串联。

⑥游客接待中心的出入口。出入口是内外联系的主要通道，出入口的位置选择对整个游客接待中心的总平面有一定的制约性。应注意的是，确定出入口应结合总平面布局来考虑，应有利于安排主体建筑、室外场地、功能分区及流线组织：主要出入口应面向人流量大的部位；基于游客出入的暂缓停留及安全因素，主要出入口应设置在视野开阔地带，有一定的缓冲空间且位置明显，游客直达门厅；辅助出入口便于以使用服务设施为主的游客出入；职工出入口应设在职工工作区域，用于职工上下班进出，位置应隐蔽。

(3)典型的游客接待中心功能空间的组成 其应包括门厅、休息厅、接待处、信息处、展示、商店、银行和售票处以及解说长廊(包括播放、板报、展览、声像影院、表演舞台、活动区或类似设施)、食物和饮料供应区、卫生间、管理和急救区及导游服务(表5-1)。

①门厅。门厅是一般游客接待中心的入口，也是主要的交通枢纽，起着停留、分配人流和交通缓冲的作用。游客来到接待中心，在此处稍做停留。作为由室外到室内的过渡空间，门厅既要合理集散人流，又可美化建筑内部的空间环境。

第一，门厅的各股人流的流线要简洁通畅，给游客以明确的导向作用，同时尽量避免人流的交叉与重复，并符合防火及疏散要求。在进行门厅设计中，优先注意游客人流的组织和分配，这关系到正门、楼梯的合理布局。对于易吸引游客，形成人流聚集的辅助区域，应尽量将其布置在厅内人流相对少的位置，避开主要人流路线。

第二，门厅的设计要考虑朝向、采光和通风等卫生条件，采光以柔和的自然光线为宜。

第三，当门厅内设有楼梯或电梯时，不仅要组织好水平交通人流，还要妥善组织垂直交通人流。

第四，管理台、咨询服务台、接待室也需设在门厅附近。门厅内可布置宣传栏，作为建筑物的入口，是外观的重要组成部分。应适当对其进行空间处理，体量得当，比例尺度适宜；颜色、材料的选择不应过于追求高大壮观或过于烦琐；对地面、墙面、顶棚进行简单的处理就可取得良好的效果。

第五，门厅的面积应适当，不要因大而空导致面积使用不经济，单独的门厅面积为 20～100 m^2。若采取门厅和展示空间相结合的方式，则主要参考展示空间的面积设置。

②展示空间。为让游客能更清楚风景区现状、旅游的路线以及在生态旅游游览活动中提升环保意识，游客接待中心内还需要专门设计展示空间，作为提供风景区介绍、环境教育的特殊设施。各地根据其需要可设计展示厅、陈列室、多媒体厅等。游客接待中心展示空间的用房设置包括以下几个部分（表 5-1）。

A. 展览厅：借助地图、沙盘、文字向游客提供旅游信息，图文并茂地让游客了解风景区的线路图、自然科学知识、人与自然的关系，游客能直观地了解风景区情况，确定游览线路，并唤起游客的环境保护意识。

表 5-1　游客接待中心平面功能与用房设置　　%

功能	活动内容	房间	设施设备	面积占比
游客活动	问询、导游服务	门厅	咨询台、宣传栏	5
	了解风景区信息、路线	展览厅、展览廊、陈列室、多媒体厅（多功能厅）	地图、沙盘、橱窗、陈列柜、多媒体录像等	30
	休息、茶水	免费/VIP 休息厅、咖啡厅、茶室	座椅、沙发、饮水、洗涤设备、卫生间	15
	购买必需品、特产、纪念品	商店、超市	货架、货柜、收银台、库房	10
	存包、邮寄服务、存取款、上网、医疗急救	行包寄存处、邮局、银行、商务中心、医疗急救室	柜台、货架、ATM、电脑、WiFi、医疗器械	12
	餐饮、娱乐设施	餐厅、厨房、娱乐室、娱乐厅	餐桌椅、作业台、贮藏、冷冻、洗涤、更衣、娱乐等设备	附加
	住宿	旅馆、酒店	床、桌椅、电器、盥洗	
管理	行政管理	售票间	电子设备、家具	3
		值班室、办公室、会议室	办公家具、办公设备、卫生间	15
辅助	贮藏	库房	货架	2
	能源动力	配电间、空调机房	锅炉、水泵、配电盘	8

B. 陈列室：把风景区的重点项目、详细资料及生产产品、各类文物和标本等实物陈列出来，向游客做介绍的设施可与展示厅合并。

C. 多媒体厅（多功能厅）：通过多媒体手段向游客放映介绍风景区内的主要景点及保护自然的录像带、影片等。为达到最佳效果，有的地方会采用高科技，让游客产生身临其境的惊心动魄的感受。

另外，游客接待中心展示空间的布置要遵循以下一些原则：第一，展览厅内的参观路线应通顺，并设置可供灵活布置的展板和照明设施；第二，展览厅应以自然采光为主，应避免眩光及直射光；第三，展览厅出入口的宽度及高度应符合安全疏散、搬运展板和展品的要求；第四，每个展览厅或陈列室的使用面积不宜小于 65 m^2，一般总面积为 100～300 m^2。如果展览陈列物品丰富，展厅总面积可达到 400～500 m^2，多媒体厅面积可为 60～200 m^2。

展示空间布局通常有两种办法：一是设置专门的展厅、陈列室或专门的展览陈列空间，这种方法较常见；二是结合走廊、走道等布置展览陈列空间。中、小型的游客接待中心受面积的限制可以采用该种方法。但走廊、走道的净宽要适当放大，不能影响走廊、走道的交通功能。作为交通空间，廊具有交往空间、组织观景的功能，与展览类空间动态性的要求结合，不仅能提高空间的利用率，还可以丰富游客接待中心的空间层次。

无论是设置单独的展览类空间，还是与交通性空间结合设置，都要考虑与门厅的位置关系。一般而言，展览类空间与门厅都有直接联系。单独展厅既要与门厅相连，又要保持自己的独立性。除上述陈列厅外，在墙面或走廊处，常常布置陈列栏、陈列台、陈列架或者在墙面上嵌设陈列窗。在特殊场合下，展示空间可以采用高新技术的布展方式。

③主要服务设施。

A. 问讯处：游客接待中心一般设有问讯处，向游客提供咨询服务，游客不仅可以在此领取风景区的相关资料，还可利用电子触摸屏查询各种信息。问讯处应邻近游客主要入口处，使用面积为 6～10 m^2。在问讯处前，应设面积不小于 8 m^2 的游客活动场地。在大多数情况下，问讯处直接设在门厅内。

B. 休息厅：首先，休息厅按管理方式和使用要求可设置不同类型的休息处。例如，免费休息室和 VIP 休息室。在休息空间内，最好有饮水设备、洗涤设备、设置座椅。有的休息厅还为游客提供咖啡，有的休息厅设置一些长椅供游客躺下休息，让游客在旅游疲倦时有舒展休息、消除疲劳的场所。休息厅的布置应方便大部分游客的使用，位置不能过偏，同时应注意人流路线组织，保证必要的停留休息面积和设施，充分发挥休息厅有效面积的作用。休息厅室内空间应符合采光、通风和卫生要求。其次，休息厅的布置还应注意景观的处理，使室内外空间巧妙结合，特别是在南方地区，应当充分利用室外绿化庭园，为游客创造休息的优美环境。最后，休息厅最好有单独的出入口。在设计时，处理好对外开放和内部管理的关系。休息厅使用面积指标应按游客最高聚集人数 1.10 m^2/人来计算，通常使用面积为 100～300 m^2，咖啡厅、VIP 休息室的使用面积控制在 50 m^2 左右。采用自然通风时，室内净高不宜低于 3.60 m。

C. 商店：游客接待中心通常设置商店，出售旅游必需品、名优土特农产品和特色纪念品及旅游工艺品，以满足游客购物的需求，其使用面积按最高聚集人数计算，每人不宜小于 1 m^2。根据不同情况，商店可以分成超市、特色纪念品专卖等，总面积为 10～80 m^2。

D. 厕所：厕所要注意位置的选择，既要隐蔽，又要使用方便。厕所不应设于人流密集位置，如主要楼梯旁等。有的服务中心将厕所设在过厅内，有的面向天井、内院布置，这些都有可取之处。此外，厕所还要满足一些特殊要求，例如，针对伤残人士，建筑师就要考虑无障碍设计。游客使用的厕所及盥洗台还应符合下列规定：应设置前室，游客量大的园林应单独设盥洗室；厕所应有天然采光和良好通风；当采用自然通风时，应防止异味串入其他空间；厕所等设备的数量按游客最高聚集人数计，男厕每 80 人设一个大便器和一个小便斗；女厕每 50 人设一个大便器。

E. 次要设施：游客接待中心的次要设施主要包括小件寄存处、自助银行、邮政服务、急救、网吧、餐饮和住宿等。小件寄存处的使用面积应按最高聚集人数 0.05 m^2/人来计算，一般为 10～20 m^2；游客接待中心应配备相关的医疗服务人员，为风景区内发生意外的游客和员工服务，急救室面积为 10～20 m^2；自助取款机（即 ATM）和邮政信箱都可设置在大厅的一角或是单独设置一隔间；游客聚集人数较多的接待中心可设置邮电间，其面积为 10 m^2；网吧可单独设置，其面积为 20～50 m^2，也可结合多媒体信息设置餐饮厅及娱乐设施等。这些次要设施的设置取决于游客接待中心的规模以及风景名胜区的服务设施规划安排。游客接待量较大的风景名胜区可以考虑在游客接待中心设置餐厅和娱乐设施，其使用面积按最高聚集人数计算，每人不宜小于 1 m^2；住宿也是附属设施，一般规格（13～16 m^2/床）即可，个别豪华房间为 15～20 m^2/床。

F. 管理用房及辅助用房：管理用房的位置应设于对外联系和对内管理方便的部位，有单独的出入口。售票室一般在主体建筑的地面层开辟售票间，窗口向室外，上置雨棚。根据窗口数量的不同，售票间的使用面积为 10～40 m^2。售票口设置应符合下列规定：团体票与散客的售票窗口应分开，可以开设网络购票窗口；售票窗口数应取游客最高聚集人数除以120（120为每小时每个窗口可售票数）；窗口中距不应小于1.20 m，靠墙窗口中心距墙边也不应小于1.20 m；窗台高度不宜高于1.10 m，窗台宽度不宜大于0.60 m；售票窗口前，宜设导向栏杆，栏杆高度宜为1.20～1.40 m。例如，张家界游客接待中心售票处共分12个售票窗口，将团体票与个人票窗口分开，便于管理。值班室、办公室和会议室的面积大小应视游客接待中心的管理人数而定，办公室为20～50 m^2，会议室为30～50 m^2，值班室面积不超过10 m^2。辅助用房是指仓库、配电间、锅炉房或空调机房等设备用房，总面积为80～150 m^2。

4. 交通流线

游客接待中心空间组合中的交通流线组织实质就是合理安排人流活动顺序，是一定的功能要求与关系体系的体现，也是空间组合的重要依据。从某种意义上说，交通流线组织的优劣会影响空间使用的满意程度、平面布局的合理性以及空间利用是否经济等。因此，组织顺序极为重要。

面向游客开放的各种活动用房不仅活动方式不同，而且参与活动人员的流动方式也各不相同。从各项活动人员流动的特点来看，人流活动频繁，呈现集中与分散、有序流动与无序流动以及交叉进行等各种不同流动状态。游客人流相对分散，没有明显的高峰期，主要集中在休息厅和展示厅，通过门厅进行连接。展览用房的参观人流具有分散而有序的特点，而商店等服务设施的人流则呈现既分散又无序的特点。管理人员的人流应能直接方便地到达办公室。虽然管理人员的人数不多，但流线需要短捷，不应与游客人流交叉、混流。

根据活动人员人流的特点，在功能流线的组织中，应给予适当的安排：集中而有序的人流能以最短捷的流线集散；集中而无序的人流能被控制在具有类似活动环境的区域内，尽可能减少对安静活动区域的干扰。分散的活动用房要让使用者能自由选择活动项目的流线，平衡各项活动的人流，减少由人流往返迂回带来的干扰，提高设施的利用率。

为集中干扰性高的人流，可把具有类似活动环境的区域归为一类，同类活动用房可相对集中为一个较为独立的区域，与其他活动环境之间采取一定的隔离措施。当这类用房规模较大、项目较多时，该区域还宜设置可供单独使用的辅助出入口。游客接待中心的交通流线组织设计应注意以下几个要点。

①展示部分。它是游客接待中心的核心，交通流线组织应该以它为重点进行设计。其他部分可以采用过道、过厅等形式衔接。展厅的灵活性可以让游客对全部进行参观或对局部进行参观，参观路线明确、简洁，防止逆行和阻塞，方便管理办公与展厅联系，并与参观路线不交叉、干扰。作为核心的展示部分，要同时容纳和疏散大量的人流，展示部分应该与门厅紧密相连，或者结合门厅的功能，成为游客接待中心的交通枢纽。基于旅游高峰期人流疏散面积应该加大，展示部分与门厅结合布置时，应与门厅、展厅紧密结合或直接对外。

②多功能厅。它宜单独布置，利于人流直接疏散。

③其他分散活动用房。为便于游客自由选择使用，这类活动用房应组织最灵活直接的流线，其流线组织常可采用中心辐射型的组织方式。例如，采取由中心交通大厅直接通达各活动用房的方式。中心交通大厅常可与公共休息、社交和服务空间相结合，形成多功能的中央共享大厅空间，发挥其组织建筑整体功能的核心作用。

④楼梯或电梯。它是构成垂直交通的一个重要组成部分。根据主要使用部分、次要使用部分、辅助部分来设置可以较好地体现其便捷性。

⑤人流疏散统筹。接待中心的人流疏散要与游客广场相结合。在考虑建筑的疏散问题时，只有把旅游淡季与旅游旺季时的不同人流状况进行全面考虑，才能合理地组织流线与空间序列。

5. 建筑造型和风格特色

游客接待中心的造型设计应注重体现功能、建筑技术与建筑个性，强调建筑环境的协调统一，努力探索民族性和地域性。游客接待中心的造型处理应注意以下几点。

①不要脱离具体条件去片面追求某种建筑形式，而应根据游客中心的性质、等级标准以及技术、经济等条件做恰当的艺术处理，不做虚假的门面和烦琐的装饰。

②造型处理要结合地区条件和特点。北方地区一般不采用过大的玻璃面和过分开敞的处理；南方地区可有较大灵活性，且可多采用庭园建筑的手法，结合绿化、水池等建筑小品，为游客创造优美的室内外环境。

③既要突出重点，又要顾及全面。如主要出入口、

门厅、展示厅以及休息厅等。无论是形式处理、色彩，还是材料质感和装修等方面，都要做重点处理，确保格调统一、有主次分明、相互呼应，让建筑的各个部分能成为一个完整统一、相互协调的有机体。

④建筑形式处理要因地制宜，拒绝抄袭。要不断研究和探讨，把新的功能、新的要求、新的技术、新的结构和新的艺术与环境有机融合。建筑造型要反映科学性，既具有新颖的时代感，又有独特性。

目前，风景区建筑大多千篇一律，缺乏特色，地域性不明显。尊重传统并不是墨守成规，而是在继承传统的基础上创新，让时代感与文脉环境意识相结合。游客接待中心的建设应根据其所在地域自然及人文条件，将当地的建筑特色、材料、传统、工艺等纳入游客接待中心的设计范畴，为游客提供体验地方文化的机会。同时，服务区的规模、建筑高度、密度、体量、材料、色彩等都要与景观、地方文化相协调。例如，河北木兰围场游客接待中心（图5-6）的设计受当地建筑的启发，利用旧的石头、用过的木梁和藤条等当地的材料与周围的微景观保持一致，使建筑可适应广阔的自然环境。该建筑模式和外观的许多元素都取自传统的蒙古包建筑：两个大圆圈构成主客厅，延续了传统的蒙古包布局。扩展的亭成为半公共空间，这种布局可让蒙古包适应现代生活方式。在立面设计中，通过制作不同厚度的木制框架，打造花形屋顶，其内部空间衍生自传统蒙古包不同方向的框架。

图5-6 河北木兰围场游客接待中心

尊重自然并非简单地模仿自然，而是以直观感受真实地体验风景名胜区的环境。人的行为与参与让自然的运动最终形成完整的过程，人的存在融入山、水、树、石等环境，借由环境设计传递情感和智慧。尽管山、水、树、石这些景观要素是自然之物，但经过处理可体现人文特征。反之，在与自然协调思想的指导下，景观中的建筑等人工造物也可以成功地展现自然精神。任何新的建设项目的性质、布局、建筑造型、体量、高度及色彩等都应与所处环境相协调。例如，位于瑞士格劳宾登州的维亚马拉峡谷是一处独一无二的自然景观。建筑师对该场所特质进行深入思索后，认为需要建造一座新建筑，它不仅要服务于峡谷的旅游活动，还要提升景区入口的功能，且设计需细腻，不与峡谷景观产生冲突。该访客中心（图5-7）的体量起到了从道路进入峡谷的过渡作用，建筑脚下就是壮观的60 m深渊，约40 m长的非对称坡屋顶覆盖了访客中心及其前台区域。虽然建筑在面向街道及峡口的一侧显得封闭，但其南北面皆设置了大面积玻璃窗。这些结构性开口一直延伸至屋顶，如同壮阔风景的画框。访客中

图5-7 瑞士维亚马拉访客中心

（图片来源：伊凡诺·伊塞皮 等，2018）

心所使用的材料主要是混凝土、木材和钢，以便融入峡谷的古朴环境。

游客接待中心的建筑体量不宜过于宏大，而应结合环境形态，因借环境要素，体现自然协调与变化之美。为了保持风景名胜区的优美景观，游客接待中心应该成为环境中的风景，使用合适的室外引导方式让游客自然进入其中，如用标识牌、广场小品、绿化等手段把游客引至游客接待中心。利用景观环境中的树、石、山、水作为人与自然的沟通桥梁，完成游客接待中心空间从有序的建筑空间到自然空间的过渡。这种方法可以更深刻地体现建筑与风景环境的融合以及与自然的协调。以秦岭田峪插头崖游客接待中心（图 5-8）的设计为例，在保留了一部分旧建筑的基础上，置入新的建筑，并利用化整为零的方法，建筑以聚落的形态融于自然环境，也成为游客欣赏自然风景的媒介。建筑师将一个个功能盒体摆放到场地中，通过山水和树木等自然因素的引导，每个盒体选择出适当的体量和位置。如果展示与服务的面积较大，就安置在相对较空旷的地块，餐厅临河，茶室面崖，盥洗室藏于竹林中。这些新的盒体与原有建筑一起，将河滩、崖壁、树木、远山纳入空间布局，初步形成了一个疏密有致的山水聚落的雏形。利用当地材料，黄土再夯筑成墙，青瓦立砌成铺装景观，同时银灰色的金属横向墙面扣板轻盈且现代，透明的玻璃幕墙使立面明亮通透。在靠近河岸的茶室，使用窄条的木纹清水混凝土，混凝土的材质加强了建筑浑然一体的体量感，而窄板木纹给予了建筑更好的尺度与肌理。材料使用上的离散对比，强化了设计概念中“山水聚落”的构想。传统的材料带着时间的痕迹，与现代的材料相互映衬，构成一种富有张力的关联。

图 5-8　秦岭田峪插头崖游客接待中心

（图片来源：李雪凤，2018）

5.2　展陈类园林建筑

展陈行为起源于人们对珍品的收藏。由于文艺复兴的思想变革，从 17 世纪开始，展示内容扩展到各种历史文物、艺术品及动植物标本等人文与自然科学领域。18 世纪末，罗浮宫面向社会公众开放，逐渐形成了国家、地方、个人的分级规模，并根据资金实力和展品来源的不同，逐渐丰富了展示的规模与类型，展陈类园林建筑也随之成为一种重要的反映社会文化的建筑类型。

风景区与公园内常设置不同规模的展陈类园林建筑开展展陈活动。展陈类园林建筑不仅内部功能应符合展览要求，其自身也应成为展览品，尤其是位于景园区中的展陈类园林建筑应以新的造型、结构、材料和技术去表现新的构思，或以巧妙的构思、形象的手法来表达某种设计意境，或以新颖的建筑形体和组合来表达建筑氛围和奇异多变的活动空间。

5.2.1　选址与布局

1. 展陈类园林建筑的选址原则

①展陈类园林建筑的选址应符合《风景名胜区条例》的规划要求，宜地点适中、交通便利，并具有适当的用于展陈类园林建筑自身发展的扩建用地。

②场地干燥，排水通畅，通风良好，远离易燃易爆物。

③选址宜位于游览路线上，与其他风景点穿插布置，在风景区环境组织中起到控制和点景的作用。

2. 展陈类园林建筑总体布局设计要点

①大、中型展陈类园林建筑应全面规划，一次或分期建设，同时应独立建造。若小型展馆与其他功能建筑合建，就需满足建筑环境与使用要求自成一区，单独设置出入口。

②新建展陈类园林建筑的基地覆盖率不宜超过40%，要有充分的空地和停车场地。

③展陈类园林建筑内一般应有陈列区、藏品库区、技术区、办公用房以及游客服务设施等四个功能分区。

④功能分区应明确合理，游客参观路线与藏品运送路线互不交叉，场地和道路布置应利于游客的参观、集散和藏品的装卸、运送。

⑤陈列区层数不宜超过四层，两层及以上的藏品库或陈列室要考虑垂直运输设备。

⑥藏品库应接近陈列室布置，藏品不宜通过露天运送，且在运送的过程中避免经历较大的温湿度变化。

⑦陈列室、藏品库、修复工场等用房宜南北向布置，避免日晒。

⑧当陈列室、藏品库在地下室或半地下室时，必须有可靠的防潮和防水措施，并配备机械通风装置。

3. 总体布局形式

展陈类园林建筑设计需要解决的是人、建筑与环境三者之间相融共生的关系，既要反映构思的理念，又要体现人与环境相处的设计哲学。环境因素、地形地貌、历史传承、人文风情和内在主题等都会对展陈类园林建筑总体布局形式产生影响。其布局形式主要有集中式布局和围合式布局两种。若与自然环境相结合，其布局则可呈现滨水布局、倚山布局、埋藏式地下与半地下布局等形式。

5.2.2 功能与空间

以藏品为主题的展陈类园林建筑的基本功能包括陈列展出、藏品储存、科学研究、修复加工、服务用房、管理用房等。在设置相关体系时，需根据建筑的规模与位置，考虑设置适当的建筑前广场，方便车辆和人流的组织，明确主次入口，预留消防车道。公共交流部分的公众入口宜布置在易看到并能便捷到达的地方。展陈类园林建筑的基本流线(图5-9)包括观众流线、展品流线和工作人员流线。

1. 门厅与进厅

(1)门厅设计要求

①合理组织各股人流，路线简洁通畅，避免重复交叉。

②垂直交通设施的布置应便于游客参观的连续性与顺序性。

③合理布置供观众休息、等候的空间。

④宜设置问讯处、出售陈列印刷品和纪念品的服务部以及其他公用设施。

⑤工作人员出入及运输藏品的门厅应远离观众活动区布置。

(2)进厅设计要求

①进厅应与陈列室联系直接，空间宽敞，方便观众进出。

②根据陈列内容的性质，灵活更换陈列序言和屏风。

③进厅的形式包括走廊(方向性强，不受其他流线干扰；过厅空间紧凑，具有过渡性)、前厅(与数个展室联系，空间宽敞，用于组织观众人流，具有选择性大、方向性明晰可循、人流集中的特点)、中庭(将不同方向、不同层次的陈列室围绕统一的核心空间组织，人流组织复杂，选择性大)。

2. 展览用房

展览用房主要是指陈列室，用于通过陈列进行宣传教育和组织参观交流等活动。按照展出内容，陈列室可分为综合性陈列室，政治思想教育陈列室，工业、农业、交通运输等经济建设成就陈列室，科学技术陈列室，文化艺术陈列室等。尽管各类陈列室因展出内容不同，对陈列室的要求略有差异，但其基本要求大致相同。

(1)基本要求 陈列厅的设计，首先，要满足陈列要求，适配陈列的内容和特性。陈列布置要有系统性，参观路线要避免迂回，方向性明确，争取好朝向，防止风吹和日晒，尽量减少室外噪声的干扰。其次，要满足参观要求，合理组织人流，路线设置通畅，不重复、不交叉、防止逆行和堵塞，为游客提供明确的前进方向，避免遗漏。此外，还应提供良好的光线和视觉条件，使游客能清晰、准确地看到陈列品，并且在参观时不易感到疲劳和厌倦。

(2)陈列室的参观路线和布置 根据陈列内容的性质和规模，参观路线(图5-10)可分成几种类型。当室

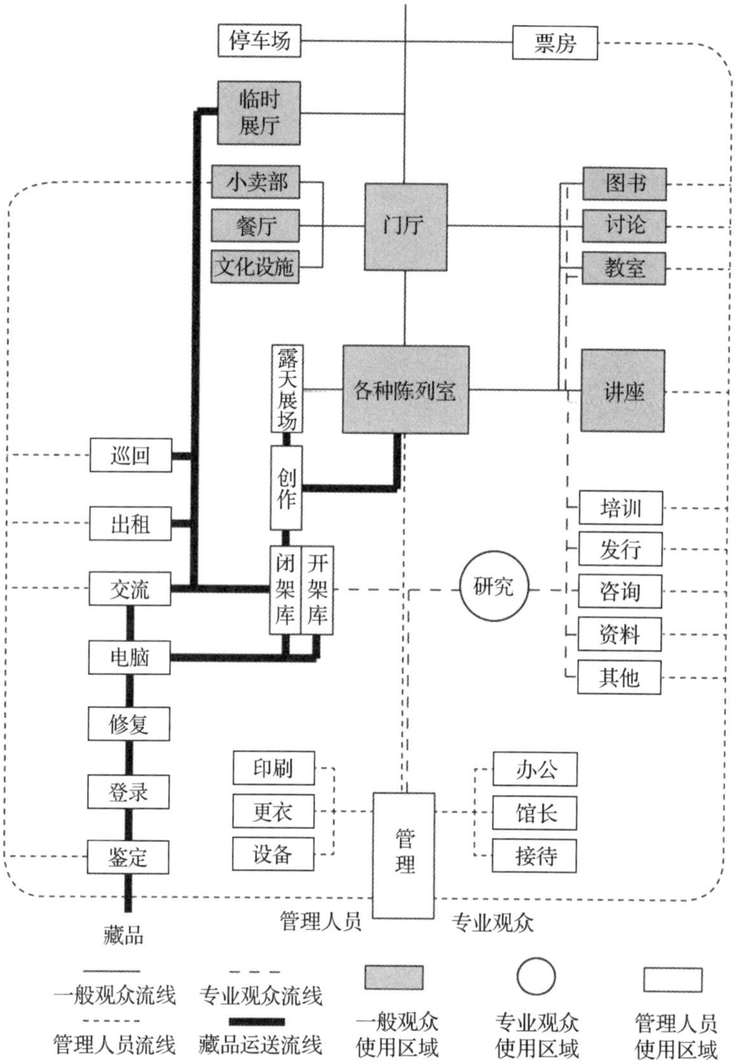

图 5-9　展陈类园林建筑的基本流线

内人流量较大时，口袋式陈列的门口容易堵塞；通过式陈列与单线连续式陈列的流线明确清楚，顺序性强，不易倒看及漏看；灵活布置的陈列多用于园林建筑；当展品较多或室内空间较大时，通常会采用大型综合陈列的方式。

(3)视觉分析和视距　人的视野范围呈锥体状。水平极限视角为自视点向左右各张开 70°；垂直极限视角为水平线向上 45°，向下 65°。而理想的视觉区水平视角为 45°，垂直视角为 27°。

(4)陈列室尺寸和常用的陈列柜尺寸　陈列室的跨度与选用的结构形式和陈列品布置方式有关，如为单线展出、双线展出还是三线展出。观众通道宽度为 2～3 m，隔板长度为 4～8 m，且隔板长度应小于隔板间距。

陈列室的高度取决于陈列室的性质、展品尺寸、观众数量、采光口形式及空间比例等因素。博物馆的陈列室净高为 4～6 m；工业展览馆的陈列室因常有高大的展品，同时为使室内显得宽敞热闹，往往会增加室内高度，构成比例适当的大空间，其净高为 6～8 m。从空间比例来看，一般室内高度至少应为宽度的 1/3；从采光要求来看，当采用单面侧窗采光时，净高应不低于跨度的 1/2；当采用双面侧窗采光时，净高应不低于跨度的 1/4。

陈列室的长度常取决于两个因素：一是陈列室的

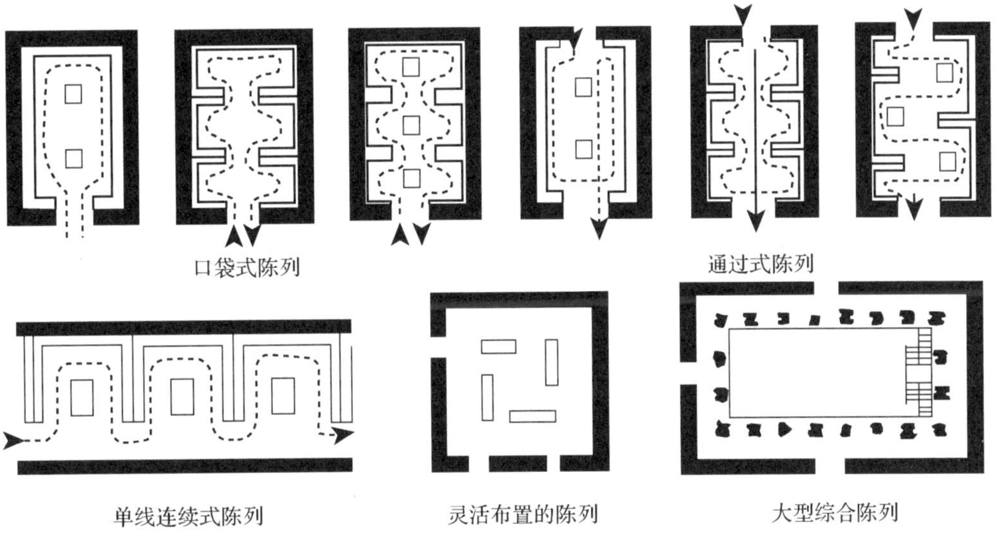

图 5-10　陈列室的参观路线

面积；二是能够满足布置一个完整独立的陈列内容。例如，博物馆的陈列室面积为 150～400 m^2，展览馆的陈列室面积为 500～800 m^2。此外，为使室内空间比例协调，一般室内长度应控制为宽度的 2 倍。尽管陈列室的形式和大小应根据上述办法确定，但如果所有的陈列室都采用同样的尺寸和形式，势必给游客留下单调的印象。因此，在平面布置中，必须使陈列室的空间有适当的变化，并结合室内装饰和色彩的处理手法，为观众营造新颖的参观环境。垂直面上的平面展品陈列地带一般从离地面 0.8 m 开始，高度为 1.7 m。通常在高于陈列地带，即 2.5 m 以上的地方，仅布置大型的美术作品，如图画、照片等。小件或重要的展品宜放在观众视平线高度，为 1.4 m 左右。挂镜条一般高度为 4 m，挂镜孔高度为 1.7 m，间距为 1 m，如图 5-11 所示。

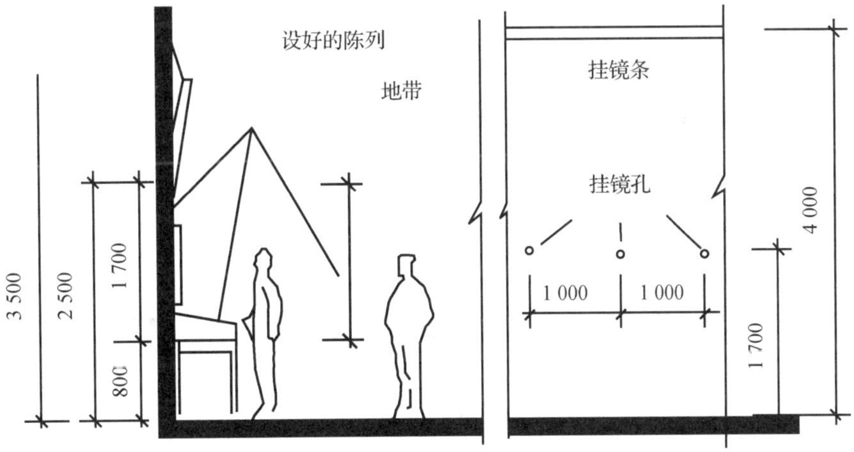

图 5-11　陈列室的陈列方式（单位：mm）

(5)陈列室的采光和照明

①陈列室采光的一般要求。陈列品的大小、形状、质地、颜色等细部的繁简、各部分色相的对比程度确定陈列室不同的照度水平。陈列室的采光要求照度均匀，特别是墙面各部的照度要稳定，受日照变化影响少；根据陈列品的特点，考虑光线投射方向；避免阳光直射而损害陈列品；避免或减少直接眩光、一次反射眩光和二次反射眩光；陈列品与背景之间应有适当的亮

度对比。例如，陈列品与隔板、墙面或柜子等的亮度对比以 3∶1 为宜，一般不超过 5∶1。陈列品与陈列室远处的其他较暗部分，地面、墙壁等或较亮部分，如顶棚，两者的亮度对比分别以不超过 10∶1 和 1∶10 为宜；陈列品与其贴近的光源，如窗口、灯光等，两者的亮度对比以不超过 1∶20 为宜。顶部采光的陈列室可让房间长轴取东西向、天窗朝北向，优化光环境。

②消除或减轻眩光的措施。眩光由当游客注视陈列品时，在视线范围内出现光源、反光物体或陈列室内有强烈的明暗对比、一次反射或二次反射等引起。

第一种情况为直接眩光。消除或减轻直接眩光的措施为避免陈列品靠近窗口陈列，陈列品与窗口应有一定的距离。从实践调查总结得出，该距离要保证如图 5-12 所示中的角 $\alpha > 14°$，其包括水平方向及垂直方向，该角称为保护角。

第二种情况为一次反射。从采光窗或电灯等光源反射来的光线，经镜面下方反射入眼睛，游客会看到玻璃面反映的窗户或灯具的亮光，而看不清镜框里的陈列品，这就是第一次反射现象。第一次反射现象主要在以下情况产生：当侧窗采光时，平行于窗口垂直的陈列品上；当顶部采光时，平行于水平的陈列品上。消除或减轻第一次反射现象有几种方法：改变光线投在陈列品上的角度或改变光线的反射角，反射不落在视线范围内或光线不反射或漫射。其具体办法为减少或消除陈列品光滑面，如少用镜框、玻璃柜及有光照片等（图 5-13）。

第三种情况为二次反射。光线经过某物体反射到镜面，再反射到眼睛里，游客往往会在镜面里看到游客自身或陈列室中其他物体的影子，这就是第二次反射现象。这种现象程度稍轻，不会看不清展品。消除或减轻第二次反射现象有几种方法：缩小陈列品与玻璃面的距离，且不采用深色背衬；有意识地将陈列品布置在较亮的位置，让游客的位置较暗，即陈列品的照度不大于其他部分的照度；陈列室内墙面、地面、家具等不采用反光材料；设置调光装置，避免阳光直射室内，同时均匀扩散光线，从而控制室内照度。例如，采用悬挂窗帘、

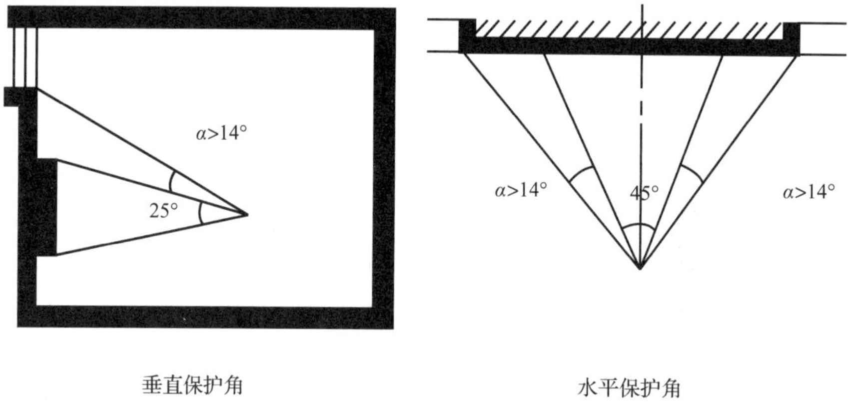

图 5-12 保护角

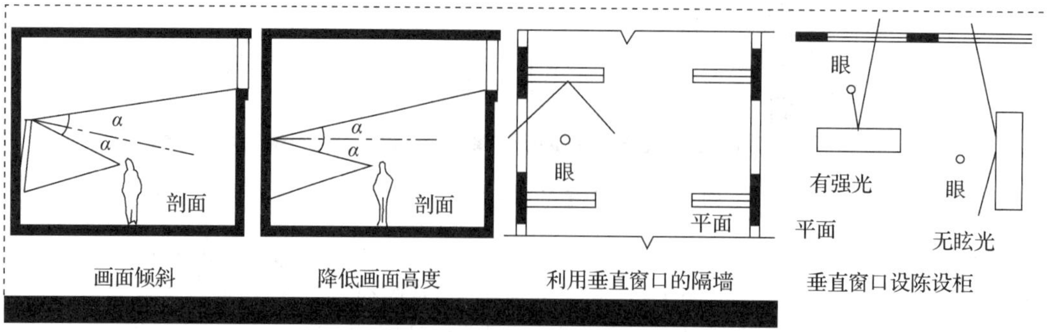

图 5-13 减轻眩光的方式

扩散性玻璃、棱镜玻璃、磨砂玻璃或玻璃涂白等以及采用遮阳板、反光板、折光板、挡光片等装置；利用人工照明，提高陈列品照度。

③采光口形式。普通侧窗式采光是较常用的一种采光方式。其窗户构造简单、管理方便、氛围开朗，但室内光线分布不均匀，垂直面眩光不易清除，外墙陈列面积较小，房间进深受限制，只适于一般性陈列室和小型图画陈列室。当水面画幅布置在陈列柜且为侧光时，亮度最佳的隔墙地带是窗户中心至隔墙的30°～60°处。由于隔墙接近窗户的部分容易产生反射，出入口多设在该处。

高侧窗式陈列室一般将侧窗窗口提高到离地面2.5 m以上，以扩大外墙陈列面积和减轻眩光，还可采用反光片、折光片等装置，以消除直接眩光，提高墙面照度或将光线直接导入陈列橱。该类采光方式的光线自斜上方射入室内，很适宜于雕塑陈列室和陈列品有玻璃保护面的陈列室。

顶窗式陈列室室内光线明亮均匀，采光口不占用墙面，便于陈列布置。然而，其窗户构造复杂，管理不便，需要机械通风，仅限于单层或顶层房间使用。此外，可设置光线扩散装置、反光板、挡光板等，以避免阳光直射，提高墙面照度，降低水平面照度。

3. 展陈类园林建筑空间组合的基本形式

展陈类园林建筑空间组合的基本形式包括集中式、流线式、单元式和综合式等。此外，在实践中，各种基本形式可结合客观实际和不同处理手法，衍生出别具一格的建筑形式，如台阶式建筑、以几何为构图中心的空间组合形式、以计算机辅助设计为主要手段的解构主义空间形式等。

串联式是指各个使用空间按照功能要求依次串联，一般需要穿过一个内部使用空间到达另一个使用空间。与走廊式不同，它没有明显的交通空间。串联式是展陈类园林建筑中常见的一种布局形式。观众可按照一定的参观路线通过每个展厅。图5-14为全国农业展览馆（中国农业博物馆）综合馆，各展览厅相互串联，游客从门厅开始按顺时针方向依次从一个展览厅进入另一个展览厅，最后回到门厅。这种布局形式的主要优点是人流路线紧凑、方向单一、简洁明确，游客的流程不逆行、不重复且又不交叉。但它存在一定的不足，即活动路线不够灵活；人流量大时，这种布局形式易产生拥堵，不利于陈列厅的独立使用等。这种布局形式较适宜于中、小型建筑。

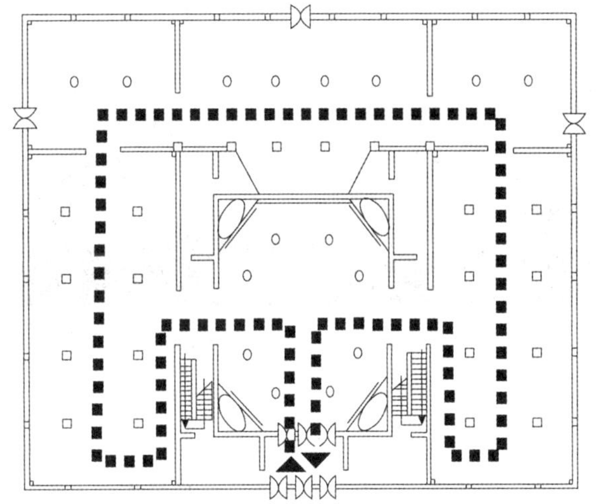

图5-14　全国农业展览馆（中国农业博物馆）综合馆

在规模较大的展陈类园林建筑设计中，可在适当部位布置廊、过厅或休息厅。这样，一方面，展室具有独立使用的灵活性；另一方面，可供游客休息。

5.2.3　造型与环境

服务类园林建筑的设计贵在与地形、地貌有机结合，相辅相成，进而达到人工与自然统一的境界。因此，展陈类园林建筑的构图可视作特定地形、环境的产物。基址选定后，要对其中有价值的一草一木、一水一石给予充分保护和利用，发挥积极有利的因素，改造消极不利的因素，以实现建筑与基地的完美融合。以湖北青龙山白垩纪恐龙蛋遗址博物馆（图5-15）为例，建筑师受现象学理论的启发，从恐龙蛋遗址所呈现的特殊问题出发，秉持让场所、地域气候、记忆“重生”等设计原则，采用“化整为零”的手法，将超长体量的建筑“打碎”为若干自由形态的体块，使博物馆紧密地锚固于遗址之上。此外，建筑师采用湖北地区极其常见的竹跳板作为混凝土外模板，创造了浪漫而沧桑的表皮肌理，并借鉴传统民居的双层屋面策略，把当地农民废弃的旧瓦用作博物馆的第二层屋面。这里既有几千万年前的恐龙蛋，又有几十年前的旧瓦，还有刚刚建成的建筑，建筑空间与地形的嵌合以及不同时间段元素的凝结，让这座小建筑充满着历史感与场所感。

除考虑自身的使用功能外，还要注意建筑在风景区序列空间中所产生的构图作用，处理好与自然景色

图 5-15 湖北青龙山白垩纪恐龙蛋遗址博物馆

（图片来源：李保峰，2018）

的主从关系，明确以自然为主、建筑为辅的原则。在整个风景区或园区的建设中，应以自然景色为主，建筑宜起点缀作用。从某种意义上说，建筑存在的目的首先是衬托主景、突出主景与装点自然，然后才是建筑形象的处理。在中国北部渤海湾昌黎县一段被称作黄金海岸的沙滩上，OPEN 设计了一座消隐的美术馆——UCCA 沙丘美术馆（图 5-16），它如同藏于沙丘之下的神秘洞穴。海岸沙丘经历了漫长时间的累积和风沙的推移自然形成，并被原生低矮灌木深扎的根系固化。将美术馆选址于沙丘之下，既是对自然的敬畏，又是一种保护：因为沙丘美术馆的存在，这片沙丘将永远不会被人为“推平”，从而维护了千百年累积下来却十分脆弱的沙丘生态系统。受孩童们在海边挖沙的游戏的启发，建筑师尝试在沙丘里“挖掘”，创造出形态各异又互相连接的一些“洞穴”，这也是人类最原始的居住形态和最早的艺术创作场所。一系列细胞状的连续空间构成了沙丘美术馆中丰富的功能区域，包括大小形态各异的展厅、接待厅和咖啡厅等。建筑的主入口是嵌入沙丘的一个隧道般的洞口。经过长长的、幽暗的隧道，进入一个圆顶有柔和天光的接待厅，然后空间豁然开朗。人们步入中央展厅，一束光线从高高的穹顶上倾泻而下，光线在墙壁、地面上跳跃折射，空间弥漫着静谧而神圣的精神光辉。从沙丘美术馆内部看海，透过不同的洞口，在不同的时间，大海都呈现出不一样的风景。一部通往沙丘顶部观景平台的螺旋楼梯，引领人们从洞穴的暗处循着光线拾级而上，直至突然置身于天空与大海的广袤之中。在永恒的沙与海之间，建筑营造了一个隐匿的庇护所，将人的身体包裹其中，聆听自然与艺术的回响。沙丘美术馆复杂的三维曲面壳体先由秦皇岛当地擅长造船的木工用木模板等小尺度线性材料手工编织模板定型，再用混凝土浇筑而成。建筑师保留了混凝土壳体上不规则，甚至不完美的肌理，让手工建造的痕迹可以被触摸、被感知，使整个建筑在形态上与自然融为一体。

图 5-16 UCCA 沙丘美术馆

（图片来源：OPEN Architecture，2020）

5.3 餐饮零售类园林建筑

随着生活质量的提升，如今人们前往餐厅、茶楼、咖啡厅、酒吧等餐饮零售类园林建筑，除满足物质功能外，更多的是为休闲、交往和消遣，从中体味一种文化，获得一种精神享受。因此，餐饮零售类园林建筑应该为游客提供亲切、舒适、优雅、富有情调的环境。

近年来，餐饮零售类园林建筑在风景区和公园一角成为重要设施。在人流集散、功能要求、建筑形象等方面，其对风景区的影响比其他类型建筑更大。如果设计合理，这类建筑不仅能为园景添色，还是重要的经济收入来源。

5.3.1 选址与布局

为方便游客，公园应配合游览路线布置餐饮零售类服务点。在一般的公园中，餐饮零售类园林建筑应当与各景点保持适当的距离，避免抢景、压景而又能便于交通与联络。在中等规模的公园中，餐饮零售类园林建筑要适宜布置在客流活动较集中的地方。其所处地段既要交通方便、地势开阔，以适应客流高峰的需要，又要利于管理和供应。采用基本营业厅与敞厅、外廊散座区相结合的方式，或者通过庭园空间组成露天的营业厅来解决客流量变化的问题。在风景区或大规模公园中，一般采取分区设点。为吸引游客，基址环境应考虑观景、点景的作用。

5.3.2　功能与空间

1. 餐饮类园林建筑设计要点

(1)建筑规模与体量　餐饮类园林建筑在功能上以餐厅最为复杂，面积与规模也较大。小规模餐厅的客容量为 200～300 座，建筑面积在 500 m^2 以内；中等规模餐厅的客容量约为 600 座，建筑面积约为 800 m^2；大规模餐厅的容客量往往达到 1 000 座以上，建筑面积超过 1 500 m^2。中等规模的餐饮类园林建筑体量多为 2～3 层。

(2)造型与空间组织　点景是风景区餐饮类园林建筑的精神功能。如果要强化这一精神功能，就必须根据不同地区的气候条件、环境等具体情况，因地制宜，结合功能需求，仔细推敲其建筑造型与空间组织，避免千篇一律的单调形象，防止削弱点景效果。结合不同的环境，借助湖心建筑、临水建筑、水岸建筑及山地建筑等形式，均可创造丰富的建筑造型，与湖光山色相映成趣，起到点缀景色的作用。在建筑处理上，采用室内外结合的方式，不仅使用灵活，还有利于丰富建筑层次，促进建筑与庭园空间的相互渗透，增添园林氛围。华南国家植物园蒲岗冰室(图 5-17)的营业部分由

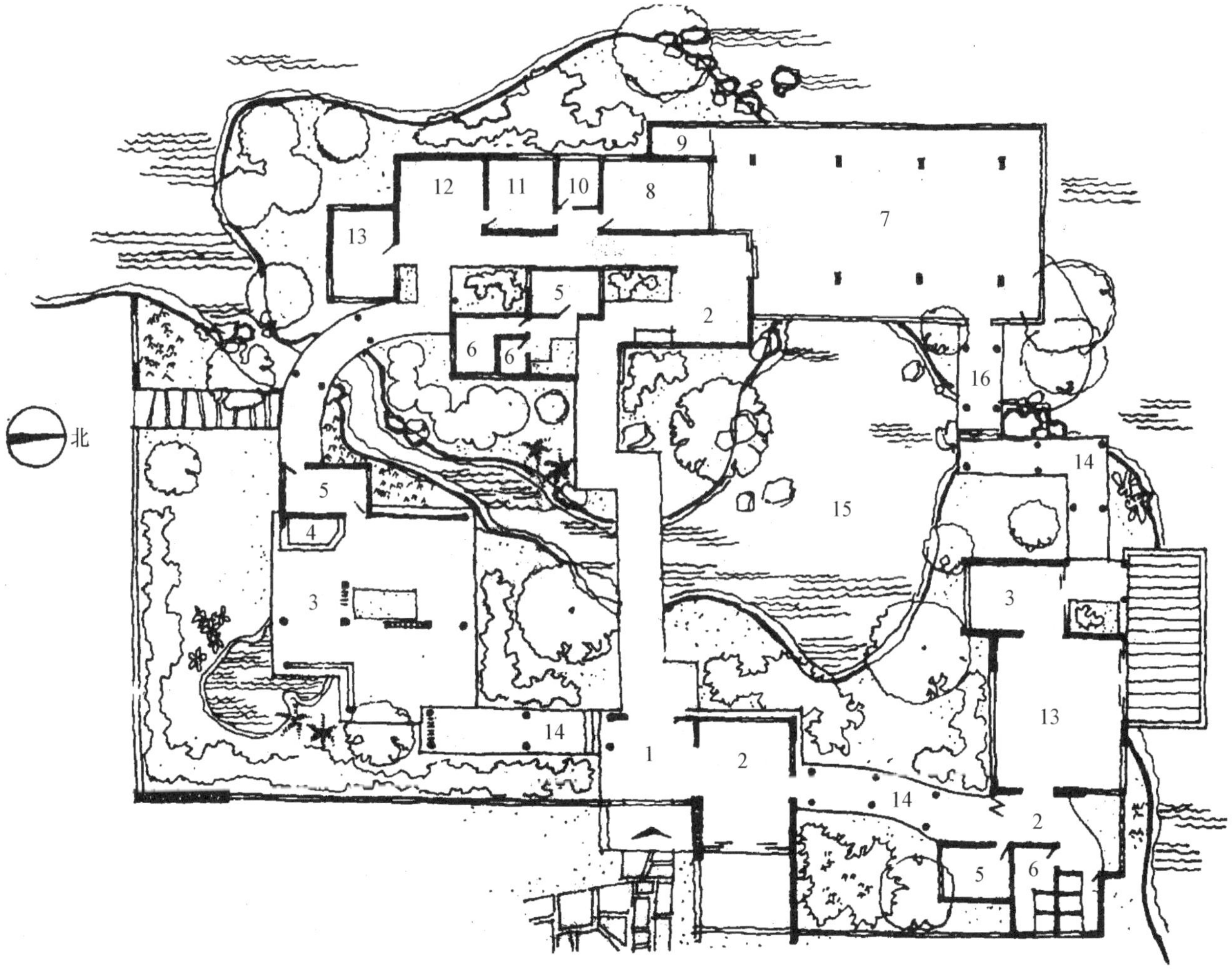

1.门廊；2.门厅；3.茶室；4.小卖部；5.工作间；6.卫生间；7.冰室；
8.酒吧；9.洗杯室；10.冷却室；14.厨房；12.杂物间；
13.库房；14.廊；15.湖；16.小桥。

图 5-17　华南国家植物园蒲岗冰室

前厅、廊座和后庭组成。中庭环境宁静幽雅，以湖面为主，添以小桥、汀步、绿植，分割围合空间，营造山野之趣。设于园中心地段的餐饮类园林建筑的辅助部分因视野死角难以利用，一般借助院墙与辅助部分用房围合出杂物院，再进行绿化，作为障景。如珠海市海滨公园餐厅(图 5-18)。

(3)餐饮类园林建筑的空间组成 餐饮类园林建筑主要由营业部分、加工及辅助部分和内部管理办公部分组成。

①营业部分。餐厅设计要保障合理的使用面积，便捷地组织顾客及服务人员的来往交通，选择适宜的餐桌布置形式。营业部分是指接待就餐、就餐的餐厅以及入口、前厅、卫生间等服务于顾客的用房。餐厅的规模按设座数量可分为大餐厅和小餐厅。设座在 40 个以内的称为小餐厅，设座在 40 个以上的称为大餐厅。大型餐厅需设专供宴会或接待较高规格的喜庆典礼等使用的宴会厅与雅间。

A. 餐厅内的人流交通。餐厅中的人流交通极其活跃。一般在很短的时间里，大量人流集中，有进有出，来往频繁。因此，在设计时，应分析来往人流的规律，合理布置各区域，既可减少餐厅内的混乱，又便于管理。

由于人流会由入口直接通往各个座位，在桌椅布置时，餐厅应留出足够的交通过道。这些交通过道根据人流数量可分为主线和支线，有序组织交通，节省面积，且桌椅的布置还应方便服务员操作与联系。

B. 餐桌椅的布置。餐桌椅布置是餐厅内家具设备的基本内容，会直接影响餐厅的使用面积和交通情况。6 人长桌及 8 人长桌的占地面积最经济，但使用不如 4 人或 8 人方桌更方便。餐桌数量一般按经常保持的最高

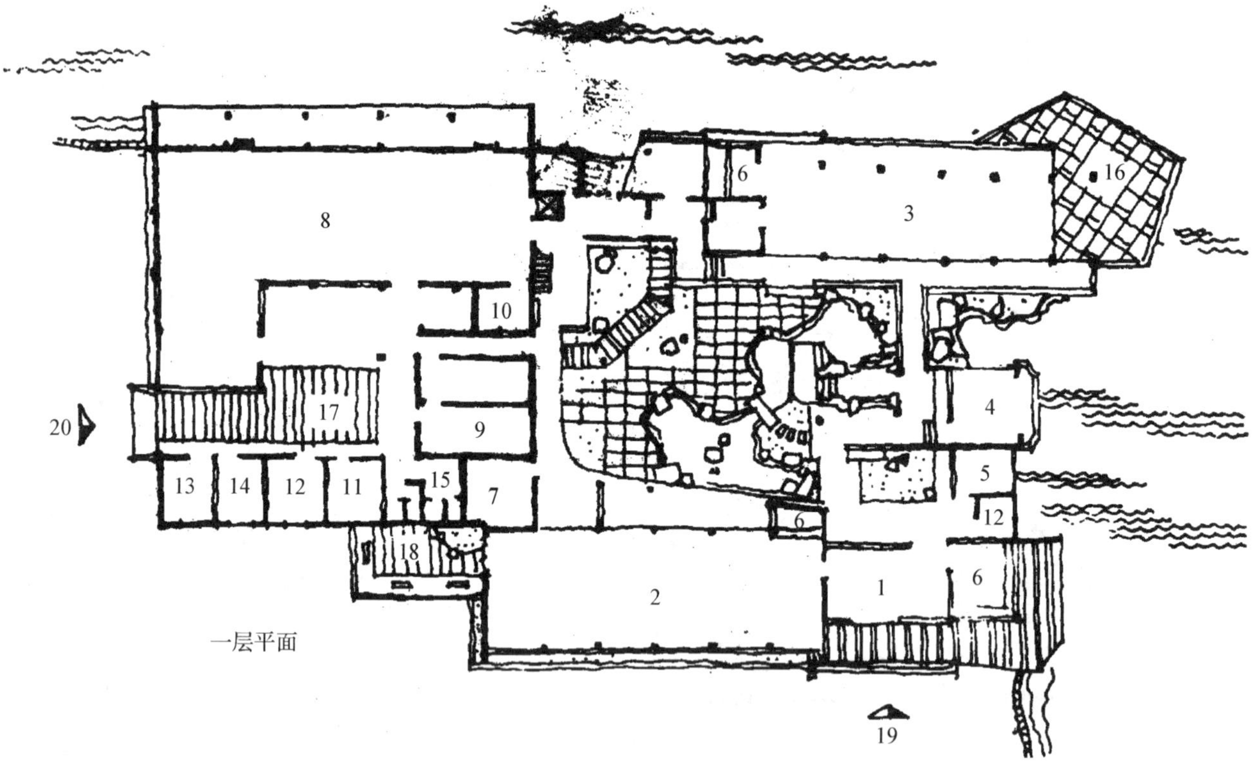

1.门厅；2.快餐部；3.荷花厅；4.小餐厅；5.接待室；6.小卖部；7.备餐间；8.厨房；9.主副食库；10.拼盘间；14.冷冻库；12.贮藏间；13.办公室；14.值班室；15.卫生间；16.露台；17.杂物院；18.小院；19.客入口；20.供应入口。

图 5-18 珠海市海滨公园餐厅

就餐人数来计算。餐桌的排列主要根据餐桌数量和餐厅跨度来布置，同时考量餐桌形式、交通走道、排队面积、供应开水等以及碗柜的设置，进而在最经济的限度内解决使用问题。常见的餐饮类园林建筑的餐桌椅尺寸及客席布置的过道尺寸如图 5-19 和图 5-20 所示。

C. 餐厅的卫生要求。餐厅的清洁卫生会直接影响用餐者的健康，建筑的细部设计和选用的材料均应满足这一要求。朝向应尽可能布置成南北向，即长轴沿最佳的方向，且要顾及常年的主导风向，以保证餐厅内的良好通风效果。地面既要采用不易起尘、便于清

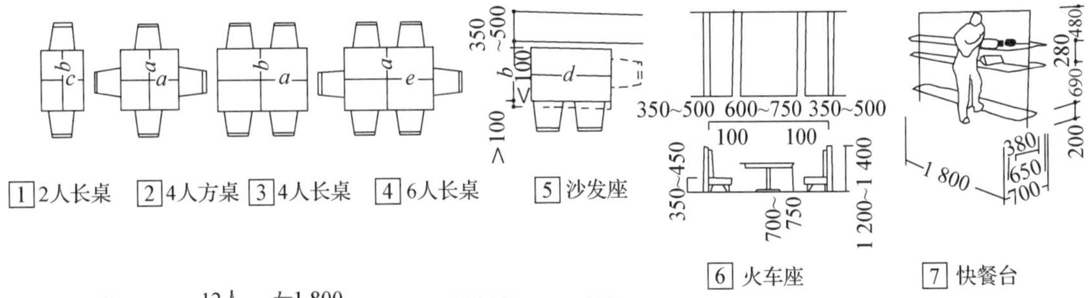

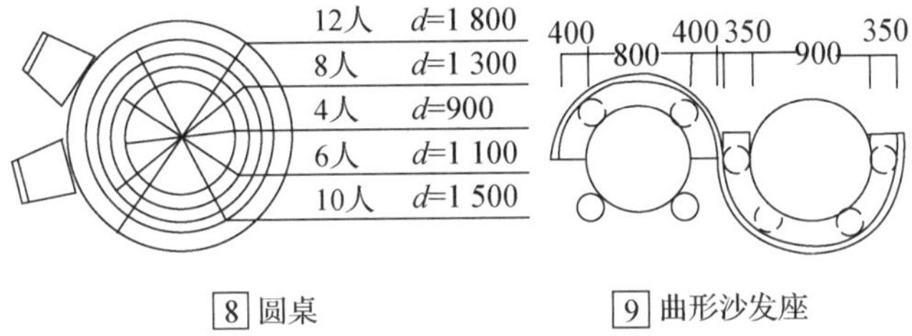

常用餐桌尺寸

类型	a	b	c	d	e
进餐	850 ~ 1 000	850~900	650	≥1 300	1 400~1 500
小吃	750 ~ 800	700	600	1 000~1 200	—

图 5-19 常见餐饮类园林建筑的餐桌椅尺寸（单位：mm）

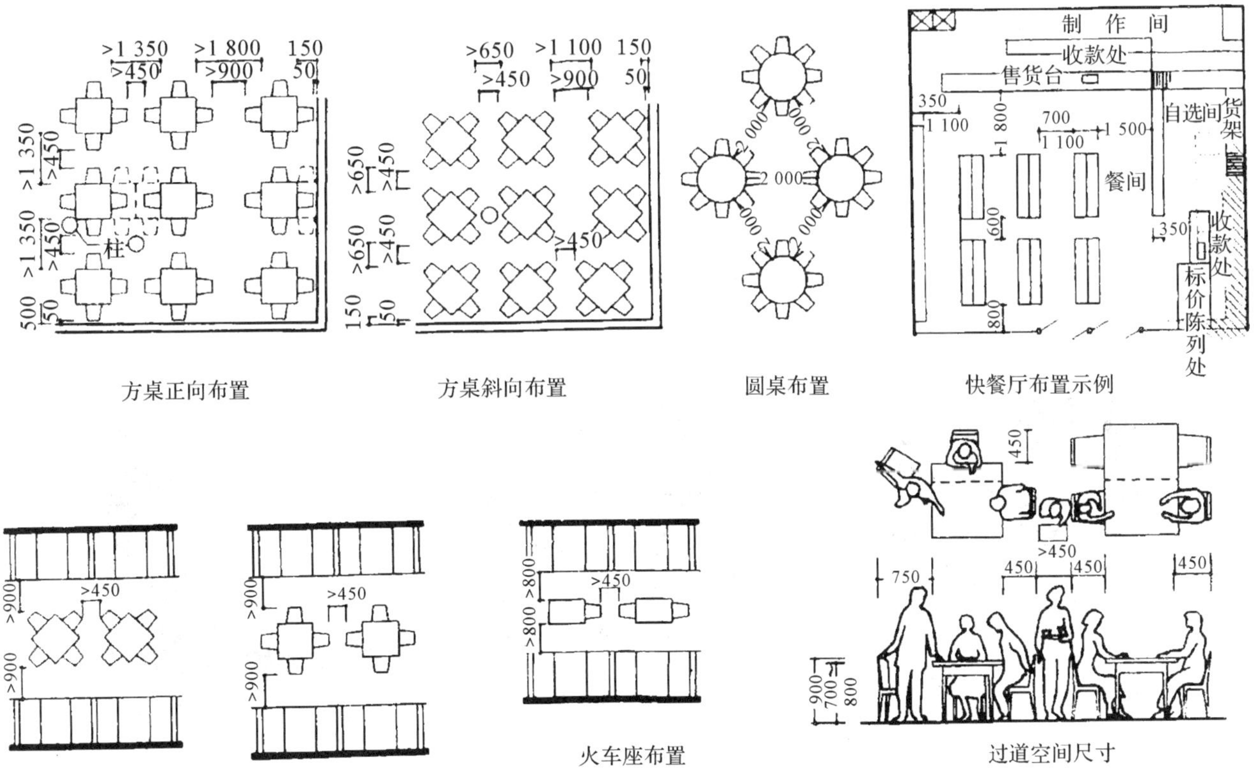

图 5-20 常见餐饮类园林建筑的客席布置的过道尺寸（单位：mm）

洗的地面材料，如水磨石地面等，并应保证一定的坡度为1.2%～1.5%，又要考虑污水的排放问题。在内墙离地高1.2 m的范围内，最好能做便于清洗的护壁。室内细部设计要尽量简单，线脚要少，以免积灰。餐厅的门、窗均应装纱门、纱窗，以防虫蝇。

②加工及辅助部分。餐饮类园林建筑的加工部分为厨房，包括主食加工系列、副食加工系列、备餐洗涤消毒和餐具存放等；辅助部分包括各种库房和炊厨人员更衣、浴厕及办公用房等。根据不同的建筑用房和建筑标准，加工部分的内容会有所增减和变化，灵活掌握。厨房平面设计应注意以下几点。

A. 合理布置生产流线，主食、副食加工流线应明确分开，从初加工—热加工—备餐的流线要短捷通畅，避免迂回、倒流。

B. 原材料供应路线应接近主食、副食初加工间，远离成品并应有方便的进货口。

C. 洁污分流。原料与成品、生食与熟食应分隔加工和存放。垂直运输生食和熟食的食梯应分别设置，严禁合用；加工产生的废弃物要便于清理、运送。

D. 工作人员应先更衣，再进入加工间；更衣间、卫生间应设在工作人员入口附近。

厨房有几种布局形式：封闭式，即厨房整个加工过程呈封闭状态，西餐厨房及大部分中餐厨房常用该形式；半封闭式，即经营者将厨房的某一部分暴露，顾客能看到有特色的烹调和加工工艺，可活跃气氛，增加情趣；开敞式，即有些小吃店，如南方的面馆、粥店等把烹制过程直面顾客，现吃现制，气氛亲切。

③内部管理办公部分。一般或较低标准的餐厅所需办公用房可能较少，有时一间或几间。工作人员需使用更衣室、浴厕等房间，一般可与加工部分合设。其他附属用房根据具体情况进行综合考虑，如洗衣房、锅炉房、车库和杂品库等。

餐饮类建筑的厨房、仓库、锅炉、烟囱等辅助部分用房和构筑物，庞大而杂乱，一般较难与风景园林相协调，极易破坏景区的整体性。解决好这项功能和建筑形象之间的矛盾，要充分利用自然环境的特点，因地制宜地进行功能分区，借助绿化与其他的建筑手段，突出园林建筑的主体，隐蔽辅助部分。

不同的地理环境，隐蔽辅助部分的手法各异。建于山麓的餐饮类园林建筑，其辅助部分宜设于靠山一侧或视野死角，力求隐蔽，以利于生产加工、后勤供应、交通运输、对外联系和“三废”处理。临水建筑形式多样，有傍水、跨水、四周滨水等形式，该类建筑多以水榭敞轩的形式，半筑于沧浪之中，半筑在驳岸之上，主体建筑临水，取其便于赏景，辅助部分设于岸上，则取其易与绿篱、墙垣等障景相配，更利于排污。建于平地的餐饮类园林建筑为便于隐蔽其辅助部分，应尽量采用犄角处理的方式，主体面向景区，把辅助部分藏于主体后方，利用院墙和用房围出杂物院，再以绿化作障景。

以乡野建筑“竹里”（图5-21）为例，该项目位于四川省崇州市道明镇。这座在乡郊田野上盘旋着的青瓦房实际上是由70%轻型预制的钢木构架支撑起的一个内向重叠的环形青瓦屋面，盘旋的屋面自然形成了两个内向的院落，为室内提供了丰富的景观层次。将阅读场地和生活场景，拾取原味乡村特质成为设计的最初起点，场地跨溪而入，再跨溪登山，可见林盘地景，竹林丛生，农家菜地与林盘斡旋，参天树木提示着深邃与野趣，登山远望是一望无垠的油菜花田。整个建筑的可建场地坐落于原有拆除农户的宅基地，基地周围东临树林，北靠林盘，南面是几垄菜地。建筑师最初的

图 5-21　竹里

（图片来源：李明光，2018）

预设是最大限度地保留一草一木，并试图在自然的空间缝隙中，建立当代建筑与自然乡村的对话。“透与不透”在竹里以极具中国园林特色的方式呈现：竹内有筑，竹里有院，竹外有田，田亩又可融入院内。从马路上，透过两层跨越溪流的竹林，隐约可见跃然眼前的盘绕而上的屋顶。一笔而行，而又不能用尽笔墨，迂回而不失力量，半透明的观赏或许正是参与这个建筑的一种方式。当阳光高过树梢洒在院子时，它会形成非常有趣的光序列：灰暗的竹林、光亮的菜地、灰暗的檐下空间以及光亮的中间庭园。

2. 零售类园林建筑设计要点

零售类园林建筑主要为游客提供食品、工艺品和一些土特产以及提供咨询、摄影、语音导游设备租赁等服务。其规模较小，可独立或附设在接待室、茶室、大门等建筑内或与敞厅、过廊结合。

(1)零售类园林建筑的功能　在公园或旅游风景区，为方便游客游园，常会设置一些商业服务性设施，零售食品、旅游工艺纪念品和土特产等小商品以及提供咨询、门票销售、摄影、语音导游设备租赁等服务，这类小型服务性建筑被称为零售类园林建筑。它是现代园林中必不可少的组成部分，既要满足游客的消费需要，完善服务体系，提高经济效益，丰富园林景观，又要为游客提供较佳的休息、赏景、购物和休闲场所。

(2)规模与位置　在设置零售类园林建筑时，要考量全园总体规划并合理安排，如园林小卖部的位置选择(图 5-22)。影响售卖亭规模与数量的因素很多，包括公园规模、活动设施、公园与城市关系、交通联系以及公园附近营业点的质量和数量等。中国活动设施丰富的公园游客量一般较多，零售类园林建筑的布点也应随之增加。这类零售类园林建筑有的附设在游客接待中心、展陈类园林建筑、餐饮类园林建筑内；有的则独立设置，且多位于游客较集中的风景区中心。对于有些规模较小、活动设施不多且又在市区内的公园而言，由于零售供应较方便，零售类园林建筑的规模不宜过大，可考虑内外结合，兼对外营业。

近年来，由于旅游业的发展，不少市内公园常在公园干道入口处增设对外营业的售卖亭，营业内容除一般饮料、食品、香烟和糖果外，有些还增添工艺品、花卉和盆景等项目。有些售卖亭是独立的园林建筑，周围环境景观秀美，常与庭园、亭、廊以及草地、小广场等结合设置，较便于经营管理和景观眺望。

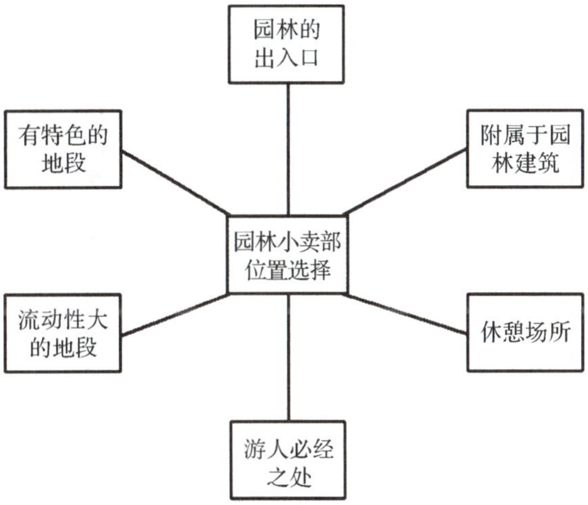

图 5-22　园林小卖部的位置选择

(3)建筑处理　零售类园林建筑的功能相对简单。如果单独设置，其建筑造型在与周围环境景观和谐的前提下应尽量独特新颖、富有个性；如果组合设置，则以建筑的其他功能为前提，其应处于从属的地位。例如，香港迪士尼乐园售票亭(图 5-23)的设计风格就与乐园整体的卡通娱乐风格相映成趣。上海思南书局快闪店(图 5-24)的设计呈现了钻石形样貌。实质上，其造型设计以构建晶莹剔透的人文心脏为理念，打造一个温馨又梦幻、环保又现代的建筑空间。上海思南书局快闪店书籍的摆放也不同于传统书店的竖直分类。其每一类书籍都围绕着一个灯座向四周散开，就像飓风中心点一样，飓风外围也散落着相关书籍，有时还会有一些特殊设置。上海思南书店快闪店的面积为 30 m²，这是建筑师确定的一个最合适的空间，因为读者刚好可以在 15～20 min 浏览完书店内的所有图书。建筑师旨在以一系列创新的设计及建造技术，打造可

图 5-23　香港迪士尼乐园售票亭

图 5-24　上海思南书局快闪店

（图片来源：艾斯/Steven Chang，2019）

移动、可复制、可推广的人文空间，进而改变城市居民的生活方式，为探索城市公共空间的功能提供了一个良好的实验模式。

5.4 园林厕所

厕所是人们生活的必需设施，也是衡量社会文明程度的窗口。园林厕所是园林中必不可少的服务性设施。近年来，随着生活水平的提高、知识的增长，游客对园林景观的要求越来越高，对景观的维护也很重视。园林厕所无论规模大小、造型如何，均会影响园林景观效果。一般来说，虽然厕所不被当作特殊的风景建筑类型来处理，但是应与整个园林或风景区的外观特征相统一，并且易于辨认。

5.4.1 园林厕所的功能

园林中的厕所，首先，应满足人们的功能需要，建筑虽小巧，并非主要的风景建筑，但为游客所必需；其次，它应满足人们的审美需要，造型美观、设计周密，尽量使之成为旅游区景色的一部分。可见，园林厕所是一种能高标准满足游客功能需求和审美需求的特殊公共厕所。因此，其应布局合理、方便游客。这就要求在选择最佳区位时，应尽量让游客既方便又满意。

5.4.2 园林厕所的类型

园林厕所依其设置性质既可分为永久性厕所和临时性厕所，又可分为独立性厕所和附属性厕所。

1. 独立性厕所

它是指在园林中单独设置，不与其他设施连接，且与其他设施的主要活动互不干扰的厕所，适合一般园林。

2. 附属性厕所

它是指附属于其他建筑，供公共使用的厕所，使用较方便，适合在不太拥挤的区域设置。

3. 临时性厕所

它是指临时设置的厕所或流动厕所，可以解决由临时性活动的增加所带来的需求，适合在地质土壤不良的河川、沙滩附近或临时性人流量大的场所设置。

5.4.3 选址与布局

1. 园林厕所选址的基本原则

(1)布置在旅游区或风景区的进出口附近　旅游区或风景区的进出口人流量大，且人流分布的时空集中性强。在此布置厕所，一方面，方便游客，利于控制进出口人流量及有效管理附近区域；另一方面，可为游客在游览风景区前做好生理准备。

(2)布置在旅游区或风景区游客集中区域　在旅游区或风景区中，游客集中区域一般主要有主体建筑、主景、广场、博物馆、露天影剧场、球场、游泳池、儿童游乐场等。在这些区域，游客多而密，且逗留时间长。若无厕所，就会给游客带来诸多不便，甚至影响其游玩的兴致。因此，在游客集中区域布置厕所，可起到以点控面的作用。

(3)突出方便性　园林厕所的布置既不应妨碍风景，又要易于寻觅，突出方便性和可达性，因此，厕所需均匀分布于旅游区的各功能区，彼此的距离以 200～500 m 为宜，服务半径最好不超过 500 m，且应设置鲜明的标识，方便游客识别。

(4)强调隐蔽性　目前，园林厕所正朝着净化、美化、香化的方向发展。一般而言，在布局时，厕所宜“靠边”布置：靠墙边、靠池塘湖水边、靠山石(假山)边、靠树林边、靠路边等；宜隐蔽在绿荫丛中，用美观、别致、突出的指示牌加以指引或引导，方便游客寻找。

2. 园林厕所布局的一般形式

(1)支撑式布局　一般在旅游景区面积不太大的情况下，多采用这种布局形式，即全区用一个厕所加以控制，服务于整个风景区。其布局要求如下。

①位于风景区几何中心。几何中心位于全景区的适中地段，是整个风景区的核心部分。在此布置园林厕所，能让游客就近使用厕所，起到以点带面、以一当十的作用。

②位于风景区道路交会处。风景区道路交会处控制着几个方向的游客。在此布置厕所，能控制和满足各个方向游客的需求。

③位于主景区附近。一般风景区往往只能突出一个主要景色，该主景处游客集中且逗留时间较长。在此布置园林厕所，能就近满足游客需求。

④位于隐蔽处。大多数面积不大的旅游风景区多采用占边隐蔽的布局形式，即便厕所占边隐蔽，只要指示牌设计巧妙，游客也能轻松找到。

(2)对称式布局

①规划对称。在旅游区或风景区中，园林厕所多为非严格规则对称，规则对称不多见。例如，成都宝光寺的园林厕所布局(图 5-25)基本以照壁、山门、天王殿、舍利塔、七佛殿、大雄宝殿和藏经楼等为对称轴线，形成规则的对称形式。从图 5-25 可知，两个园林厕所各控制一半的空间范围。就面积而言，中轴线右侧稍大；就游客的感觉而言，两面相差不太多。因此，就控制游客来说，两座厕所基本平衡，形成较为规则的对称式布局。

②自然对称。在园林厕所的对称式布局中，绝大多数属于该种类型。自然对称形成一南一北或一东一西，呈现上下或左右的呼应，以达到方便游客上厕所之目的。因此，园林厕所的对称式布局更多的是注意对称中的均衡。例如，上海南丹公园的园林厕所属于对称式布局的东西呼应；成都武侯祠属于由对角线呼应产生的对称布局；成都望江楼公园的园林厕所布局(图 5-26)基本是一种以崇丽阁为中心的均衡对称。

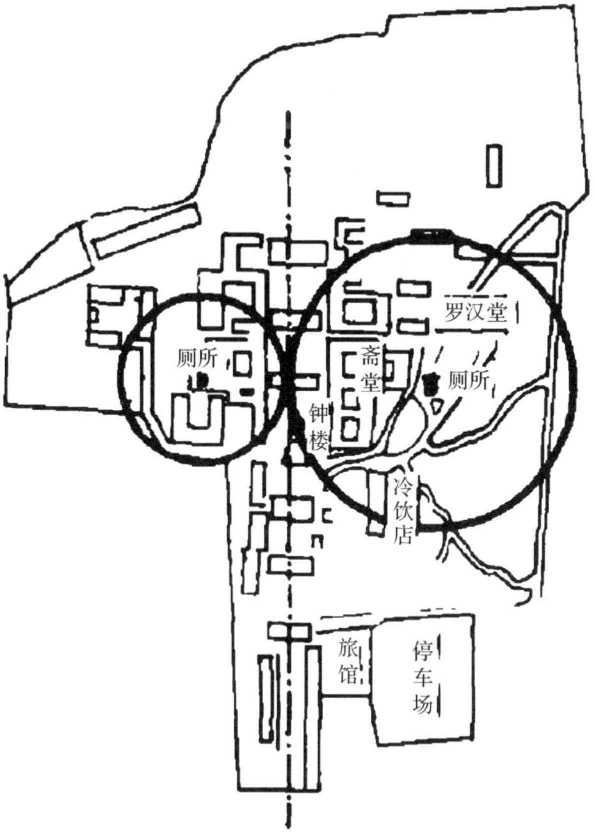

图 5-25　成都宝光寺的园林厕所布局

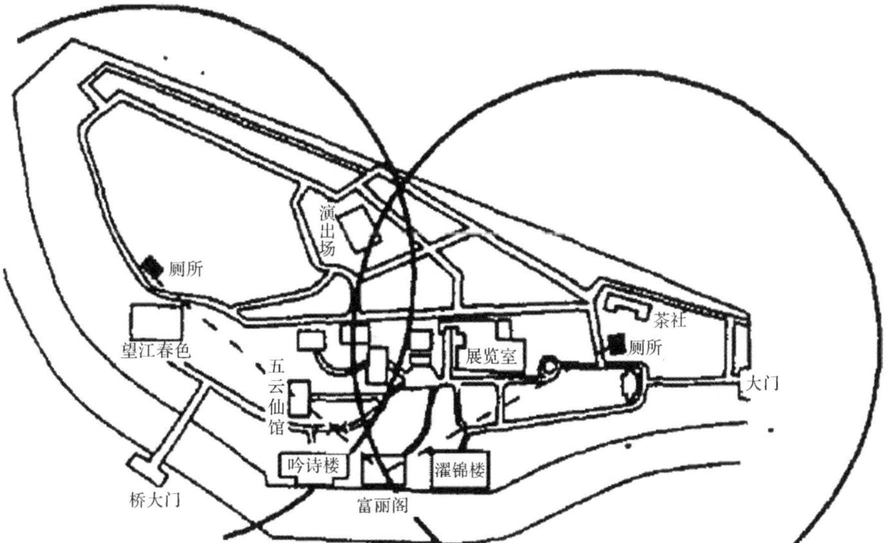

图 5-26　成都望江楼公园的园林厕所布局

(3)散点式布局 在比较大的旅游风景区或游客较多的旅游风景区中，一般只有布置三个以上的园林厕所，才能满足游客的需要。三个以上的园林厕所在风景区中的布置形式往往以散点式布局呈现。

散点式布局虽然貌“散”，但“神”不散。其中的关键因素是散而不乱，强调联系和呼应；散而有序，突出对位关系和空间关照；散而成形，注意与风景的协调融合。一般而言，散点式布局具有下列形式。

①三点式布局。以三角形为对位关系，以三角形三顶点为园林厕所布置地点，以整个三角形形成控制格局，坐落在旅游风景区空间布局的中心地带。如杭州花港观鱼以近似等边三角形的布局，不仅控制了整体旅游风景区，还与旅游风景区的整体景色分区、布局态势相契合，是三点式布局的佳例，如图 5-27 所示。

②多点式布局。在拥有四个及以上园林厕所的旅游风景区中，注意与整体风景、地形起伏、风景区形状以及景区外观面貌等方面相协调，形成散而不乱、散而有序、散而成形的空间布局。这种布局多沿旅游风景区边缘呈环状分布，以环状格局取得对位和联络关系，既兼顾隐蔽性，又突出使用的便利性。例如，上海长风公园共布置了七个园林厕所，呈环状布局，控制和服务于全园。同时，在其空间艺术布局的立面构图中心——铁臂山也布置了一个园林厕所。这样，六个园林厕所控制全面，一个园林厕所控制局部，既有重点控制区域，又有一般控制区域，有机结合，形成空间的有序化，强调相互间的联系和关照。虽然这种布局形式形如散点，但有着强劲的空间关联，极大地方便了游客的使用，如图 5-28 所示。

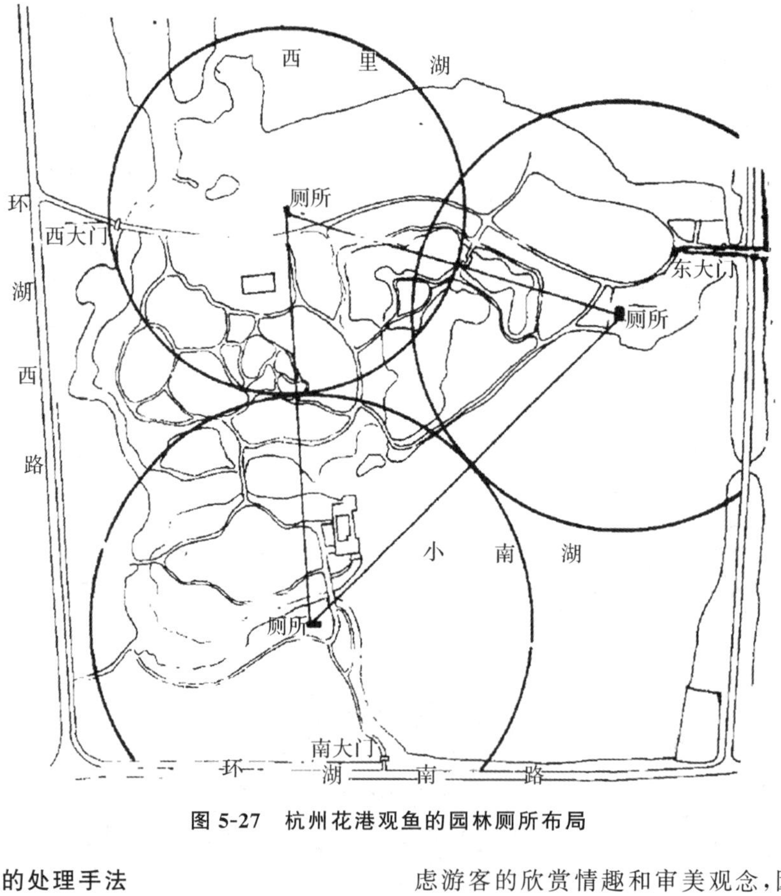

图 5-27 杭州花港观鱼的园林厕所布局

3. 园林厕所布局的处理手法

一般而言，园林厕所布局的处理手法主要有三种：隐蔽法、融合法和美化法。这些处理手法主要从满足游客功能需求出发，同时兼顾园林厕所与风景的结合与协调，并以园林厕所与风景的相关性为基础，综合考虑游客的欣赏情趣和审美观念，因时空不同而因地制宜地采取不同的布局方法。

(1)隐蔽法 在风景秀丽的地方，若园林厕所存在可能的损害或影响风景，应尽可能使园林厕所不引人注目，隐蔽其存在以突出景色的佳丽。其隐蔽方式主

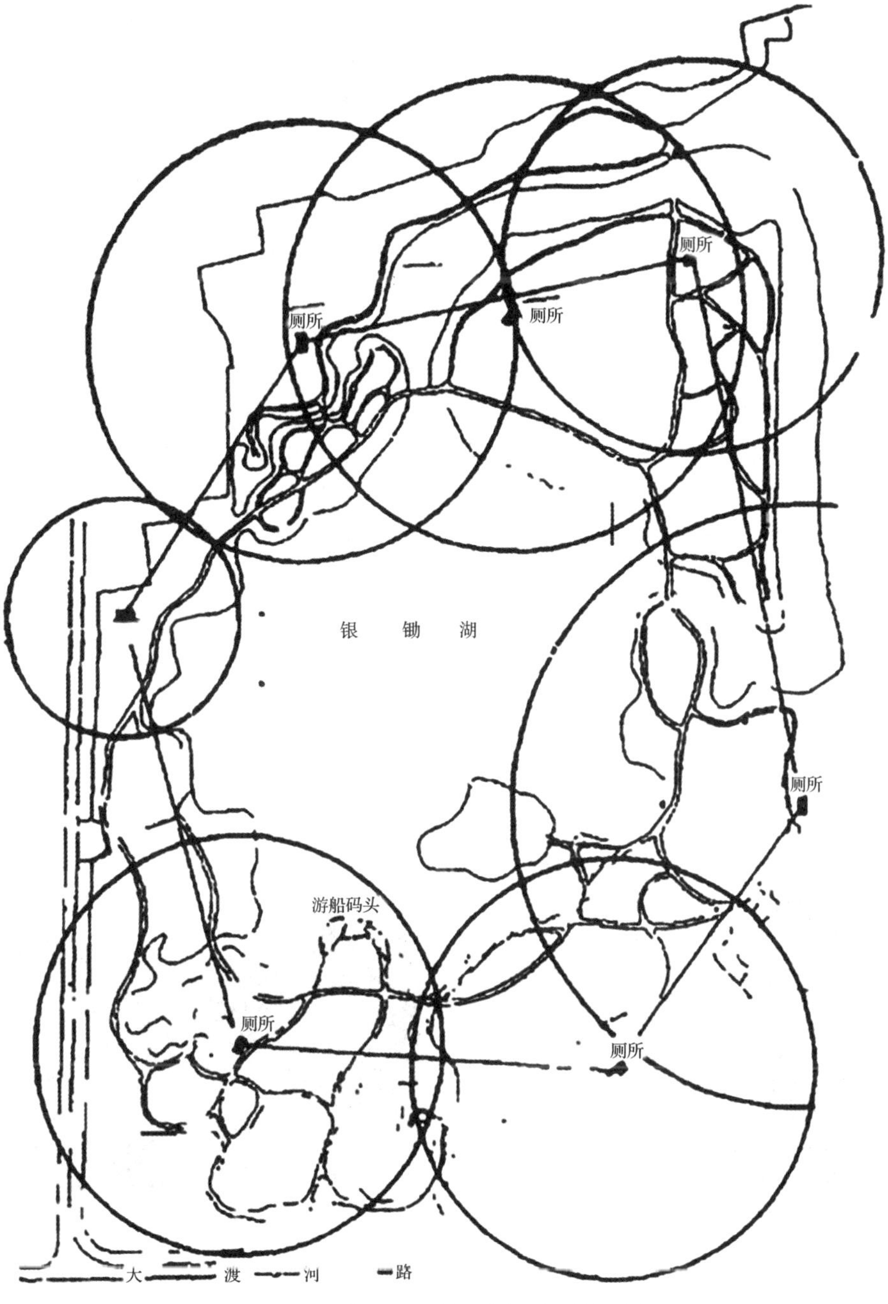

图 5-28　上海长风公园的园林厕所布局

要有占边隐蔽、占角隐蔽和遮挡隐蔽。

①占边隐蔽。旅游风景区的边缘地带一般游客稀少、人流较小、隐蔽性强。因此，园林厕所多占据风景区边缘，靠墙设置，尽量弱化其自身的存在。

②占角隐蔽。边角地段是最容易隐蔽的区域，如成都武侯祠的两个园林厕所在两个对角上布置，隐蔽性较强。

③遮挡隐蔽。一般采用风景建筑、风景植物、人工山石等加以掩映，使游客的视线完全或基本上被阻挡，园林厕所被隐蔽。例如，成都杜甫草堂水榭附近布置的园林厕所被一片茂密而挺拔的高树遮挡，隐蔽在树林后面，半隐半显。随着视角的不同，有些园林厕所会产生不同的效果，时而隐蔽、时而清晰，在游客游览过程中，园林厕所就会呈现时隐时现、半隐半显的状态。

这样既能方便游客寻找，又能通过园林厕所构成景致。

(2)融合法 这种方法让园林厕所与风景按基本相同的格调互相融合，浑然一体，使园林厕所与风景融合协调、相得益彰。一般而言，这是一种对园林厕所的存在既不否定(隐蔽)，又不强调(美化)的方法。在现实风景中，园林厕所布置后产生的协调关系以不破坏原有景致为基础。在这种意义上，融合法是一种更为积极的方法，具有更高的审美价值和欣赏情趣，属于高级层次的布局方法。

运用融合法布置的园林厕所一般并不占边、占角，而是设置在风景区的适中地段。例如，成都望江楼公园大门附近布置的园林厕所完全与周围风景融为一体，既未破坏周围风景的氛围，又未被特别强调或突出。由此可见，融合法是介于隐蔽性与美化性之间的过渡方法，是适当隐蔽与适当美化的结合。

(3)美化法 美化法是园林厕所布局的最高境界，通过美化作用，强调并突出园林厕所的存在，吸引游客的视线，给人以美感，同时满足游客的生理需求。园林厕所已具有支配旅游景区内某一空间范围景色变化的作用，成为风景的组成部分，这就是美化法的价值。

运用美化法时，园林厕所在某一微观风景中占据中心地位，并在以该园林厕所为重要景色的前提下，组织各种构景要素，创造新的风景环境和景色变化。在布置园林厕所前，若旅游风景区中的某一地段景色欠佳，通过布局园林厕所并以其为重点组织风景，能让原来风景的平凡之地焕然一新。

由于这种园林厕所引人注目，其一般具有信号作用和象征作用，审美价值高和敏感度，成为游客的欣赏对象和享受对象。例如，重庆佛图关公园巴人雕塑群旁的圆亭型园林厕所造型别致、式样出新、体量合宜、尺度宜人，背岩面江、视野开阔，让游客无不惊叹并尽情享用、好不惬意，是美化法的佳例。它融园林厕所的形式美和功能美为一体，并与周围风景关联和协调，创造出一种全新的境界。又如，日本建筑师坂茂设计的新宫町公园公共卫生间(图 5-29)。该建筑的造型十分奇特，外部用镀锌螺纹钢板包裹。从某种程度来说，波纹钢板既是墙面，又是屋顶和地板。虽然螺旋波纹钢板由钢管支撑系统固定，设计难度不大，但是由于建筑师匠心独具的材料使用，该建筑呈现出独特的结构造型，成为当地景观中的亮点。

图 5-29 日本新宫町公园公共卫生间

5.4.4 园林厕所的设计要点

①园林厕所要与周围的环境相融合，既“藏”，又“露”；既不妨碍风景，又易于寻觅，方便游客，易于发现。在外观处理上，必须符合该园林的格调与地形特色，既不能过于奢华，又不能过于简陋，使之处于风景环境中，不能显得突兀、不协调。同时，其色彩应尽量符合该风景区的特色，运用色彩时还应考虑到未来的保养与维护。例如，深圳彩虹间(马家龙智能公厕)(图 5-30)位于深圳城市动脉显著位置，采用镜面与绿植结合的方式，将这个原本易让人产生反感的设施消隐在原本树林掩映的绿化带中。厕所隔间采用不分性别的隔间形式，模糊了建筑与自然的边界，使其和谐交融，改变了人们对传统厕所的认知。

②茶室、阅览室或接待外宾用的厕所可分开设置或提高卫生标准。一个好的园林厕所除本身设施完善外，还应配备良好的附属设施，如垃圾桶、等候桌椅、照明设备等，为游客提供较大的便利。

图 5-30　深圳彩虹间(马家龙智能公厕)

(图片来源:张超,2019)

③园林厕所应设在阳光充足、通风良好、排水顺畅的地段,最好在厕所附近栽种一些带有香味的花木。例如,南方地区可种植白兰花、茉莉花、米兰等;北方地区可种植丁香、珍珠梅、合欢、槐等,借植物气味减轻由厕所散发的异味。

④园林厕所的设置定额应根据公园规模的大小和游客数量来定。对于市、区级公园而言,游客人均占有公园面积以 60 m^2 为宜;对于居住区公园、带状公园和居住小区游园而言,游客人均占有公园面积以 30 m^2 为宜。在近期公共绿地人均指标低的城市,游客人均占有公园面积可酌情降低,但最低游客人均占有公园的陆地面积不得低于 15 m^2。对于风景名胜公园而言,游客人均占有公园面积宜大于 100 m^2。

⑤园林厕所入口处应设男厕、女厕的明显标识。若采用头像作为标识,一般在入口外设 1.8 m 高的屏墙,以遮挡视线。

⑥园林厕所蹲位配置。面积大于 10 hm^2 的公园应按游客容量的 2% 设置蹲位(包括小便斗位数);面积小于 10 hm^2 的公园应按游客容量的 1.5% 设置;男女蹲位比例为(1～1.5):1。此外,厕所的服务半径不宜超过 250 m,且蹲位数量应与公园内游客分布密度相适应。在儿童游戏场附近,应设置方便儿童使用的厕所。同时,公园宜设置方便残疾人使用的无障碍厕所。

⑦为了维护园林厕所内部的清洁卫生,避免泥沙黏在鞋底带入厕所,通往厕所出入口的通道铺面应稍加处理,使其略高于地表,且保证铺面平坦、不积水。

⑧园林厕所一般由门厅、男厕、女厕、化粪池、管理室(储藏室)等部分组成。

⑨厕所立面及外形处理力求简洁明快、美观大方,并与园林建筑风格相协调,勿太张扬。

图 5-31 和图 5-32 为华南国家植物园姜园中的园林厕所及深圳市莲花山中的园林厕所。

图 5-31　华南国家植物园姜园中的园林厕所

图 5-32　深圳市莲花山中的园林厕所

(图片来源:费晓华 等,2003)

5.5 泊船码头

泊船码头是拥有水域的旅游风景区或公园的重要组成部分，兼具游客上下船、休息、赏景的功能。

5.5.1 游船的类型

1. 交通游览船

在拥有辽阔水域的风景区或公园，如无锡的太湖、武汉的东湖、杭州的西湖、云南的滇池等，不仅在陆地或半岛有众多的游览景点，湖中心也有不少名胜古迹，吸引着广大游客。这些交通游览船既可解决风景区各风景点间的交通，又能让游客在湖中畅览湖光山色，部分景区甚至可以组织水上一日游。这类游览船除满足游客视野要求外，还需考虑有些船只旅游时间较长，因而应配备舒适的座位、设施，规模较大的还应供应餐食。

2. 小游艇

在有湖泊的公园里，小游艇较为常见。其规模为4～8人，适合各种不同年龄的游客随意泛舟或竞渡。

3. 私人游艇

私人游艇娱乐是一种高端的水上休闲方式，起源于18世纪，在第二次世界大战后蓬勃发展，集独特的休闲与商务交流为一体。随着国民经济的不断发展和人们生活水平的日益提高，人们在努力创造物质文明的同时，也在不断地追求与之相适应的休闲娱乐生活方式。中国私人游艇娱乐在经济发达地区的景区逐渐兴起，并成为一种时尚。

5.5.2 选址与布局

1. 泊船码头规划设计选址、布局等需考虑的因素

(1)环境条件　应选在交通比较方便的地方，优先靠近出入口，位置明显。同时，注意风向、日照等气象因素对码头的影响，并利用季节风向，避免风口，防止船只停靠不便和夏季高温；还要避免夕阳的低入射角产生水面反光，损伤游客眼睛。

(2)水体条件　应考虑水体的大小、水流、水位等情况。大水面应设在能避免风浪冲击的湖湾，方便船只停靠；小水体应选择较开阔处设置；流速大的水体应避免河水对船体的正面冲击。

(3)观景效果　码头在宽广的水面应有景可对，小水体的水面应争取较长的景深与视景层次，以达到“小中见大”的效果。

2. 泊船码头规划设计选址、布局的要点

(1)风景名胜区　若水面较大，水路会成为主要的交通观景线。一般规划3～4个泊船码头。选址根据风景区的大小和游船类型进行灵活确定，优先布置在主要风景点附近，便于游客通过水路到达景点。泊船码头布点和水路路线应充分展示水中和两岸的景观，泊船码头各点之间应有一定的距离，一般以控制在1 km为宜，且其与其他各景点应有便捷的联系。同时，泊船码头选择风浪较平静处，不能迎向主要风向，减少风浪对泊船码头的冲刷，方便船只靠岸。

(2)城市公园　若水面较小，一般依水面的大小设计1～2个泊船码头，选择水面较宽阔处，防止游客走回头路，且宜靠近入口，保证有较深远的视景线，视野开阔、有景可观。泊船码头的选址在便于观景的同时，也应该是一个好的景点。

例如，北京陶然亭公园码头水面宽阔，邻双亭等景，北依地形，水、山、建筑相融，视景线深远，通至中央岛，与云绘楼、南北门均有便捷联系。合肥逍遥津公园水域宽阔，湖中的逍遥墅、湖中三岛可作为泊船码头的对景，附近有茶室、展览馆等景点，视景线也较长。上海杨浦公园将泊船码头定位在避风的港湾处，且有较宽阔的水面，西部的月洞桥可以作为对景。西安兴庆公园泊船码头位于正入口的中心轴线之上，面临宽阔的水面，附近有缚龙堂、茶室等景点，远处的西山岛，兴庆楼是其对景。沈阳青年公园泊船码头选址在较宽阔的水面之上，卧波桥、同心亭可以作为其对景。天津水上公园泊船码头位于正入口的一侧，起到水上观光游览、组织交通的作用，面临宽阔的水面，朝南，湖心岛是其对景。桂林七星公园泊船码头的水面是狭长的水道，花桥、茶室是其周围的景点。南京莫愁湖公园泊船码头紧靠入口，面临宽阔的水面，云影、波光亭是其对景。南京白鹭洲公园泊船码头面临宽阔的水面，鹭舫、亭桥是其对景。

5.5.3 常用的泊船码头形式

1. 驳岸式

如果公园水体不大，泊船码头应结合池壁修建，垂直岸边布置；如果公园水体较大，泊船码头就可平行于池壁进行布置；如果水位和池岸的高差较大，泊船码头可以结合台阶和平台进行布置。

2. 伸出式

伸出式泊船码头用于水面较大的风景区，可以不修驳岸，直接将码头延伸至水中，拉大池岸和船只停靠的距离，增加水深，利于营造较好的亲水性。

3. 浮船式

浮船式泊船码头对于水库风景区等水位变化较大的风景区特别适用，浮船式泊船码头可以适应不同的水位，总能和水面保持合适的高度，便于管理。

5.5.4　功能与组成

泊船码头设计可繁可简。较大型的游船一般停靠在轮渡码头。该类码头功能复杂、规模较大，但建议设在风景区的水路口或风景区游览线上的轮渡码头。尽管其功能类似一般轮渡码头，布置较复杂、规模较大，但仍需侧重造型设计，将其视为风景类建筑来打造。本文仅重点分析一般风景区和城市公园中的小型泊船码头。它基本由售票室、管理室、储藏室、休息等候区和码头区等组成。若泊船码头规模较大，接待任务较重，根据功能需要可增加职工休息室、卫生间等。此外，泊船码头的功能可进一步丰富，可增设接待室、茶室、小卖部等。有些小型码头也可简化，一个临水花架、水榭、平台均可以作为一个简化的泊船码头使用。例如，秦皇岛市南戴河游乐中心就利用歇山顶仿古水榭结合临水平台，打造了简易的泊船码头。常用的码头形式的各组成部分的功能如下。

1. 售票室和检票室

采用大高窗时，应注意朝向，避免西向。如果朝西，最好在前面设置遮阳篷，与办公室联系紧密；室内通风，最好有穿堂风。售票室设售票处及回收船计时退押金和回收船桨处，设置面积控制为 10～12 m^2；检票室在人流较多时，维护公共秩序，设置面枳控制为 6～8 m^2，有时也可以采用检票箱和活动检票室的形式，方便、灵活且节省造价。

2. 办公室

办公室的位置应选择在与其他各处便捷联系之处，作为管理部分的主要房间，面积控制为 15～18 m^2，室内空间应宽敞，通风采光应较好，并应设有接待办公用的家具，如沙发、办公桌椅等。

3. 休息室

休息室为职工休息用，应选择在较僻静处，并有较好的朝向，通风采光较好，面积控制为 10～12 m^2，与其他管理用房联系便捷。

4. 管理室

管理室为播音、存放船桨和对外联系用，面积控制为 15 m^2。

5. 卫生间

卫生间为职工内部使用，选择较隐蔽处，面积控制为 5～7 m^2，与其他管理用房联系紧密。

6. 维修储藏间

维修储藏间尽可能靠近水边的码头，上下水较容易。

7. 休息等候空间

休息等候空间为亭、廊、榭等园林游憩建筑的组合。根据任务书的要求，决定其组成和规模，主要是创设一个休息停留的空间，有时可以创设一个内庭空间，结合水池、假山石、汀步等进行布置，既方便划船人候船，又可供一般游客观赏景物休息，常用亭、花架、廊、榭等游赏型建筑组合而成。

8. 茶室、小卖店或(部)

有时码头规模较大、较复杂，可结合茶室、小卖店或(部)布置，一方面丰富游客活动内容，另一方面增加经济效益，是“以园养园”的良好形式。

9. 码头区

候船的露台供上下船用，应有足够的面积，面积根据停船的尺寸与数量而定，一般高出平常水位的 30～50 cm，且应紧贴水面，营造亲水感。

10. 集船柱桩或简易船坞

其主要作用是让游船停靠方便，同时具有遮风避雨的保护功能。

5.5.5　人流路线的组织

1. 工作人员和游客的人流组织

在进行分区设置与空间布局时，应注意避免工作人员和游客的活动路线交叉，防止互相干扰。有的管理区可单独设置入口。

2. 游客上下船的路线组织形式

(1)开放式　上下船的人流不进行分流，游客凭票上下船，这是一种开放式的管理方法，可节省管理工作人员，但因人流不分，管理较混乱。

(2)分流式　上下船人流分开，设检票处，增加管理人员，人流管理较有序。

候船平台上应确保人流畅通，避免拥挤，因此，应将出入人流分开，以便尽快疏散；平台应选择适宜的朝向，并设置遮阳措施，平台长度至少不小于两只船长度（约 4 m），留出上下船的人流和工作人员的活动空间，一般进深为 2～3 m。

5.5.6 平面空间布局

通常，较复杂的泊船码头平面按功能进行分区，大致可分为三个大区：管理区、游客活动区和码头区。其具体可分为管理区：售票室、办公室、休息室、厕所和维修储藏室；游客活动区：休息亭廊、小卖部、储藏室和茶室；码头区：等候露台。

在进一步进行平面布局时，整个泊船码头应被视为一个整体建筑，布局合理，管理用房联系紧密（办公管理区应和游客休息区方便联系，以方便管理）；管理区尽可能功能集中，避免工作人员的交通路线和游客活动路线交叉。平面组合时，在满足面积要求的前提下，运用构成的有关知识进行组合和划分空间，且应有一定的设计母体，做到既统一又有变化，尽可能靠近一个合适的比例，如黄金矩形、方根矩形、勒·柯布西耶模度体系等比例关系。当组合各种形体时，应优先满足功能需求，形体之间应有一定的几何关系，如方和圆的组合，使设计富有理性和秩序性，同时注意平面的开合、收放变化，营造空间节奏。

5.5.7 立面造型与竖向设计

对于泊船码头而言，其本身要成景，需具备一定的风景建筑的特点，造型丰富，有虚实对比关系，同时运用块材知识进行形体的加减、组合，使形体丰富。各空间的室内地坪应有变化，如某水位和池岸的高差较大，可做上、下层的处理（从池岸观是第一层，从水面观是第二层），并设置台阶式，建筑低临水面，有一定的亲水感，屋顶变化也较丰富，平屋顶、坡屋顶均可组合。立面有对比关系，使立面更加丰富，平屋顶的水平线条与水的平线条相调和。了解水位的标高，最高水位、最低水位，以确定泊船码头平台的标高。

北京紫竹院公园泊船码头水陆高差较大，因此将水面设为第二层，陆面设为第一层。第二层主要用于休息停留，而第一层则设置了售票、管理、储存、靠船平台等功能区域，其功能布局合理，竖向设计有特色，造型也彰显了园林特色。北京玉渊潭公园的竖向设计有特色，休息等候和靠船平台分层，立面造型新颖丰富，平面布局较为简单，屋顶风格统一。福建武夷山星村竹筏码头（图 5-33）集码头、接待、小型旅馆于一体，造型采用民居的形式，设有内庭空间，为两层建筑。

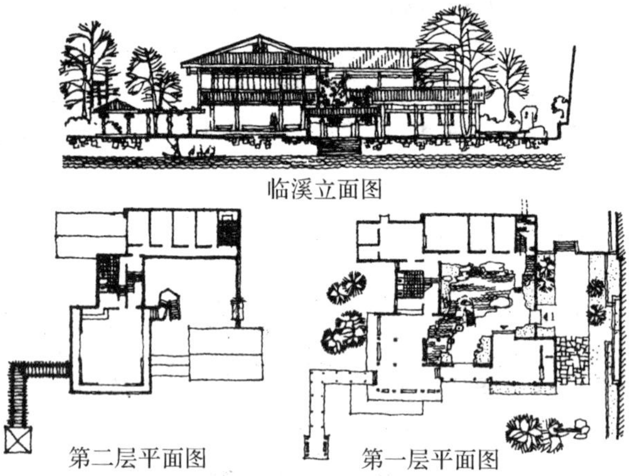

图 5-33 福建武夷山星村竹筏码头

5.5.8 其他设计要点

1. 风格塑造

泊船码头建筑的设计既要与整体环境的建筑风格相协调，又要展现码头建筑的性格，飘逸、富有动感，把屋顶做成帆形、折板顶或圆穹顶等，以呼应水的灵动特性。如沈阳南湖公园泊船码头不系舟的设计，造型犹如一艘即将启航的华丽游艇停泊在碧绿的湖岸，迎接广大游客。对于建筑风格而言，它可以是现代的，也可以是仿古的；可以是东方的，也可以是欧式的，还可以是富有当地建筑的民族特色。

2. 整体环境的协调

应将泊船码头的各个组成部分看作一个建筑组群，从整体上进行把握。可以结合游客观赏等需求设置内庭空间，并在其中布置一些能够体现建筑性格和与水有关的雕塑、壁画、汀步、置石、隔断等园林建筑小品，以此体现建筑特色并呼应水的主题。此外，从泊船码头选址开始，就应考虑借景、对景、观景等因素，使泊船码头既可观景又可成景，以便和整体环境相协调。以上海深潜赛艇俱乐部（图 5-34）为例，由于基地处于水杉密林中，为了减少对植被的破坏，建筑师确定了整体设计策略：以单个艇库作为基本单元，通过翻转、镜像、穿插等手法，将三个“艇库单元”拼接，组成俱乐部的入口、走廊及辅助功能用房等空间。在该项目中，从林间到水边，从室外到室内再到室外，建筑师希望游客在整个行进的过程中视线和感知连续且流畅。为实现这一追求，建筑师格外留意在空间转换上的处理。在整个行进过程中，建筑犹如一幅叙事长卷徐徐展开，如同赛艇运动的一个长镜头，随着赛艇在水面上快速滑行，视线内的景物不断变化，连续流畅，给人“一镜到底”的畅快体验。

图 5-34　上海深潜赛艇俱乐部

（图片来源：杜洁，2019）

3. 植物配置

选择耐水湿树种，如垂柳、大叶柳、旱柳、悬铃木、枫香、柿、蔷薇、桧柏、紫藤、迎春、连翘、棣棠、夹竹桃、丝棉木、白蜡和水松等园林植物进行配景美化。在池边水中点缀菖蒲、花叶菖蒲、荷莲、泽泻等水际植物，能营造更浓郁的自然水景气氛，但植物配置不能影响泊船码头的作业。

4. 安全性问题

泊船码头建筑的临水性强，且儿童使用频率较高，安全隐患较多。在具体设计时，一定重视安全性，设置告示栏、栏杆、护栏等安全宣传和防护措施。

5.6　桥与塔

桥作为跨越自然或人工障碍的结构，具有连接空间、提供通行的功能。在园林设计中，桥不仅是交通工具，更是空间序列中的重要节点。通过其形式、材料和景观关系，桥增强景观体验，提升美学价值。

塔作为一种高耸的竖向结构，常被视为园林中的视觉焦点或地标。其高度赋予了突出的景观效果，能从远处吸引视线并提供观景功能。虽然塔在园林中并不承担典型的功能性建筑功能，但它们通常在历史文化或象征意义方面扮演重要角色。

尽管桥与塔不如亭、廊等传统建筑那样直接服务于园林的核心功能，但桥与塔作为“非典型园林建筑”，在现代园林设计中被赋予了装饰性、象征性及功能性，丰富了景观的多样性与趣味性，提升了园林空间的艺术表现力。

5.6.1　园桥的分类

1. 拱桥

拱桥（图 5-35）是利用小块石材建造大跨度工程的创举，一般布置在大水面上。其立面造型优美，呈圆弧状，有“长虹偃卧，倒影成环”的美誉。

图 5-35　拱桥

2. 平桥

在小水面的小空间环境中，运用木、石板搭成平桥较为常见，有单跨、多跨等不同形式。平桥的桥墩一般用石块砌筑，上面架石板或木板。平桥一般跨度较小，桥身较低，贴近水面，具有亲切的尺度感。为削弱长而直的平桥的单调感，可将其设计为折桥形的平桥，这样游客行走时随着桥面的转折与起伏，不断变换着观景的角度，如网师园中的平桥（图 5-36）。

3. 亭桥和廊桥

亭桥上置亭、筑廊，除能够纳凉避雨、驻足休息外，还丰富了桥的形象。亭桥的代表有扬州瘦西湖中的著名五亭桥（图 5-37）。五亭桥桥身由青石砌成，下方由 12 个大小不同的桥墩组成十五孔的券桥，平面呈“工”字形，两侧设有阶梯，桥面上矗立着五座琉璃攒尖顶方亭。廊桥在园林中运用不多，由于桥体一般较长，桥上再架廊，它们在空间上的分割作用十分突出。如苏州拙政园中的“小飞虹”廊桥（图 5-38）在组织园景方面既分隔了空间，又增加了水面的层次和进深。

图 5-36　网师园中的平桥

图 5-37　扬州瘦西湖中的五亭桥

图 5-38　苏州拙政园中的“小飞虹”廊桥

4. 浮桥

浮桥（图 5-39）是将整个桥面用竹或木材连接，漂浮于水面之上，无桥墩，一般用于较宽水面的通行，是简单、临时性的建筑。浮桥可利用船或浮筒来代替桥墩上的梁架，用绳索拉紧固定即可通行，这样就免去了建造桥墩等基础工程的麻烦。

5. 吊桥

吊桥（图 5-40）又称铁索桥，布置在急流深涧、高山峡谷间等不方便建设桥墩的地方。随着科学技术的进步，如今能建造跨度更大、造型优美的吊桥，能为游客带来美的感受和惊险、刺激的体验。

图 5-39　浮桥

图 5-40　吊桥

5.6.2　园桥的布局方法

1. 隐蔽法

这种方法主要应用于山区或风景区的小跨径桥梁，以保持原有自然和社会环境为主，将桥对原环境的影响降到最低程度，即尽可能做到藏桥于景中。如美国奥斯汀湖地区的步行桥(图 5-41)，以芦苇和其他湖滨的原生植物为灵感，桥栏宛如芦苇般首尾缠绕，“生长”在桥面之上，把整座桥伪装成环境的一部分。英国剑桥大学的叹息桥(图 5-42)，远远看去，桥隐藏于周围建筑之中，与环境融为一体。

图 5-41　美国奥斯汀湖地区的步行桥

(图片来源：John D. 等，2009)

图 5-42　英国剑桥大学的叹息桥

2. 融合法

融合法是指有效地利用自然条件，让桥成为新环境中的一个组成要素，融入周围总体景观与环境的画面。桥在具备自身功能美的同时，还要以其特有的艺术美，融合于桥位处的环境与景观中，相互“依存”、相互“呼应”，彼此增景添色，这是常用的方法。

日本美秀美术馆在两个山脊之间，进出通道需要通过一座桥梁与隧道相连。其设计理念在于避免桥梁结构成为参观者的主要视觉焦点，而是使其融入周围自然美景，让游客沉浸于环境的整体体验。该桥梁采用索托结构(图 5-43)，主拉索穿过一个张力感十足的拱塔，稳固地锚在隧道衬砌中。该桥与环境的协调融合，堪称典范，广受游客的赞誉。新加坡直落布兰雅山公园中的高架步行桥(图 5-44)全长 1.6 km，这座空中步行桥巧妙地顺应了山地的自然起伏，弱化桥的存在感，在设计上与周围的环境融为一体。步行桥蜿蜒穿梭于茂密的树冠之上，巧妙利用地势，让游客在自然景观中流连忘返。它既提供了功能性的交通通道，又没有破坏周围景致。

图 5-43　日本美秀美术馆的步行桥

(图片来源：林娟，2022)

图 5-44　新加坡直落布兰雅山公园中的高架步行桥

3. 强调法

强调法是指通过突出桥在环境中的存在，其能成为景观的视觉焦点和主要组成部分。该方法要求桥梁在布局中占据中心位置，以桥为主景，结合周围自然或人工景观，创造新的环境。许多跨河越江的大型桥梁通常采用这种布局方式，因其规模宏大、气势恢宏，自然而然地成为景观的核心，并与广阔的水域相协调，形成视觉上的平衡感。

以日本濑户内海国立公园为例，该公园以多岛内海为中心，融合了沿海的自然景观。20 世纪 80—90 年代建成的濑户大桥（图 5-45）彻底改变了公园的景观格局，成为新的视觉中心。在桥梁规划过程中，沿线的景观设计与改造同步进行，既保护了原有的自然景观，又增设了多个眺望点和游览设施，进一步增强了吊桥的观赏性。由于濑户大桥的建成，濑户内海国立公园不仅成为日本的旅游胜地，还吸引了全球游客的目光。

智利普里塔玛温泉的步行桥（图 5-46）是小尺度桥的典型案例。它通过架空的形式连接多个天然温泉水池，并以醒目的红色脱颖而出，成为环境中的亮点，清晰地引导游客前往目的地，进一步展现了桥在景观中的重要作用。

图 5-45　日本濑户内海国立公园中的濑户大桥

图 5-46　智利普里塔玛温泉的步行桥

（图片来源：凤凰空间·华南编辑部，2014）

5.6.3　园桥的设计要点

1. 重视环境因素

桥是环境的重要组成部分。设计园桥时，必须考虑其所处的大环境，将其视为景观建筑。在设计中，应把风景特征与桥型特征相融合，使桥与周围景观高度契合，从而实现自然美与人工美的和谐共融，营造深厚的文化意蕴。评估园桥的优劣应放在整体风景中，观察其是否与环境有机融合。

以北京颐和园的十七孔桥为例，这座桥不仅展现了自然质朴之美，还与周围环境和谐相融，仿佛一幅精心构图的风景画，体现了桥与自然的高度融合。

2. 注重园桥艺术设计

在景观环境中，桥不仅要融入周围环境，还需遵循美的法则，从艺术角度塑造其形象。桥作为园林景观的视觉焦点，其形态、色彩和材质应创造出富有美感的艺术效果。通过高度变化、平面形状变化和细部设计，艺术化的园桥设计能使游客感受到一种流动的美感，为园林增添生机与活力。

3. 适宜的造型和体量

园桥的造型和体量选择应结合环境和地理位置。一般而言，园桥应美观优雅，与周围环境相辅相成，同时提升水面景观的层次感。在大型水面空间开阔，水流湍急的位置，宜建体量较大、较高的多孔桥，使桥的体量和水体环境相协调。如颐和园的十七孔桥长为 150 m，宽为 8 m，与大型的昆明湖和湖心岛的体量相衬。

在小水面上布置园桥，宜选择低临水面的平桥或曲桥，给人以亲近自然之感。在水体景观设计中，小水宜聚不宜散。因此，园桥可偏于水面一侧，尽量不要打破水面的整体感。为增加水面景观层次，延长水上游览时间，也可以设置平曲桥，让游客欣赏景观的角度不断变化，增添游览趣味。在平静的小水面或小溪涧、浅滩中，常设贴近水面的小桥。既为游客提供了跨越水面的便利条件，又给游客带来了无尽的乐趣。

4. 合理的选址

园桥应作为园林道路系统的一部分，与园路有效连接，以确保交通的便捷性。在选址时，应考虑水体的宽窄、水位深浅、水流速度以及岸边的地质条件，尽量选择在狭窄处架桥。要确保桥中线与水流中线垂直，这样可以减少水流对桥基的冲刷，提高桥梁的稳定性。在桥体设计时，需要考虑多种因素，如桥上是否允许通车、桥下是否有航行通道、桥的载重能力以及净空高度等，从而确定桥的跨度和高度。园桥的设计应有机组织游览路线与观景点，发挥分隔与连接的作用，并与周围环境协调一致。

5. 园桥的细部处理

栏杆是丰富桥体造型的重要元素，高度应满足安全需求，与桥体大小相适配。栏杆的造型宜简洁，有的小桥可不设栏杆或只设单面栏杆，以突出桥的轻盈感，增添行走其上如临水面的惊险趣味。

灯具在桥体装饰中起到了重要作用。在夜间游园时，灯具不仅指示桥的位置，还能提供照明，应与桥的形状、栏杆及其他装饰物相协调，突出园桥的景观效果。

总体而言，桥与岸相接处应合理处理，避免生硬。通过灯具、雕塑、山石和花木等元素丰富桥体与岸壁的衔接，园桥自然融入周围环境，并适当扩大岸边空间，方便人流集散。

5.6.4　塔的组成

随着社会的发展，塔的结构也变得多样化。一般来说，传统形式的塔通常由四个部分构成(图 5-47)。

1. 地宫

地宫位于古塔塔基的地下，是埋藏佛骨、佛经或舍利的神圣空间。其平面形状多样，包括方形、六边形、八边形和圆形，通常用砖石砌筑。其一侧开设门洞，外部设有甬道，方便进出。著名的地宫包括陕西扶风法门寺塔地宫和北京天开塔地宫。

2. 塔基

塔基是塔的基础，分为基台和基座。基台位于塔的最下层，是承载塔的平台，造型较为朴实，部分基台外侧围有栏杆，部分高平台设有台阶。基座则是塔的座子，建于基台之上，占据较大空间。尤其在唐代后，

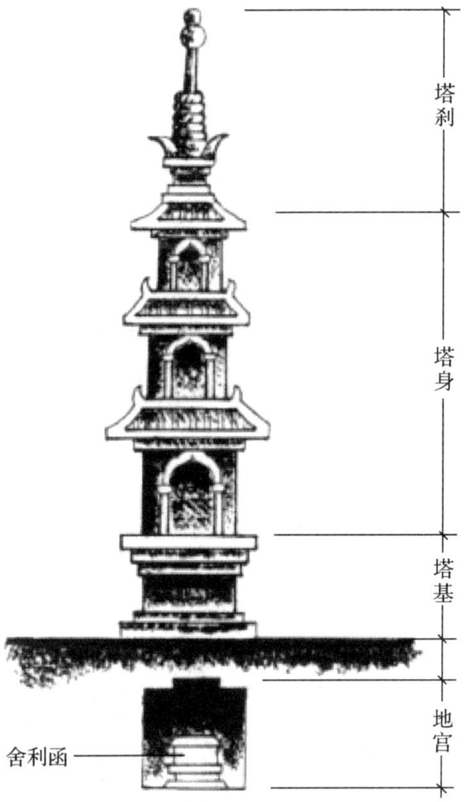

图 5-47　传统形式的塔的结构组成

(图片来源：傅熹年，2009)

基座常雕饰佛像、金刚力士和飞天等华丽图案，是古塔造型的重要组成部分。

3. 塔身

塔身位于基座之上，是塔的主体，形态多样，也是区分塔式样的主要依据。楼阁式塔和亭阁式塔在各层内设佛龛，而密檐式塔则通常无法进入，佛像雕刻在塔身外部。塔身的结构主要有两种：中空和实心。中空塔身多见于楼阁式塔，通常设有上下楼梯，供登临眺望，常见于南方，塔身轻盈飘逸，飞檐翘角。而实心塔身则不能登临，通常用砖石或泥土填充塔壁，也可用中心柱贯穿其中，加强与塔身各部分的连接，空隙处用土填满。

4. 塔刹

塔刹位于塔顶，是古塔最崇高的部分，通常由金属或砖石制成。塔刹既具有宗教意义，又对塔的形象起着重要的装饰作用。古塔高耸入云、超凡脱俗，塔刹本身结构类似小覆钵塔，分为刹座、刹身和刹顶三部分。

5.6.5 塔的类型

1. 楼阁式塔

楼阁式塔是将塔设计成楼阁形态，是中国古塔中历史最悠久、数量最多的类型。这种塔层数多且较高，可达80多米，每层设有外廊、窗门，方便人们登塔观赏远景。由于南方气候温和、风景秀丽，楼阁式塔在南方发展迅速，北方地区则相对较少。著名的楼阁式塔包括苏州的虎丘云岩寺塔，杭州的六和塔、灵隐寺塔，西安的大雁塔(图5-48)及玄奘塔等。

2. 密檐式塔

密檐式塔在高度和体型上与楼阁式塔相似，但外观有层层叠加的檐口。密檐式塔只具备塔的式样，多数无法进入，各层檐之间的塔身不设门窗、柱子等楼阁结构。为通风或采光，有些密檐式塔只开有小孔。典型的密檐式塔有辽宁北镇的崇兴寺双塔、锦州的大广济寺塔(图5-49)、北京的天宁寺塔和河南登封嵩岳寺塔等。

图5-48 西安的大雁塔

图5-49 锦州的大广济寺塔

(图片来源：刘梦，2020)

3. 喇嘛塔

喇嘛塔台基和塔刹的造型均很讲究。台基为一个高大的基座，上面安置了一个巨大的圆形塔肚，塔肚上竖立一根长长的塔颈，塔颈上刻成许多圆环，顶上再安置塔刹。有的塔刹本身就是一座小佛塔，有的塔刹则安置华盖和仰月宝珠。华盖又叫宝盖，往往是很大的一个圆盘，下垂流苏。塔身一般刷成白色，文静素雅，不论从哪个角度看，其体态始终一致。著名的喇嘛塔有北京妙应寺白塔(图5-50)、北京北海公园白塔、山西五台山塔院寺大白塔等。此外，还有许多其他类型的古塔，如金刚宝座塔(基座高大、五塔耸立)、傣族塔(中耸高塔、旁立小塔)、花塔(塔身似缀花、塔座华美)以及高僧塔林(群塔林立、千姿百态)等。

图5-50 北京妙应寺白塔

5.6.6 塔的作用

1. 标志导向作用

塔凭借其高度优势，具备良好的远距离可见性。在自然或城市环境中，塔以其竖向突出的形态成为易于辨识的地标，帮助人们在复杂空间中快速确定方向和位置。尤其在陌生环境中，塔作为参照点，能够增强使用者的空间认知与安全感。此外，塔的简洁形态有助于形成强烈的视觉记忆点，其独特外观常被简化为标志性符号，帮助人们在心理上建立对特定区域或城市的认知。在环境设计中，塔的存在会有效提升区域的识别度，强化空间的独特性，是形成环境认知的重要参照物。

2. 文化象征作用

塔不仅是物理空间中的标志，更是历史、文化和社会价值的象征，承载着人们对历史事件的记忆与对文化的认同。作为纪念性建筑的常见形式，塔常用于纪念重大历史事件或重要人物。其竖向高度不仅在视觉上具有强烈的标志性，还通过高度象征崇高的理想或不屈的精神。例如，美国的自由女神像既体现了建筑的塔体形式，又象征着追求自由的精神理想。此外，塔的基座、雕刻和文字等设计细节可以进一步强化其纪念功能和文化象征意义。例如，哈尔滨的防洪纪念塔（图 5-51）的水位高度标识和塔顶群雕直接展现了人民战胜洪水的历史事件。

图 5-51　哈尔滨的防洪纪念塔

3. 空间控制作用

与平顶建筑或相似形态的建筑物相比，塔的竖向突出性打破了单调的水平线条，赋予空间更强的可识别性和层次感，使其成为区域天际线的重要元素。例如，电视塔等高耸建筑通过显眼的形态在城市天际线中起着主导作用，增强了城市形象的辨识度，同时有效提升了整个区域的空间体量。作为空间的核心元素，塔通常被放置在具有特殊意义的场所，如广场中心、轴线终点或其他关键节点。通过调整塔与周边建筑、道路、广场等空间元素的关系，能够对整个空间结构进行调控，明确区域的空间逻辑和秩序感。

4. 眺望观景作用

塔的位置通常选在自然景观优美或重要节点。凭借其高度和开阔的视野，塔可成为最佳观光点。人们可以从塔顶远眺周围山水风光，俯瞰整个区域的景象，获得独特的视觉体验。在优秀的景观规划中，塔的设计还会考虑不同高度的观景区域，以满足不同游客的需求，增加可玩性与趣味性。许多塔设有多层观景平台、室外观景区及景观电梯，方便游客在不同高度体验多样的视野和景观变化。

5.6.7　设计原则

1. 融入地方特色

将当地独特的建筑风格、材料、符号和气候特征进行抽象化或现代化处理，融入塔的设计，这样塔不仅可以成为视觉焦点，还能够体现区域的文化和自然特征。运用地方性材料，如本地石材、木材或特有装饰元素，可以加强塔与周围环境的融合度，提升其辨识度。同时，设计需考虑当地气候条件，让塔在功能与美学层面适应环境。例如，在寒冷地区可运用冰雪元素，如哈尔滨冰雪大世界中的冰塔造型（图 5-52）；炎热地区则应结合通风和遮阳设计。通过这些手法，塔能有效反映浓厚的地方特色，成为区域文化与自然环境的象征。

图 5-52　哈尔滨冰雪大世界中的冰塔造型

（图片来源：王建威，2023）

2. 注重形体美学

形体设计是决定塔视觉效果和空间影响力的关键要素。塔的形体应遵循比例和尺度的美学原则，确保在高耸的同时，仍能保持视觉的稳定感。其整体造型应体现简洁而有力的体量感，通过垂直高度的延展，突出其在空间中的存在感。此外，形体设计需考虑与周围环境的关系，尤其是在高度和体量上，要与周边建筑、植物形成对比，使其成为突出的视觉焦点。线条和轮廓的变化可以增加塔的动态感，使其不显得僵硬、单调。曲线、尖顶或几何图形的组合可赋予塔独特的个性和艺术美感。同时，塔的形体设计还需关注光影的表现，合理利用日照角度和夜间照明，强化塔在不同时间段的形象呈现。通过精心的形体设计，塔能够在视觉上更具冲击力，成为区域内的标志性建筑。

3. 统领空间秩序

塔的高度和体量在周围建筑群中具有显著的视觉优势，能够有效引导人们的视线，进而形成空间的焦点。通过设置适当的轴线和视线引导，塔在空间中发挥着统领作用，助力人们建立对周围环境的认知。在设计中，可以采用对称性或层次感来强化塔的主导地位，使其与周边建筑形成和谐的视觉关系，避免空间的杂乱与冲突。作为重要的地标，塔能在游客和居民心中形成明确的方向感，让人们更容易找到定位。通过有效的空间秩序设计，塔能够增强环境的整体性，提升人们的使用体验与美感享受。例如，西安的大雁塔位于大雁塔广场（图 5-53）中轴线的结束点，整个广场围绕这一南北轴线布局，形成了一种向心力，让人们在心理上感受到它对区域的控制作用。

图 5-53　西安的大雁塔广场

习题

1. 举例说明服务类园林建筑在总体布局时有哪些利用地形的设计手法。
2. 简述服务类园林建筑的设计原则。
3. 阐述游客接待中心平面组织的基本要求。
4. 阐述展陈类园林建筑平面设计要点。
5. 阐述餐饮类园林建筑的空间组成及设计手法。
6. 阐述园林厕所布局的处理手法及设计要点。
7. 阐述泊船码头规划设计、选址、布点等需考虑的因素及设计要点。

第6章 园林建筑小品

> 【学习目标】
> 1. 了解园林建筑小品的地位；
> 2. 理解园林建筑小品的功能；
> 3. 掌握园林建筑小品的设计要点。
>
> 【学习重点】
> 1. 园林建筑小品在应用中的注意事项；
> 2. 各类园林建筑小品的设计要点。

园林建筑小品是指园林中体量小巧、功能简单、造型精美、选址恰当的小型建筑设施，在园林中起着美化环境的作用。其既具有简单的使用功能，又具有一定的装饰性和艺术特点。这些建筑小品以其丰富多彩的内容、轻巧美观的造型在园林中既能点缀环境、美化景色、烘托氛围，又能深化园林意境的作用，还可满足各种游览活动的需求，因此成为园林中不可缺少的一个组成部分。本章中所介绍的园林建筑小品主要包括景墙、雕塑、花池、蹬道、园桌、园凳、栏杆和隔断等。

6.1 园林建筑小品的使用功能与作用

6.1.1 使用功能

园林建筑小品的使用功能比较单一，但种类丰富，按使用功能可分为五类：装饰性小品、休憩类小品、标志性小品、照明类小品以及服务类小品。装饰性小品包括雕塑、置石、景墙、景窗、盆景、喷泉和小水池等；休憩类小品以园桌、园凳最为常见；标志性小品包括各种标识牌、导视牌和警示牌等各类标识系统；照明类小品是指城市公园中的各类景观照明灯具，是公园中装饰美化环境和创造艺术气氛的重要手段；最常见的服务类小品即垃圾桶、园林厕所等小型服务设施。

6.1.2 作用

1. 构成景观，组织景观，引导游览

在园林景观设计中，园林建筑小品可成为主景或配景，构成园林景观要素，成为观赏对象。除自身具备的观赏和使用功能外，园林建筑小品还可将景观环境中的各种景观元素有机组织起来，形成过渡性空间和连续性的序列，引导游客按照既定路线进行游览。例如，景墙可划分空间，形成丰富的空间层次；栏杆、门洞、园桥等导向性强的园林建筑小品可有效地组织、划分空间层次，合理引导游览路线，为游客带来了丰富的空间体验。此外，园林建筑小品，如园桌、园凳等不仅为游客提供休息场所，也是很好的观景场所。

2. 点缀景观，烘托氛围，深化意境

点缀园林风景，成为园林景观构图中的中心或主题，渲染环境氛围，深化园林意境，有助于游客在游览中感悟园林环境表达的主题。当园林环境主题表达比较隐晦时，雕塑、展览栏等园林建筑小品可以起到“画龙点睛”的作用，表达园林环境主题。如在侵华日军南京大屠杀遇难同胞纪念馆大量使用景墙，强化了纪念馆的精神内涵，让游客直观地感受到由这场浩劫所带来的悲痛氛围。

3. 承载文化内涵，体现地域特征

自然环境、建筑风格、社会风尚、生活方式、文化心理、民俗传统和宗教信仰构成了地域性特征的文化内涵。园林建筑小品的设计应体现不同的文化内涵，并在设计过程中不断提炼和升华。借助文字、符号、图像、实物等载体表达地域特色，丰富园林小品的文化内涵，传递地域性文化精神。

6.2 园林建筑小品的设计要点

6.2.1 巧于立意，提升艺术品质

园林建筑小品设计要巧于立意，造型精美、独具特色。优秀的园林建筑小品不仅要有精美的外观，还应有深刻的内涵，表达特定的意境，如此才能成为耐人寻味的作品。这就要求园林建筑小品必须被赋予精神和文化内涵，将精美的视觉效果和精神文化内容相结合，进而提升园林建筑小品的艺术品质和艺术感染力。

6.2.2 与周围环境相协调

园林建筑小品的材质选择要与周围环境相协调。随着新材料和新技术的应用，在选择园林建筑小品材料时，材料质感应与周围环境相协调。如在自然风景区中，园桌、园凳可以采用竹子、木材、石头等天然材质，以展现风景区的自然情趣。

园林建筑小品的尺度和造型也要与周围环境相结合，其体量适宜，点缀环境。如在开阔的广场中，设计高杆灯才能满足需求；在小游园、游步道等小尺度空间，适宜设计小型的草坪灯、庭院灯即可满足需求，并能创造亲切宜人的空间。

园林建筑小品设计要结合园林环境和地域性的文化环境，打造个性鲜明、耐人寻味、意境深远的园林小品。高品质的园林环境所使用的小品应具有自己的特色，尽量避免使用千篇一律的工业化成品。

6.2.3 以人为本，增加人性关怀

园林建筑小品设计应综合考虑“人”的因素，给予更多的人性关怀。如在园林中设置的健身区域，不仅要考虑健身项目种类，还应考虑老年人的健身活动空间，并设置供休息的椅凳；在儿童使用区域设置游乐设施时，要考虑不同年龄层次儿童的游乐需求，同时配备家长陪伴的休憩设施，及时保障设施的安全性等；设置园桌、园凳时，既要考虑人体尺度，又要兼顾儿童的需要以及使用者的行为心理等。现代的建筑小品设计还要考虑可持续综合性因素，包括对环境的污染控制及材料的再利用等，运用生态材料、仿生技术，打造出现代城市环境中的新形式建筑小品。

6.3 景　墙

6.3.1 景墙的功能类型

景墙是景观空间内用于分隔区域、控制视线的装饰性墙体，兼具表达主题和文化的功能。其起源可追溯到建筑墙体，如今已成为现代景观设计中不可或缺的景观元素。景墙在中国传统文化中体现了防御、保守封闭的思想，也展现了中华民族鲜明的建筑特色。随着意识的提升与破墙透绿的推进，半开放的铁艺围墙等新型墙体逐渐替代了传统围墙，视觉空间得以延伸。景墙在现代景观设计中不仅增强了景观功能，还传递着文化信息，成为表达空间情感和内涵的重要元素。在古典园林中，景墙具有遮挡、中介、过渡等作用，满足了人们追求意境深远的需求。总体而言，景墙在景观设计中具有独特优势，是传达文化和情感内涵的重要载体。

1. 景墙的功能

(1)景观载体　景墙是景观要素的载体，可通过色彩、质感、肌理、造型等设计，营造不同氛围的景观空间。景墙多与建筑物、植物、水景、灯光等相结合，形成丰富的景观层次，美化园林环境。

(2)表达文化　景墙的文化表达主要采用浮雕、篆刻、彩绘、拼贴等手法，将城市的民俗文化、传统文化、地域文化、宗教文化等融入景墙，赋予景墙文化内涵，营造不同的视觉效果。人们可以通过直观的方式感受这种文化、陶冶情操，实现情感和景观环境的“情景合一”。

(3)划分空间　景墙可以组织和划分园林空间，通过围合、分隔、引导、过渡和渗透等处理，利用空间的虚实结合来划分景观空间，引导游客的游览路线，增强相邻空间的渗透和过渡，营造更加丰富的景观层次。

(4)安全防护　部分景墙在充当环境小品时，兼具固土护坡、防洪护堤的功能。例如，常见挡土墙、护坡等构筑物。

2. 景墙的分类

现代景墙的应用形式多样，内容丰富，功能复杂，很难对景墙进行严格意义上的划分。从目前国内外发展的现状与趋势来看，景墙按使用功能可分为装饰性

墙、标志性景墙、文化景墙、空间性景墙、挡土墙和围墙等。

(1)装饰性景墙　在景观设计中，装饰性景墙(图 6-1A)有两种主要类型:造型景墙和饰面景墙。造型景墙运用空间对比手法形成立体景观，强调造型设计和艺术夸张，如有些造型景墙设有门洞、窗口、花格等，以此加强空间变化，让景墙更富有趣味性，强化景观表现力，营造不同氛围。饰面景墙则侧重于外部装饰，利用饰面材料、饰品等形成观赏面，达到美化环境的目的。景墙设计对营造场所意境和氛围具有重要影响，可满足不同的景观需求。

(2)标志性景墙　标志性景墙(图 6-1B)是指具有特定区域标识和文字的墙体，主要发挥标识或指引作用。这种景墙可以是一个单位或企业的标志和象征，以标识功能为主。在标志性景墙的设计中，必须注重墙体风格与整体环境的协调统一，同时根据所处空间环境以及人的视觉特点来设计景墙的构架、标识文字的尺度和位置等。

(3)文化性景墙　文化性景墙(图 6-1C)是展现丰富艺术形态和文化精神的立面景观，通过雕刻、绘画、书写等多种形式表现文化主题。其常用于展示城市形象和代言地域文化，是城市空间的识别标志。如湖南常德诗墙以防洪墙为载体，生动描绘常德历史、自然风光和民俗风情，成为常德地域文化的成功代表。文化性景墙不仅弘扬城市文化，还可洗涤和净化人们的心灵，提升精神面貌。

(4)空间性景墙　空间性景墙(图 6-1D)是指具有花窗、花格、窗口、洞口等特征的墙体，也被称为花墙。窗洞门口的形式灵活多变，具有对景与框景的功能，门洞还能引导游客穿行。花墙能够使分隔的空间产生关联与渗透，其主要作用是控制视线和引导游览。

A　B　C　D

A. 装饰性景墙;B. 标志性景墙;C. 文化性景墙;D. 空间性景墙。

图 6-1　景墙的类型

(图片来源:汪辉 等,2013;冯丽 等,2013;党东雨 等,2014;孔宪琨,2008)

6.3.2 景墙的设计要点

1. 景墙的形态

景墙通过形态的塑造形成丰富的空间层次，人能产生不同的心理体验，进而表达所处空间环境的主题。景墙的形态由平面形态和立面形态组成。

(1)平面形态 单体景墙的平面形态基本可分为直线、曲线和折线三种形式。单体的景墙以不同的方式进行排列组合，如平行、相交、离散、并置等，会产生更复杂多样的平面形式，也会形成更加多样的空间变化。直线形景墙的形态简单，具有刚硬之美，容易突出其材质效果。曲线形景墙富有节奏和旋律，能够体现柔软优雅的格调。折线形景墙的形式介于直线与曲线之间，比直线更灵活，比曲线更硬朗。

(2)立面形态 景墙的立体形态塑造常常通过对景墙实体的“加”或“减”的变化来实现，如门洞、景窗、洞口等形式的运用。这样能避免由墙体所造成的封闭感、紧迫感，让视线通透，维持空间的连续性，还有助于增加景观的层次和景深。

景墙的立面形态还能通过景墙表面的凹凸来呈现。借助将墙体局部凹进或凸出，墙体能呈现规则或无序的凹凸起伏变化，增强景墙墙体的光影变化和立体感，营造新颖的景观效果。这种凹凸效果既可以由景墙自身的构件来完成，又可以通过在墙体上采用其他材料装饰来完成。

2. 比例尺度

在《外部空间设计》中，芦原义信基于人眼的高度和墙高之间的关系，对外部空间中“墙”的尺寸进行了概括性的总结，如图 6-2 所示。

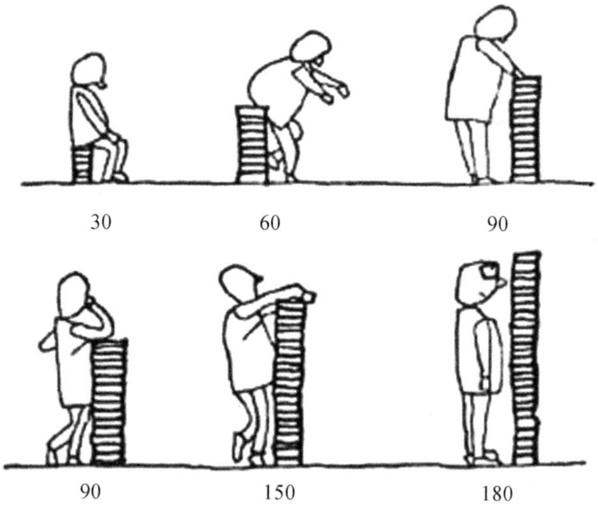

图 6-2 景墙的比例尺度(单位:cm)

(图片来源:芦原义信,1985)

当墙体高度在 30 cm 以下时，景墙可勉强区分领域；当墙体高度达到 60 cm 时，景墙具备较好的空间划分效果，还能提供休息空间；当墙体高度在 1.2～1.5 m 时，景墙可有效地分割空间，具有一定的私密性，还可能会引起人们的注意，限制了人们的行为；当墙体高度达到 1.8 m 及以上时，景墙空间完全被阻隔，空间私密性好，可用作围墙、院墙或园墙等场景。

芦原义信研究外部空间设计时，将景墙视为垂直面，设高为 H，人与墙的视距为 D，通过控制 D/H 的比例产生理想视觉效果。

- 当 $D/H=1$ 时，即视距与景墙的高度呈 45°夹角，此时人虽然不能完全把握景墙的整体形象，但是可以获取景墙细节内容。
- 当 $1<D/H\leqslant 2$ 时，在这个范围之内，景墙的细节和整体都能清晰呈现，既能形成一个相对私密的空间，整体形象又比较清晰，营造舒适宜人的空间环境。
- 当 $D/H\geqslant 3$ 时，景墙的整体形象就会变得模糊，难以引起人们的关注，并减弱了景墙在空间中的分量，以它为中心所产生的空间聚合感也会逐渐消失。
- 当 $D/H<1$ 时，空间会产生紧迫压抑感，且随着与景墙距离的接近，压迫感增强，但是此时对景墙细节的把握相对容易。

人物景墙(图 6-3)的长度会影响墙体连续性和空间围合性。长度长则连续性强、围合感强；超过 10 m，视觉易疲劳；长度短则连续性弱，空间开敞，方向感降低。因此，需根据实际需求控制长度，做到长短适宜。

3. 材料与质感

墙设计材料的选择至关重要，会影响景观效果和品质。材料不仅是创意实现的媒介，更是造型塑造的要素。因此，建筑师需重视材料的选择与运用。景墙材料(表 6-1)可分为人工材料和自然材料两类：自然材料，如植物、木材等；人工材料，如混凝土、砖等。

随着时代的发展，很多新型的材料被用于景墙设计，这对建筑师来说是把“双刃剑”。一方面，丰富的材料资源为建筑师提供了更多的灵感；另一方面，对建筑师把握主题的能力提出了更大挑战。建筑师们应尽量

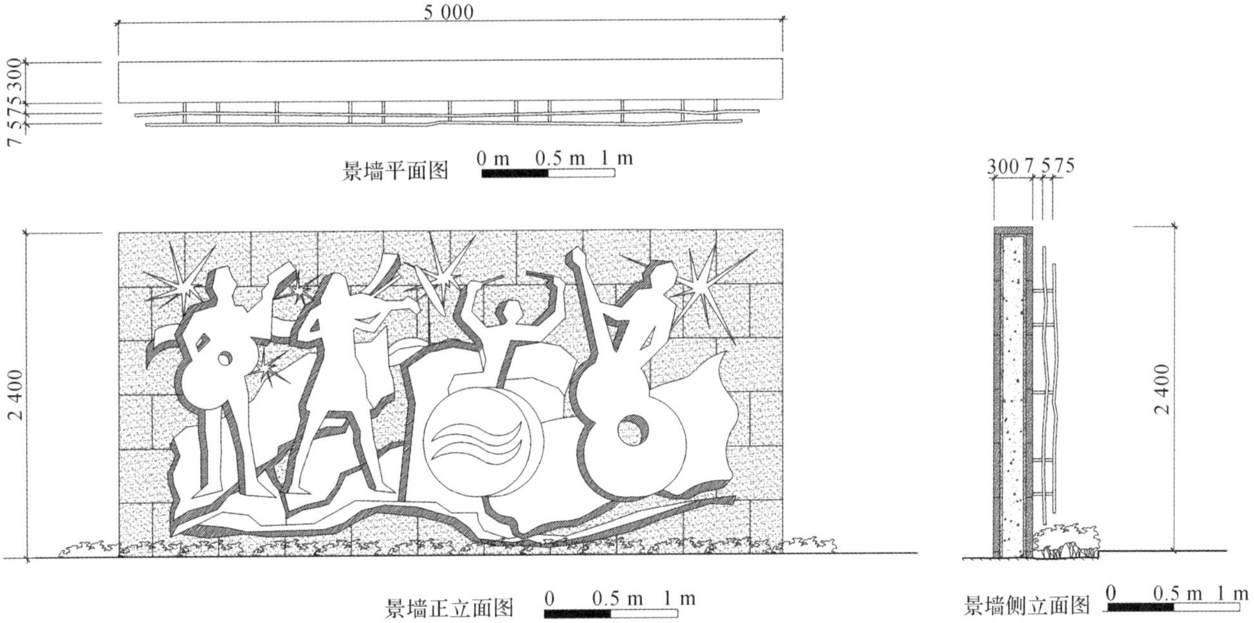

图 6-3 人物景墙

表 6-1 景墙材料应用情况

分类	材料	使用情况
人工材料	混凝土	可塑性强，用作墙体本身的构筑，表面会呈现非常粗犷的效果。平滑而冰冷，却缺乏生气，能产生距离感
	贴面瓷砖	在景墙墙体表面进行贴面装饰，具有美观、易清洗、耐磨、耐酸、抗性好等特点，使用寿命长，且不容易褪色，对所需的图案比较容易装饰，可以增强景观墙的肌理感，色彩也较为丰富
	文化石	具有粗糙的质感，色彩也较为丰富，表现沉稳，能够创造多种肌理效果
	金属	可塑性强、持久耐磨，尤其是色泽突出，极具现代感，如铝、钢、不锈钢等凸显现代气息；铜古朴厚重；铁则华丽、优雅，本身质感与光影配合较好
	玻璃	有机玻璃等，感觉光滑而细腻，轻薄而无质量感
	瓦片	瓦片是古老的建筑材料，经过不同的堆叠可以形成别具一格的通透效果
自然材料	植物	植物种类丰富，但草本植物的使用维护成本较高，常使用爬山虎、常春藤、凌霄、五叶地锦等；可分隔空间、调节小气候、减弱噪声和美化环境，营造自然、亲切、生动的空间
	水体	包括静水和动水。动水多采用喷泉、跌水等形式创造自然的亲切感
	木材	拥有自然纹理和较好的可塑性，亲切自然。无论是观感，还是触感均舒适宜人，但易损伤、易燃，维修保养较为复杂
	石材	最早的建筑材料之一，质地坚硬，具有较好的耐磨性和耐久性。常见石材包括花岗岩、大理石、砂岩、板岩和卵石等
	竹	有很高的力学强度，抗拉、抗压能力强，富有韧性和弹性，生态环保

掌握传统与新型材质的物理特征及外在表露的情感特征，将其恰当地运用到景观设计中。此外，景墙材料的选择应因地制宜，注重材料、技术与当地自然条件、文化传统的协调。因地制宜地选择地域性的材料，造价低廉、运输方便、施工技艺成熟。这些材料的色彩、质地、肌理，甚至气息都与人们的生活息息相关，能唤起人们内心深处的记忆和情感，这些材料的运用容易让游客产生共鸣感。

在现代景观中，采用自然材料的生态性景墙应用广泛，如水景墙和绿化景墙。它们不仅可以调节小气候、降低污染和噪声、缓解城市热岛效应，还能增加城市公共空间的绿化面积，营造人与自然和谐、可持续发展的景观环境。

6.4 景观雕塑

在传统园林中，雕塑大多以装饰角色存在。随着时代的进步和艺术的发展，建筑师将现代景观与现代雕塑相结合，把室外的场地作为雕塑塑造的对象，把园林景观当作空间的雕塑。如今，现代雕塑与现代景观的界限越来越模糊，雕塑和景观成了有机整体。

景观雕塑是园林景观点景、成景的要素，对景观环境起到了画龙点睛的作用，还能连接景观要素、引导和指示方向、汇聚视线。

6.4.1 景观雕塑的类型

景观雕塑广泛应用于城市规划、环境建设、公共空间等领域，内涵丰富、形式多样。从功能角度，景观雕塑可分为纪念性雕塑、主题性雕塑、装饰性雕塑、功能性雕塑和展览性雕塑。其主要表现形式包括圆雕、浮雕及透雕三种，前两者较为普遍，透雕使用较少。另外，根据使用材料的不同，景观雕塑可分为水泥雕、石雕、木雕、陶雕、瓷雕、玻璃钢雕、金属雕以及植物雕塑等。

1. 纪念性雕塑

纪念性雕塑主要用于纪念历史人物、历史事件以及业绩等，如北京天安门广场的人民英雄纪念碑、广州市中山纪念堂的孙中山先生雕塑等。在纪念性雕塑的环境中，雕塑一般为环境的空间主体，处于中心或主导位置，并控制和统领整体环境景观，同时对所处环境具有一定的标志性。

2. 主题性雕塑

主题性雕塑主要作用是揭示建筑和环境的主题思想。这类雕塑要求与建筑或环境紧密结合，将建筑或环境难以表达的主题思想以雕塑形式展现，让环境主题更为鲜明突出。如山东尼山的孔子雕像高达 72 m，是世界上最高的孔子像，孔子雕像背山面湖，展现了儒家先贤的慈爱与智慧，象征着对教育与道德的追求。

现代雕塑的主题多比较隐晦，与传统主题雕塑的表现内容不同，现代主题性雕塑多采用抽象造型，运用隐喻、象征的表现手法。如青岛五四广场的《五月的风》，该雕塑通体鲜红，由坚硬的钢结构拧成“陀螺”形状，旋转着上升，直冲九霄。这种螺旋上升的风筒洁且富有动感，寓意着民主、科学精神如同强劲之风般席卷全国。

3. 装饰性雕塑

在景观雕塑中，大多数都是装饰性雕塑，它的主要作用是装饰和美化环境。装饰性雕塑富有艺术美感和感染力，能够陶冶人们的情操，带来美的享受。其题材内容广泛，表现形式较为自由多样，从超级写实到变形、抽象等形式都可以运用。装饰性雕塑布置灵活，可大可小、可主可从。

4. 功能性雕塑

功能性雕塑是从功能要求出发，运用雕塑手法完成的一种雕塑，既具有装饰性的美感，又具有一定的实用功能。如园林中的座椅、果皮箱、儿童玩具等都是功能性雕塑的体现。

5. 展览性雕塑

展览性雕塑是指在一定范围内，将各类雕塑作品以展览形式布置，供观众集中观赏，是景观雕塑中的独特类型，多以雕塑公园的形式出现。如深圳世界之窗雕塑公园、武汉江滩雕塑公园等。在雕塑公园中，展品既可以是一位雕塑家的作品，又可以围绕一个或多个主题展出。这些雕塑作品经过严格的整体设计后陈列于公园。应注意的是，同一个景观雕塑可以属于不同的类型。

6.4.2 景观雕塑的设计要点

1. 与环境相结合

景观雕塑是一种注重与园林环境相协调的艺术形式。在选材、布局和造型设计上，景观雕塑需充分考虑到周围环境性质、功能、氛围等因素，使雕塑与环境构成和谐整体。环境可衬托雕塑艺术效果，雕塑则能突出环境个性，提升整体美感，两者形成独特互动关系。同时，景观雕塑还需融入当地人文环境，体现民族特色和历史人文精神，创造出清新的视觉空间，展现其不可取代的独特魅力。

2. 空间尺度

景观雕塑作品所处环境空间的规模是决定作品尺度的重要因素。一般来说，在开放型的、较大的空间中，景观雕塑应具有较大的尺寸和规模，反之，则相应缩小。在封闭性的城市建筑环境中，则需以房屋、车辆、广场等为参照，进行尺寸调整。例如，在尼罗河三角洲那种大漠孤烟、长河落日的自然风光中，只有规模宏大的金字塔群和狮身人面像才能与之相衬。

3. 材质与技术

在材料方面，雕塑的材料多种多样，石材、金属、木材、石膏、混凝土都是比较传统的材质。此外，玻璃、陶瓷、纤维、一些感光材料等都成为现代雕塑家比较青睐的新材质（表 6-2）。

表 6-2　雕塑材料与质感

分类	材料名称	使用情况
石材	花岗岩、大理石、玄武岩、砂岩	使用较多，种类多，且采料方便、质地坚硬、体积大、价格便宜。不同的加工方法和表面处理可以获得极为不同的艺术效果
金属材料	青铜	青铜是运用得最为广泛，加入一定比例的锡和铅，具有良好的流动性、硬度和韧性，氧化膜又有很好的保护作用。青铜具有极好的耐久性、质感细腻、色泽古朴深沉，但铸造工艺较为复杂
	铜器	锻造成型的方法、工艺较简便易行、成本较低，但强度及耐久性均不如铸件，适用于大型作品，多用于一些处理较简洁概括的作品
	钢、不锈钢	钢基本上是用焊接、铆接工艺着色钢。不锈钢具有高强度和耐久防蚀，经抛光后表面光泽，但工艺过程较复杂，且耗资巨大
	铝合金	银白色光泽，又有体轻的优点，适用于装饰性作品
	钛合金	在不同光线照射下，能呈现变化丰富的光泽，质感独特
陶瓷	陶器	最古老的雕塑材质之一，受加工工艺的局限，较多被用于小型作品；可用釉陶或马赛克贴面，以形成独特的鲜艳装饰效果
	琉璃	以陶土为坯料，外施含铅的琉璃釉，经烧制而成。琉璃有相当的强度，既耐雨水、抗风化，又不褪色，但制作工艺复杂
混合材料	混凝土	具有价廉、工艺比较简单、真实反映作品风貌、模拟石材效果等优点
	高分子聚合材料	因具有体轻、工艺简便、造价低廉、易于修整、能模拟各种材质的表面效果等多种优点，而常被用作景观雕塑的材质，如鲤鱼雕塑（图 6-4）

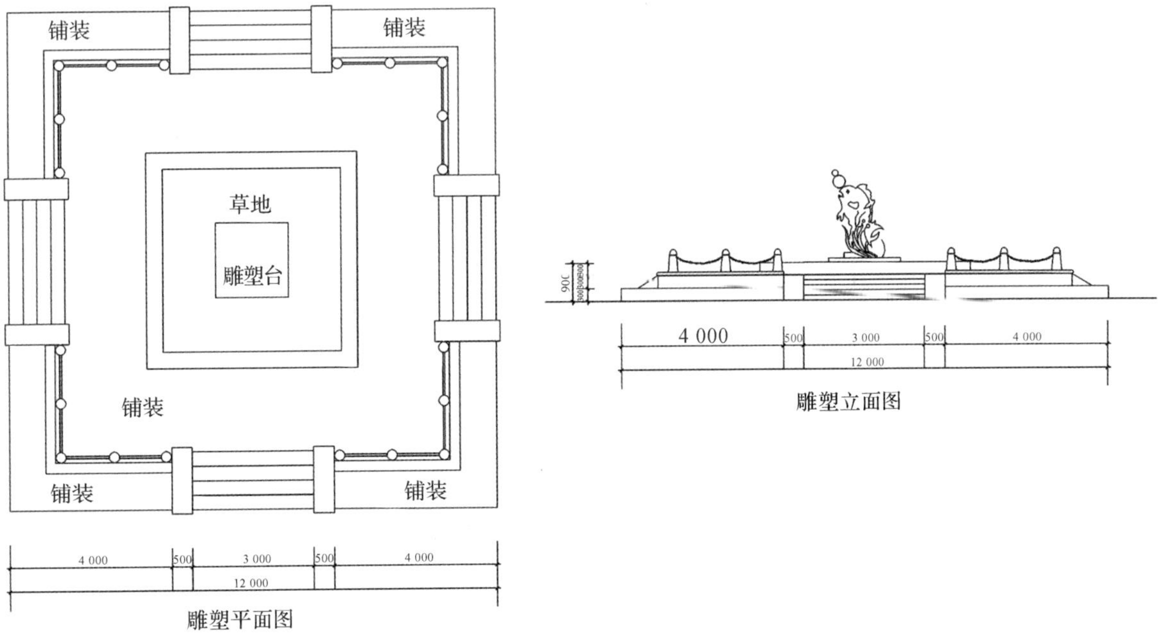

图 6-4　鲤鱼雕塑

景观雕塑作品材质的固有美感是景观雕塑艺术表现不可缺少的要素。建筑师在作品构思阶段就必须把其包含在内，使之成为增添作品魅力的重要元素。材质的选择范围和使用方法无止境，且在不断发展和丰富。在科学技术的成果中，许多新材料亟待建筑师探索尝试。

6.5 种 植 池

6.5.1 花池

花池是一种由砖石精心围筑而成的种植床，常用于装点城市公园、广场、街道等开放空间，是一道道亮丽的风景线。它不仅是花卉、灌木和乔木的乐园，更是山水雕塑的绝佳配置，为造景带来无尽的观赏乐趣。在古代庭院和宅园中，花池的身影屡见不鲜，其高度通常与地面标高相差无几，最高不过 40 cm，恰到好处地展现一种独特的韵味。

在高为 40～100 cm 的空心台座中填充土壤并栽植观赏植物，这种构造被称为花台。花台的形态各异，既有单一层次的设计，又有多层跌落式的布局。在植物配置上，多以低矮的花灌木为主。由于花台面积通常较小，其更适合近距离观赏。在古代园林里，花台多呈现自然形态，采用自然山石进行堆叠。而在现代园林中，花台的设计更加灵活多样，常与假山、坐凳、建筑和墙体等元素相结合，创造高低错落、富有层次感的园林景观。

6.5.2 花坛

花坛是一种在低矮植床内（通常为 10～30 cm），以园林草花为主要材料布置而成，呈现几何形状轮廓，具有鲜艳色彩或图案纹样的园林景观，常见于公园、小游园、街道、广场和建筑物前等场所。此外，花坛也可与喷泉、雕塑、景墙等园林建筑小品组成花坛群，如国庆节时北京天安门广场的花坛。

在现代园林景观设计中，花坛因其广泛的实用性和美学价值而成为不可或缺的元素。花坛的分类方式多样，可从形状、季节、空间位置、观赏特性和植物材料等多角度进行细分。

根据形状，花坛可分为规则式、自然式和混合式；按季节变化，花坛有春、夏、秋、冬四季花坛；从空间位置上分，花坛有平面、立体和斜面之分；依据观赏特性，花坛有盛花花坛、模纹花坛、造型及造景花坛；从植物材料来分，花坛涵盖一、二年生花卉、宿根花卉、球根花卉、水生植物及专类花坛等。

1. 盛花花坛

盛花花坛由观花草本植物（主要是一、二年生草花）组成，展现盛花时群体的色彩美与图案美，是一种装饰绿地。盛花花坛强调色彩的美（包括色块的颜色），不侧重花坛的图案，目的是以色彩突出主题，以群体的色彩美烘托主题。植物应选择株丛紧密、着花繁茂的品种，在盛花时应完全覆盖枝叶，花期较长，开放一致，花色明亮鲜艳、抗逆性强，易管理。常用植物如一串红、矮牵牛、三色堇、万寿菊、孔雀草、鸡冠花、金盏菊等。盛花花坛的色彩设计对比鲜明、互相映衬，避免用同一色调中不同颜色的花卉；若使用，应间隔配置，选好过渡花色。

2. 模纹花坛

模纹花坛以色彩鲜艳的各类矮生性、多花性的草花或观叶草本为主，在一个平面上栽种出各种图案，看上去犹如地毯。花坛外形均为规则的几何图形，花坛内图案用大量矮生性草花，植物材料通常选用枝叶细小、株丛紧密、萌蘖性强、耐修剪的观叶植物，如半枝莲、香雪球、矮性藿香蓟、彩叶草、石莲花和五色草等。其中，以五色草配置的模纹花坛最为常用。此外，低矮、耐修剪的整形灌木在模纹花坛中也常见，尤其是常绿或具有色叶的种类，如球桧、金黄球柏、黄杨、紫叶小檗和金叶女贞等。在模纹花坛的中心部分，在不妨碍视线的条件下，可用其他装饰材料点缀，如形象雕塑、建筑小品、水池和喷泉等。

3. 立体花坛

立体花坛是利用一年生或多年生小灌木或草本植物，在二维立体架构或三维立体架构上种植，塑造各种艺术造型，如动物、花球、花柱、雕塑、花篮、花瓶和花拱等。其植物需具备叶形细腻、色彩鲜艳、易修剪且适应性强等特点，例如，红绿草类、五色草、红景天、佛甲草等。其中，红绿草类植物是立体花坛的理想选择。在确定立体花坛设计方案后，需根据图纸使用钢材焊接骨架，然后在展示现场进行安装稳固，再按设计意图选择相应品种、颜色和规格的植物进行栽种。此外，需对植物表面进行修剪平整，完成立体花坛作品的制作。

6.5.3 花境

花境是以多年生花草为主，结合观叶植物和一、二年生花草，沿花园边界或路缘设计布置而成的一种园林植物景观。花境外形轮廓较为规整，内部花卉的布置成丛或成片，自由多变，多为宿根、球根花卉，也可点缀花灌木、山石和器物等。花境是介于规则式与自然式种植之间的一种带状花卉景观，广泛应用于各类园林绿地，常沿建筑物基础墙边、道路两侧、台阶两旁、挡土墙边、斜坡地、林缘和草坪边缘，并与花架、游廊和亭等园林建筑结合设置。

6.6 台阶与蹬道

台阶和蹬道是特殊形式的园路，在园林建筑中主要作为垂直方向的联系手段，具有空间引导性，用于解决地形高差问题。在构图上，梯级和蹬道能打破水平构图的单调感，强化了竖向空间的变化，丰富了空间层次，可提升空间的观赏性。

6.6.1 台阶、蹬道的类型

蹬道是利用局部天然山石、裸露岩石等凿出或以钢筋混凝土制作的仿树桩、假山石等元素组合而成的上山台阶。在自然风景区中，常采用这种方法，依山就势开凿的蹬道保留了自然的情趣，避免使用过多的现代材料和造型干扰。在现代园林设计中，更倾向于采用蹬道代替梯级，让自然的蹬道与周围环境相融合，营造自然山林的氛围，激发游客攀爬的兴趣。

台阶又称梯级，在现代园林中使用广泛，种类繁多。按材料不同，台阶可分为天然石材台阶、混凝土台阶、塑石台阶、竹木台阶等；按空间类型，台阶可分为园路式台阶、挡土墙式台阶和立体式台阶。

1. 园路式台阶

园路式台阶的主要功能是解决基本的交通联系问题，造型简单、风格朴实，多就地取材，用树桩、石板、混凝土等材料打造成自然的造型，使其与周围环境相协调。

2. 挡土墙式台阶

在地形起伏变化不大，高差为 50 cm 以内的坡地上，可设置台阶并在其两端建造挡土墙。该类台阶在平面上曲折多变，在立面上形成多样的空间。若在台阶两端设斜坡或挡土墙，还可以种植植物，丰富空间层次，如图 6-5A、图 6-5B 所示。

3. 立体式台阶

立体式台阶多应用于面积较大且有高差变化的坡地上，常与植物种植池结合使用，以突出绿化配景的效果。通过绿色植物种植，打破了大面积台阶的单调感，丰富了台阶的空间层次，如图 6-5C、图 6-5D 所示。

6.6.2 台阶、蹬道的设计要点

台阶和蹬道设计需根据地面坡度大小而定。当坡度低于 12°时，不宜设置台阶，适宜做成坡地；当地面坡度超过 12°～20°(不含 20°)时，应设置台阶；当坡度超过 20°～35°(不含 35°)时，必须设置台阶；当坡度超过 35°～60°(不含 60°)时，在台阶一侧应设置扶手栏杆；当坡度达到 60°时，则应做成蹬道。

台阶每节踏步的尺寸应符合人体的尺度。一般室外的踏步高为 12～16 cm、宽为 30～35 cm，其中以高 15 cm、宽 35 cm 为最佳。梯级的级数为 8～11 级，最多不超过 19 级。当台阶超过 3m 或改变攀登方形时，应设置 1～3 m 的休息平台，供游客中途歇息。

台阶和蹬道设计应充分结合地形的变化，使台阶随地形起伏、曲折自如，如图 6-5E、图 6-5F 所示。同时，可引入瀑布跌水、花坛、花池、路灯等装饰性小品，丰富垂直空间的景观层次，增强游客的攀爬乐趣，如图 6-5G、图 6-5H 所示。此外，台阶和蹬道的设计要注意安全防护，踏面应做防滑处理，保持 1%的排水坡度。在平缓地段设置台阶时，要有提醒游客的标识，避免游客因不注意而被绊倒。为方便夜间行走，可以在台阶上设置照明装置。

A. 台阶与种植池结合;B. 台阶与挡土墙结合;C. 台阶与环境结合;D. 台阶与花卉植物结合;E. 台阶与草本植物结合;F. 台阶与绘画结合;G. 台阶与水景观结合;H. 台阶与草坪结合。

图 6-5 台阶的应用

(图片来源:理想 · 宅,2014)

习题

1. 园林建筑小品在园林中的作用有哪些?
2. 园林建筑小品的设计要点有哪些?
3. 在园林景观中,园灯的照明方式有哪些?
4. 结合本地的某公园的景观照明情况,分析园林景观照明的注意事项有哪些?
5. 分析景墙在景观中的作用,并实测你周围的园林环境中的景墙。

参考文献

[1] 艾伦·泰特，玛塞拉·伊顿.城市公园设计[M].2版.贾培义，陆晗，李春娇，等译.北京：中国建筑工业出版社，2020.

[2] 北京市建设委员会.中国古建筑修建施工工艺[M].北京：中国建筑工业出版社，2011.

[3] 伯纳德·屈米.建筑与分离[M].钟念来，译.上海：同济大学出版社，2022.

[4] 陈从周.梓翁说园[M].北京：北京出版社，2016.

[5] 陈文捷.天才的世界：文艺复兴与巴洛克建筑[M].北京：机械工业出版社，2020.

[6] 陈月华.说舫[M].上海：同济大学出版社，2015.

[7] 成玉宁.园林建筑设计[M].北京：中国农业出版社，2009.

[8] 程双红.浅析园林景观设计中的立意[J].广东园林，2013(2)：26-30.

[9] 重庆大学建筑城规学院(原重庆建筑工程学院).峨眉山历史建筑测绘集[M].北京：科学出版社，2023.

[10] 重庆大学建筑与城市规划学院.贵州镇远青龙洞·历史建筑测绘图集[M].重庆：重庆大学出版社，2015.

[11] 出类艺术.宋懋晋.西湖胜迹图册[M].杭州：浙江人民美术出版社，2020.

[12] 戴秋思，杨玲.古典园林建筑设计[M].重庆：重庆大学出版社，2014.

[13] 党东雨，余广超.以书法文化为主题的园林景观营造探索：以临沂书法广场为例[J].中国园林，2014，30(1)：84-87.

[14] 迪迪埃·科尔尼耶.未来建筑家：你好，花园[M].张璐，王琼蔚，译.上海：上海人民美术出版社，2022.

[15] 窦奕.园林小品及园林小建筑[M].合肥：安徽科学技术出版社，2003.

[16] 杜洁.自然之间：深潜赛艇俱乐部[J].建筑学报，2019(1)：84-87.

[17] 杜汝俭，李恩山，刘管平.园林建筑设计[M].北京：中国建筑工业出版社，1986.

[18] 费晓华，沈桦.公厕设计亦有作为：深圳市莲花山公园厕所建筑设计[J].建筑学报，2003(2)：50-52.

[19] 封云.相地因借：中国园林的造园之法[J].同济大学学报(社会科学版)，2003，14(1)：9-13.

[20] 冯楚盼.现代景观中景墙设计研究[D].广州：华南理工大学，2014.

[21] 冯广平.秦汉上林苑植物图考[M].北京：科学出版社，2012.

[22] 冯丽，马晓燕，巢时平.融入企业精神的工业景观：江西赣西选配煤中心景观环境设计[J].北京农学院学报，2013，28(2)：43-45.

[23] 冯钟平,中国园林建筑[M].2 版.北京:清华大学出版社,2000.
[24] 凤凰空间·华南编辑部. 景观桥[M]. 南京:江苏科学技术出版社,2014.
[25] 傅清远.中国精致建筑 100 承德避暑山庄[M]. 北京:中国建筑工业出版社,2015.
[26] 傅熹年. 中国古代建筑史[M]. 2 版.北京:中国建筑工业出版社,2009.
[27] 龚琛.通天塔与空中花园:古巴比伦人的生活[M]. 西安:陕西人民出版社,2022.
[28] 广州市建设局园林处,广州市园林建筑规划设计室.广州园林建筑[M].北京:国家建委建筑科学研究院建筑情报研究所,1979.
[29] 郭一旗. 数字化技术在建筑方案设计中的应用与影响[J]. 建材发展导向, 2024, 22 (9): 63-65.
[30] 华予.现代公园景观小品设计研究[D].南京:南京林业大学,2012.
[31] 纪尧姆·皮康,弗朗西斯·阿蒙.凡尔赛宫 尊贵之旅[M]. 杨光,译.北京:北京出版社,2024.
[32] 贾涛,魏楠. 数字时代建筑设计的实践与探索[J]. 时代建筑, 2023, (5): 26-31.
[33]《建筑设计资料集》编委会.建筑设计资料集[M].2 版.北京:中国建筑工业出版社,1994.
[34] 蒋晖.园林卷子[M].苏州:古吴轩出版社,2016.
[35] 金学智.苏州园林[M].苏州:苏州大学出版社,2024.
[36] 孔宪琨. 郑东新区 CBD"郑州之林"公园设计思路剖析[J]. 中国园林, 2008 (4): 21-26.
[37] 堀内正树.图解日本庭园[M]. 王海岩,黄磊昌,宋淑范,译.南京:江苏凤凰科学技术出版社,2023.
[38] 蓝力民.城市标志性景观、标志性建筑与地标概念辨析[J].城市问题,2013(4):7-10.
[39] 李保峰.青龙山白垩纪恐龙蛋遗址博物馆,湖北,中国[J].世界建筑,2018(5):44-45,116.
[40] 李慧峰.园林建筑设计[M].北京:化学工业出版社,2011.
[41] 李景瑞.承德古代史[M].北京:民族出版社,2009.
[42] 李明光.当代中国建筑设计精选[M]. 上海:同济大学出版社,2018.
[43] 李响,王桉.景观小品设计[M]. 南京:东南大学出版社,2024.
[44] 李鑫.景观照明设计与应用[M].2 版.北京:化学工业出版社,2014.
[45] 李雪凤.秦岭里的山水聚落:插头崖游客中心[J].广西城镇建设,2018(1):72-77.
[46] 李延龄.建筑设计原理[M].北京:中国建筑工业出版社,2011.
[47] 李怡蓁.香港景观设计:历史与现状[M]. 北京:商务印书馆,2015.
[48] 理想·宅. 园路·台阶·景墙·围栏大门[M].福州:福建科学技术出版社,2014.
[49] 郦芷若,朱建宁.西方园林史[M]. 郑州:河南科学技术出版社,2009.
[50] 梁慧琳. 苏州环秀山庄园林三维数字化信息研究[D]. 南京: 南京林业大学, 2018.
[51] 梁美勤.园林建筑.北京:中国林业出版社,2003.
[52] 梁思成.清式营造则例[M].北京:中国营造学社,1934.
[53] 梁思成.《营造法式》注释[M].北京:新知三联书店,2013.
[54] 林娟.弹性设计视域下美术馆空间设计研究:以成都蓝顶美术馆为例[J]. 城市建筑空间,2022,29(11):169-171.
[55] 刘常宁. 风景园林建筑尺度量化方法研究初探[D]. 南京:东南大学, 2016.
[56] 刘敦桢.苏州古典园林[M].武汉:华中科技大学出版社,2019.
[57] 刘敦桢.中国古代建筑史[M].2 版.北京:中国建筑工业出版社,1984.
[58] 刘福智.风景园林建筑设计指导[M].北京:机械工业出版社,2007.
[59] 刘欢昱子.园林景观照明初探[D].北京:北京林业大学,2007.
[60] 刘梦.广济寺塔乃锦州八景之一[J].侨园,2020(5):57.
[61] 刘先觉,潘谷西.江南园林图录:庭园,景观建筑[M].南京:东南大学出版社,2007.

[62] 刘先觉.现代建筑理论[M].北京:中国建筑工业出版社,1998.
[63] 刘霄峰.古典园林的启迪:析中国古典园林对现代建筑设计之影响[J].中国园林,2004(8):8-11.
[64] 刘晓平.当代标志性建筑的比较认知与批评模式探讨[J].中外建筑,2015(1):72-77.
[65] 卢济威,王海松.山地建筑设计[M].北京:中国建筑工业出版社,2001.
[66] 芦原义信.外部空间设计[M].尹培桐,译.北京:中国建筑工业出版社,1985.
[67] 陆琦,岭南园林艺术[M].北京:中国建筑工业出版社,2004.
[68] 吕志华.基于建筑信息模型+(BIM+)技术的风景园林规划设计数字化研究[J].风景园林,2020,27(8):109-113.
[69] 马辉.景观建筑设计理念与应用[M].北京:中国水利水电出版社,2010.
[70] 眉山三苏祠博物馆.苏东坡与宋代生活审美研究专辑[M].北京:世界知识出版社,2022.
[71] 孟兆祯.风景园林工程[M].北京:中国林业出版社,2012.
[72] 孟兆祯.中国园林鉴赏[M].北京:北京出版社,2023.
[73] 米拉·洛克.日本庭园图鉴[M]. 南京:江苏凤凰科学技术出版社,2023.
[74] 宁荣荣.李娜.园林建筑设计从入门到精通[M].北京:化学工业出版社,2016.
[75] 潘谷西.江南理景艺术[M].南京:东南大学出版社,2001.
[76] 彭海浪. 数字化技术在建筑室内装饰设计中的应用[J]. 中国建筑金属结构, 2024, 23 (7): 118-120.
[77] 彭科,黄耀志.城市景观中的标志性建筑空间形态与文化[J].低温建筑技术,2008(2):23-25.
[78] 彭一刚.建筑空间组合论[M].北京:中国建筑工业出版社,1983.
[79] 秦然. 风景园林的数字化研究[D]. 武汉:武汉大学, 2005.
[80] 松本健一郎. 日本濑户内海国立公园:濑户大桥及其周边地区[M].东京:东京大学出版社,2020.
[81] 苏晓毅.中国园林建筑的艺术魅力[J].南京林业大学学报(人文社会科学),2004(1):89-91.
[82] 孙家驷.重庆桥梁志[M].重庆:重庆大学出版社,2011.
[83] 孙卫华,俞海洋.名城名胜地区标志性建筑设计浅论[J].南方建筑,2006(1):77-80.
[84] 天津大学建筑学院.中国古典园林建筑图录:北方园林[M]. 南京:江苏科学技术出版社,2015.
[85] 田玉彬.千里江山图:大宋的颜色[M]. 郑州.河南美术出版社,2023.
[86] 樋口正一郎.巴塞罗那的环境艺术[M].苍峰,等译.大连:大连理工大学出版社,2002.
[87] 童寯.江南园林志[M].北京:中国建筑工业出版社,2014.
[88] 汪辉,张艳. 浅析新中式居住小区景观设计:以扬州湖畔御景园小区为例[J]. 广东园林, 2013, 35 (3): 42-45.
[89] 王俊雄.田中央作品集[M].台北:大块文化出版社,2021.
[90] 王丽华.现代公共设施设计[M]. 广州:华南理工大学出版社,2021.
[91] 王强.中国 2010 年上海世博会展馆图册[M]. 上海:东方出版中心社,2011.
[92] 王受之.世界现代建筑史[M].北京:中国建筑工业出版社,1999.
[93] 王蔚.外国古代园林史[M]. 北京:中国建筑工业出版社,2011.
[94] 王晓俊,陈蓉,王萌.园林建筑设计[M].南京:东南大学出版社,2004.
[95] 王忠全. 数字化技术在建筑工程中的应用[J]. 产业创新研究, 2024(8): 84-86.
[96] 魏晓,董莉莉.民用建筑设计原理[M].武汉:华中科技大学出版社,2016.
[97] 吴雪梅.基于景观空间内涵表达的雕塑艺术应用研究[D].长沙:中南林业科技大学,2016.
[98] 吴卓珈.园林建筑设计[M].北京:机械工业出版社,2008.
[99] 邢双军.建筑设计原理[M].北京:机械工业出版社,2008.
[100] 徐征泽.惊艳纳米比亚[M].北京:人民邮电出版社,2011.

[101] 许焯文.香港地理与景观[M]. 香港:中文大学出版社,2009.
[102] 许廷锋.香港建筑:过去与现在[M]. 香港:香港大学出版社,2010.
[103] 雅克·马丁.凡尔赛宫[M]. 杨光,吕昭审,译.北京:北京出版社,2024.
[104] 闫寒.建筑学场地设计[M].北京:中国建筑工业出版社,2006.
[105] 闫启文.景观雕塑基本概念辨析的再认识[J].青年文学家,2013(4):144-146.
[106] 杨亚峰. 建筑设计的数字化转型[J]. 城市建设理论研究(电子版),2023,(31):88-90.
[107] 伊凡诺·伊塞皮,斯蒂芬·库拉斯,黄华青.维亚马拉访客中心,图西斯,瑞士[J].世界建筑,2018(2):44-49,118.
[108]袁烽,韩力,高伟哲. 思南书局·快闪书店,上海,中国[J]. 世界建筑,2019(1):142.
[109] 约翰内斯·伊顿.伊顿经典基础设计教程　色彩艺术造型基础[M]. 杨继梅,译.北京:北京科学技术出版社,2021.
[110] 斋藤英俊.桂离宫[M]. 张雅梅,译.上海:上海人民出版社,2021.
[111] 张丹,姜虹.风景园林建筑结构与构造[M]. 北京:化学工业出版社,2016.
[112] 张浪,图解中国园林建筑艺术[M].合肥:安徽科学技术出版社,1996.
[113] 张蕾,袁蓉,曹志君,等.南京瞻园史话[M].南京:南京出版社,2008.
[114] 张良,贠禄.园林建筑设计[M].北京:黄河水利出版社,2010.
[115] 张永和.设计研究体验[M]. 长沙:湖南科学技术出版社,2023.
[116] 张祖刚.世界园林史图说[M].2 版.北京:中国建筑工业出版社,2013.
[117] 赵长庚.西蜀历史文化名人纪念园林[M].成都:四川科学技术出版社,1989.
[118] 赵晓峰.禅与清代皇家园林:兼论中国古典园林艺术的禅学渊涵[D].天津:天津大学,2003.
[119] 赵心怡.香港绿地景观设计:传统与现代[M]. 香港:香港城市大学出版社,2017.
[120] 针之谷钟吉.西方造园变迁史:从伊甸园到天然公园[M]. 邹洪灿,译.北京:中国建筑工业出版社,2004.
[121] 郑劲松,张昊,龚会.景观北碚[M].重庆:西南大学出版社,2024.
[122] 郑玉昆.当代广西盆景精选[M].北京:中国林业出版社,2005.
[123] 钟乔,黄昕,萧稳航,等. 深圳彩虹间(马家龙智能公厕),深圳,中国[J]. 世界建筑,2019(1):145.
[124] 周初梅.园林建筑设计[M].北京:中国农业出版社,2009.
[125] 周初梅.园林建筑设计与施工[M].北京:中国农业出版社,2002.
[126] 周维权.中国古典园林史[M].北京:清华大学出版社,2008.
[127] 朱瑾.建筑设计原理与方法[M].上海:东华大学出版社,2009.
[128] Bravo Bessin Marianne. Singapore[M]. 出版地不详:Tuttle Publishing,2015.
[129] Catherine Le Nevez. Lonely planet: the netherlands[M]. Melbourne: Lonely Planet Publications,2016.
[130] John D. Iefenbach. Austin: a photographic portrait of the city and its people[M]. Austin: University of Texas Press, 2009.
[131] Lim Choon Reang. Sustainable development path: gardens by the bay, Singapore[M]. Singapore: World Scientific Publishing,2013.
[132] Morrison H. Heckscher. Creating central park[M]. NewYork:Metropolitan Museum of Art,2008.
[133] OPEN Architecture. UCCA 沙丘美术馆[J]. 世界建筑导报,2020,35(6):37.
[134] Wirz Heinz. Local architecture[M]. 出版地不详: ArchiMedia,2017.